中国大宗农作物时序遥感制图

邱炳文　陈崇成　等　著

科学出版社

北京

内 容 简 介

本书针对大范围长时序农作物自动/半自动制图面临的瓶颈与挑战，围绕植被—农作物—复种指数—三大粮食作物等逐步深入，从时序遥感数据平滑、时序遥感指数、农作物制图方法设计与实践逐步深入，系统阐述了若干基于时序遥感影像的农作物制图研究思路与技术流程方法。遥感时间序列分析领域方兴未艾，本书从植被生长时序特征出发，基于时序遥感数据构建植被/农作物制图新方法，通过详细的方法阐述，使读者能够更好地理解和推广应用。

本书可供从事农业遥感领域及其相关领域科研人员参考，也可为相关专业研究生和本科生学习时序遥感分析方法、农作物制图相关理论与技术方法提供参考。

审图号：GS（2020）4234 号

图书在版编目（CIP）数据

中国大宗农作物时序遥感制图/邱炳文等著. —北京：科学出版社，2022.3
ISBN 978-7-03-071864-8

Ⅰ.①中… Ⅱ.①邱… Ⅲ.①遥感技术–应用–作物–制图–中国
Ⅳ.①S501.92

中国版本图书馆 CIP 数据核字（2022）第 043229 号

责任编辑：李 迪 郝晨扬 / 责任校对：何艳萍
责任印制：吴兆东 / 封面设计：无极书装

科 学 出 版 社 出版
北京东黄城根北街 16 号
邮政编码：100717
http://www.sciencep.com

北京中科印刷有限公司 印刷
科学出版社发行 各地新华书店经销
*
2022 年 3 月第 一 版 开本：787×1092 1/16
2022 年 3 月第一次印刷 印张：17 1/4
字数：500 000
定价：298.00 元
（如有印装质量问题，我社负责调换）

前　言

21 世纪以来，随着城市化进程加速，我国农业发生历史性转型。国家层面先后实施了全面取消农业税、粮食保护价收购、种粮补贴等一系列惠农政策，我国农业种植结构随之也悄然发生变化。实时精准的农作物种植分布数据，一方面有助于精准监督农业补贴资金落实，另一方面有助于提升我国在国际粮食贸易中的主导地位。研发大范围长时序农作物遥感制图技术，高效获取大尺度农作物分布时空数据，对于保障我国长期粮食安全战略具有重要意义。

随着对地观测技术的快速发展，土地利用/覆盖变化遥感制图领域取得了一系列丰硕成果。相比土地利用/覆盖变化数据，大范围农作物种植分布数据依然相对匮乏。相关农作物遥感制图研究，多侧重以省域尺度、单一农作物、个别年份为主，难以满足实时精准获取我国大宗农作物种植分布数据的需求。由于缺乏大尺度长时序高时效农作物种植分布数据，难以从全国尺度全面评估一系列惠农政策的实施效果。例如，自实施水稻、小麦和玉米临时收储政策以来，其种植面积和分布格局发生了怎样的变化？鉴于玉米存储产生巨大的资金压力，2016 年国家出台的"镰刀弯"地区玉米调减政策，对于调节玉米合理种植布局的成效究竟如何？开展 21 世纪以来全国大宗农作物时空分布演变分析研究，有助于更好地依据农作物种植规模与国内外市场形势精准制定或调整惠农政策。

本书为满足我国粮食安全战略对大尺度长时序农作物分布数据的需求，通过探索自适应时频域空间、动态锁定关键物候期、集成多种遥感指数以及知识迁移学习等研究策略，设计构建了耕地复种指数和水稻、冬小麦、玉米等农作物制图方法。本书旨在实现以下 3 个目标：①分享大尺度长时序农作物制图研究方法，为突破农业遥感所面临的挑战提供新思路，为高效快速获取全国乃至更大尺度农作物分布数据提供算法；②贡献全国长时序大宗农作物空间分布数据集，其中包括 20 世纪 80 年代以来逐年全国耕地复种指数数据集、21 世纪以来全国冬小麦主产区逐年空间分布数据集及全国玉米空间分布数据集，解决我国耕地复种指数和大宗农作物长时序空间数据匮乏的问题；③探讨全国自 20 世纪末期特别是 21 世纪以来耕地复种指数和大宗农作物的空间分布格局及其时空演变态势，分析评估农业政策的响应机制，为合理调控农作物种植分布格局提供参考依据。

　　本书的篇章布局围绕以下思路展开：第 1 章，绪论部分，阐述了时序遥感分析技术研究进展以及农作物遥感监测面临的挑战。第 2 章，分析评估多种常用的时序遥感数据平滑方法，并设计构建了一种兼顾保真度和平滑度的时序遥感数据平滑方法，为进一步应用时序遥感数据奠定基础。第 3 章和第 4 章，为了达到区分自然植被与农作物的目的，分别通过探索自适应时频域空间、设计构建时序离散度和持续度指标等策略，建立植被遥感制图方法。第 5 章，创建了一种基于小波谱顶点的耕地复种指数遥感监测方法，为农作物遥感制图奠定基础。第 6 章、第 8 章和第 9 章，依次建立了适合大尺度长时序应用的水稻、冬小麦和玉米遥感制图方法。第 7 章，将所构建的农作物遥感制图方法应用到中高分辨率遥感影像中，对基于数据可获得性的自适应算法进行了有益的探索与尝试。第 10 章，实现了从中分辨率成像光谱仪（moderate-resolution imaging spectroradiometer，MODIS）到哨兵 2 号（Sentinel-2）多光谱传感器（multi-spectral instrument，MSI）遥感影像，从植被指数到基于红边的新型光谱指数，从 Matlab 到谷歌地球引擎（Google Earth Engine，GEE）云平台的大尺度特色经济作物自动制图的突破。第 11 章，设计了多种植被类型自动变化检测技术，实现弃耕开垦与复种变化信息的提取。第 12 章，对农作物时序遥感制图技术进行了总结与展望。

　　本书的分工如下：邱炳文负责全书撰写并统稿，陈崇成参与第 1 章撰写。感谢以下参与完成相关章节方法验证的毕业研究生：范占领（第 2 章、第 5 章）、封敏（第 2 章）、钟鸣（第 3 章）、刘哲（第 4 章）、王壮壮（第 5 章）、李维娇（第 6 章、第 8 章）、齐文（第 6 章、第 7 章）、罗钰涵（第 8 章、第 9 章）、卢迪菲（第 7 章）、邹凤丽（第 9 章）和钟江平（第 11 章）。本书的顺利完成，还要感谢在读研究生，他们精益求精、孜孜不倦地投入本书图表的制作与优化，他们分别是：何玉花（国家行政边界数据购买等）、杨鑫（第 4 章、第 8 章）、陈芳鑫（第 9 章补充实验与规范制图）、蒋范晨（第 10 章实验与第 6～7 章规范制图）、叶智燕（第 5 章补充实验与规范制图）、闫超（第 3 章、第 4 章、第 5 章）、黄稳清（第 2 章、第 5 章）及彭玉凤、苏中豪、甘聪聪、林艺真、林多多等（第 10～12 章）。

　　数字中国研究院（福建）农业遥感研究团队依托空间数据挖掘与信息共享教育部重点实验室、地理空间信息技术国家地方联合工程中心等科研平台，长期致力于时序遥感分析技术及其应用研究，在农作物种植制度遥感监测方面取得了一些进展。本书汇聚了团队近 10 年科研成果，从农作物种植制度的视角出发，内容涉及时序遥感数据平滑、耕地复种指数和农作物分布面积遥感估算及其变化检测的理论与技术方法，并给出主要农业区或全国尺度应用实践成果。本书的出版得到国家自然科学基金项目"基于多维度光谱指数的大尺度作物种植制度变化时序遥感监测方法研究"（42171325）、"抗干扰的农作物种植模式自动提取方法"（41471362）及"面向地表参数演变过程的时序遥感变化检测技术暨三北工程评估"（41771468）等项目的资助，在此一并感谢！

鉴于知识水平等多方面的局限性，书中不足之处在所难免，恳请读者批评指正！

作　者

2021 年 12 月于福州

目　　录

第1章　绪　　论

1.1　农作物遥感监测的研究意义

人类面临的最大挑战之一，是如何在未来和更长时间内可持续地养活每一个人（Lu et al.，2017；刘毅，2011）。中国的粮食安全问题由来已久，纷繁复杂，备受关注。在全球气候变化、耕地流失加剧、农村青壮年劳动力进城务工、国际粮价走低等多重国际与社会大背景下，粮食安全将成为我国重要长久的战略任务。粮食安全与生态可持续性问题纷繁复杂，需要结合耕地面积、种植强度、农业种植结构等多方面开展系统性研究。耕地种植强度与农作物种植结构具有复杂的时空异质性特征。耕地遥感监测面临着合理消除不确定性因素、提高自动监测水平等诸多挑战（Massey et al.，2017；Skakun et al.，2017）。虽然我国乃至全球已经投入大量人力、物力、财力，开展了多轮具有重要历史意义的土地利用/覆盖变化监测研究工作，但形成的耕地时空分布数据集时效性、一致性、总体精度均有很大提升空间（Deng and Li，2016；Skakun et al.，2017）。相关领域研究学者对大范围长时序土地利用强度与变化过程的重视度依然不足，并且缺乏适用于大范围多年时空连续变化研究的理论与观测技术方法（Bégué et al.，2018；Rounsevell et al.，2012；Verburg et al.，2011）。大范围准确及时获取农作物时空连续分布数据，对于农业可持续发展从而确保粮食与生态安全非常重要（Busetto et al.，2019；Defourny et al.，2019）。相对于土地利用/覆盖，大范围农作物时空分布数据相对匮乏，并且数据获取更具挑战性（Wardlow et al.，2007；Zhang et al.，2017）。因此，开展大范围长时序农作物遥感监测研究具有重要的理论与现实意义。

1.2　时序遥感分析技术研究进展

1.2.1　长时序遥感数据带来新契机

时序遥感数据的年际、年内时序信息，为更深入地揭示地表属性时空演变特征提供了前所未有的机遇（Gómez et al.，2016；Wang et al.，2018）。年内时序遥感数据提供了不同地表覆盖方式的年内变化信息（如植物物候），有助于识别微小的差异。年际时序遥感数据提供了中长期土地覆盖光谱特征，有助于更好地解读土地覆盖/利用细微调整或类型变化。时序遥感数据的年内变异性，对判别具有明显的植被物候特征的土地覆盖方式特别有效，如利用物候差异识别农作物、森林、草原等不同植被类型（Massey et al.，2017；Senf et al.，2015）。多年时序轨迹数据能有效地刻画各种土地覆盖要素随时间变化的光谱特征。基于时间维的变量和多种遥感指数的时序轨迹，为刻画与土地利用覆盖类型相关的各种生物物理属性的状态及其变化带来了极大机遇。随着时序遥感数据的不断积累，时序变化遥感监测近年来成为遥感技术与应用的研究热点（Wang et al.，2018；赵忠明等，2016）。未来的土地变化科学，不仅仅是土地覆盖类型转换（landcover conversion），更多地关注包括土地管理方式、种植制度等土地覆盖属性变化（Lambin et al.，2003）。对地表属性多年时序变化及其空间特征的探索分析，将有助于人们对土地覆盖变化科学的深层次理解（Lambin and Linderman，2006）。

1.2.2 时序遥感分析技术方法

尽管关于集成长时序遥感数据给连续监测地表生态系统的状态和动态变化带来机遇已经达成广泛共识，但充分挖掘利用长时序遥感影像信息的新型分类与变化检测技术的研究仍然相对匮乏（Bégué et al.，2018；Gómez et al.，2016）。常规遥感分类与变化检测技术难以高效地分析和处理长时序遥感数据。例如，基于聚类的非监督分类算法，处理高维数据或大数据时花费时间特别长（Jia et al.，2014）。常规监督分类方法，如最大似然法、最小距离法等，很难用于处理具有多模态特征的时序数据（Glanz et al.，2014）。面对长时序遥感影像数据带来的机遇与挑战，国内外学者相继提出了相关时序遥感分析算法。按照实现策略与研究思路，大体可以分为以下 3 种：①基于时序轨迹的研究方法；②基于机器学习的研究方法；③基于时空模型预测的方法。

基于时序轨迹的研究方法，依据其实现策略不同，大致可以分为两种类型：基于时序分割的方法和基于时序分解的方法。基于时序分割的方法，通过将原始时间序列分割为一系列互不重复的子序列，然后分别解读不同子序列的含义。这种基于时序分割的代表性研究方法有识别干扰与植被恢复的趋势算法（Landsat-based detection of trends in disturbance and recovery，LandTrendr）（Kennedy et al.，2010）、植被变化探测器（vegetation change tracker，VCT）（Huang et al.，2009）、断点检测与分割算法（detecting breakpoints and estimating segments in trend，DBEST）（Jamali et al.，2015）等。LandTrendr 方法利用 Landsat 时序遥感影像，通过时间序列分割与重构，实现对包括林火、病虫害等因素带来的森林干扰的监测。VCT 可用于重建森林变化轨迹，实现森林变化自动监测（Huang et al.，2009）。基于时序分解的方法，将时序轨迹分解为若干平稳的（如季节性的）和非平稳的过程。相关的代表性研究方法如 BFAST（breaks for additive seasonal and trend）（Verbesselt et al.，2010）。在 BFAST 方法中，首先将植被演变时间序列分解为渐进的线性变化趋势、季节变化以及突变等三方面，并分别赋予一定的含义，如将前两者映射为干扰（火灾和虫灾）和植被物候变化（如土地覆盖变化），然后通过迭代检测突变点，实现森林动态变化监测（Schmidt et al.，2015）。目前，这些基于时序轨迹的遥感时序变化检测算法能快速直接地获取变化区域，在森林干扰等土地变化遥感监测中取得了很好的应用成效。

基于机器学习的研究方法，通常包括人工神经网络、支持向量机、随机森林算法等。机器学习方法展示出一定的自学习能力，近年来发展迅速并且获得了很好的应用（Belgiu and Drăguţ，2016；Chen et al.，2015a；Zhu et al.，2017）。基于机器学习的研究方法不足之处在于，通常对训练样本数据的要求比较高，并且因其判别过程的黑箱问题，不具备可解释能力（Shih et al.，2015）。如何巧妙建立合理刻画地表变化过程的指标，通过各种途径高效获取可信赖的训练样本数据，提高遥感时序变化检测算法的精度和应用推广能力，将是基于机器学习的研究方法未来的核心发展方向。

基于时空模型预测的方法，通常包括差分自回归移动平均模型（autoregressive integrated moving average model，ARIMA）、马尔可夫模型以及季节趋势模型等。ARIMA 基于自身序列特征进行估计，具有良好的预测结果，但无法对调控因子、趋势与异常特征进行描述。而带控制量的差分自回归移动平均模型（autoregressive integrated moving average model with explanatory variable，ARIMAX）能纳入其他独立变量，灵活性更强。基于时空模型预测的代表性方法，如连续变化检测与分类（continuous change detection and classification，CCDC）算法（Zhu and Woodcock，2014），基于 Landsat 原始时序数据和利用季节趋势模型进行时序拟合与预测，然后通过模型预测值与实际值的残差检测变化，并且进一步利用预测模型的系数、残差等一系列参数开展土地覆盖分类。又如，多尺度时空建模（multi-scale spatiotemporal modeling，MSSTM）工具，能顾及像元、时间和空间尺度异质性，针对年份、季节、月份等不同尺度变异分别选取不同时序分析模型建模（Qiu et al.，2016a）。基于时空模型预测的方法灵活性强，很适合进行连续变化监测，但其不足之处在于对原始时序数据的要求比较高（数据完整性与质量等），数据的缺失或噪声可能会给预测结果带来较大的影响。

1.3 农作物遥感监测面临的挑战

相对于土地利用/覆盖，大范围农作物遥感监测更具挑战性（King et al.，2017；Tang

et al.，2018）。植被覆盖受到人与自然复杂交互作用的影响，具有显著时空非平稳性特征。植被演变存在复杂时空异质性，表现为在不同尺度、不同区域、不同要素/因子以及不同阶段过程中植被生长状态和制约因素存在明显差异。植被光谱类内异质性严重阻碍了大范围高精度高效率的植被遥感信息提取。

农作物遥感监测算法先后经历了以下 4 个发展阶段（以水稻为例）（Dong and Xiao，2016）：阶段一，基于反射率数据和影像统计的研究方法；阶段二，基于植被指数和增强影像的统计方法；阶段三，基于植被指数多时相分析方法；阶段四，基于植被物候的研究方法（基于时间序列分析研究方法）。虽然前 3 种方法均认同农作物关键生长期在农作物遥感监测中的作用，但关键生长期的识别未采用遥感数据直接获取。第 4 种基于植被物候的研究方法通过直接识别并利用农作物关键生长期特征，可以提高农作物遥感监测效率与精度。

基于植被物候的农作物遥感监测方法所面临的挑战来自两个方面：其一，不同农作物植被指数时序曲线的相似性；其二，同种农作物植被指数时序曲线的类内异质性（Qiu et al.，2017c）。农作物植被指数时序曲线的类内异质性问题备受关注（Qiu et al.，2016b；Wardlow et al.，2007）。农作物植被指数时序曲线的类内异质性至少包括以下 3 种形式（Qiu et al.，2016c）：物候期推移/变化引起的不同区域植被指数时序曲线推移/变化；土壤肥力、灌溉条件以及耕作管理措施引起的植被指数时序曲线增强或减弱（如肥力好的地方，植被生长好，植被指数偏高）；农作物物候历、地形气候以及其他自然条件或人为措施引起的更复杂的变化形式，都将导致该区域植被指数时序曲线产生变异性（Lunetta et al.，2010；Qiu et al.，2015）。

虽然近年来基于植被物候的农作物遥感监测方法取得了很好的应用效果（Dong and Xiao，2016），但建立大范围快速自动的农作物遥感监测方法依然面临诸多技术瓶颈。目前很多农作物遥感监测方法多适用于小区域和特定年份，急需建立适用于大范围长时序农作物分布自动提取方法（Bégué et al.，2018；Rounsevell et al.，2012）。

1.4　本书内容与章节安排

本书通过自适应时频域、动态锁定关键物候期、集成多种遥感指数以及知识迁移学习等研究策略，设计构建了耕地复种指数和水稻、冬小麦、玉米等农业遥感制图方法，为实现大尺度长时序农作物时空演变分析提供有力保障。本书的研究框架见图 1.1，具体内容如下。

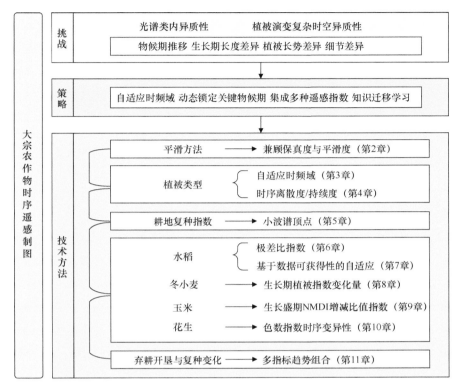

图 1.1　本书研究框架图

第 1 章，阐述农作物遥感监测的重要性、发展趋势及其面临的挑战，引出本书的研究内容。

第 2 章，研究一种兼具保真度和平滑度的时序遥感数据平滑方法。平滑的时序遥感数据，对于植被遥感信息提取与应用非常重要。本书所提出的时序遥感数据平滑方法，参数设置简单且可重用，能适用于各种气候条件下自然植被与多种熟制农作物的时序遥感数据平滑处理以及相关物候参数提取。

第 3 章，提出一种基于自适应时频域的植被遥感监测新方法。针对区域与气候差异、年际变化等多种因素导致的植被复杂类内异质性问题，提出了基于自适应时频域的植被遥感监测方法。通过连续小波变换，获得小波系数谱，分别基于时间维和尺度维建立小波方差曲线，然后依据类间差异性最大化原则，分别确定最适宜影像分类的时间域与尺度域区间，最后通过建立综合判别体系，实现植被遥感监测。

第 4 章，设计了基于时序离散度与持续度的自然植被遥感监测方法。该方法通过巧妙地刻画时序影像所蕴含的各种物候和季节特征，分别从整体上、不同值域区间以及物候期内建立能有效表征植被变化特征的多种时序离散度和持续度指标，用于自然植被遥感信息提取。

第 5 章，创建基于小波谱顶点的耕地复种指数自动监测方法。有效消除植被物候期变化、植被长势与生长期长度差异等各种类内异质性问题，为大范围连续快速准确监测复种指数变化奠定方法基础。在全国尺度长时序耕地复种指数信息提取中得到很好的应用，总体精度大于 90%。通过构建自 1982 年以来全国耕地复种指数时空连续分布数据库，全面揭示了全国耕地复种指数历史演变阶段和区域异质性特征，从不同地形条件、人口和可达性等多因素多方面阐释了耕地复种指数演变机制，为合理制定政策、确保持续稳定的耕地复种指数提供参考依据。

第 6 章，建立了基于植被与水体变化比值指数的水稻自动遥感监测方法。充分利用相对于其他农作物和自然植被而言，水稻田在移栽到抽穗这段时间内，水体指数变化幅度较小而植被指数变化幅度较大的特点，通过设计基于关键物候期植被与水体变化比值指数，建立了综合考虑植被物候期与地表湿度的水稻遥感自动提取方法（CCVS 方法）。通过动态锁定水稻关键物候期，综合利用关键物候期植被指数和水体指数的变异性特征，能有效地避免降水、数据噪声以及不同研究区域与数据来源等导致的分类结果的不确定性问题。在中国东南九省一市（河南、江苏、安徽、湖北、湖南、江西、浙江、福建、广东、上海）水稻制图应用研究中，获得了大于 90% 的总体精度。研究表明，21世纪以来我国东南九省一市水稻播种面积锐减 31%，其中双季稻面积减少将近一半。

第 7 章，设计了一种基于数据可获得性的自适应水稻制图方法。时序遥感分类方法在应用到中高分辨率遥感影像和多云区域时，通常面临时序数据大量缺失（可获得性差）从而导致时序信号不完整的严峻挑战。针对时序遥感影像数据可获得性差异带来的挑战，创新性地提出了通过自动分区、知识迁移、自适应选取特征建立水稻分类方法。

第 8 章，创建了基于生长期植被指数变化量的冬小麦制图方法。通过建立冬小麦关键物候期趋势面模型，逐像元动态确定冬小麦播种期、抽穗期、成熟期等关键物候期，有效地消除不同纬度与海拔区间内冬小麦物候期不一致带来的干扰。综合冬小麦植被指数变异性特征，分别设计生长前期和生长后期植被指数变化量指标，用于冬小麦制图。其依据在于，在趋势面模型估计的冬小麦生长期内，冬小麦生长前期和生长后期变化量均高于其他植被类型。创建了 21 世纪以来中国冬小麦主产区冬小麦时空连续分布数据库，总体精度达 90%以上。

第 9 章，提出了一种基于归一化多波段干旱指数（normalized muti-band drough index，NMDI）增减比值指数的玉米制图方法。该方法充分利用在农作物生长盛期内，玉米的NMDI 增量指标较大而减量指标较小的特点，设计基于两者比值的 NMDI 增减比值指数，用于全国玉米制图，取得了很好的应用效果。研究发现，2005～2015 年玉米种植面积连续大幅增加超三成，3 种扩展方式（增加复种、挤占水稻、将其他旱作农作物改玉米）

玉米面积基本持平；2015 年以来全国玉米种植面积呈现东减西增、总体缩减的变化态势，"镰刀弯"政策初显成效。

第 10 章，提出了一种基于哨兵 2 号多光谱传感器（Sentinel-2 MSI）色素指数的花生时序遥感制图方法。三大植被色素在农作物生长发育过程中至关重要。叶绿素作为植被光合作用的重要色素，在农作物生长发育过程中至关重要。类胡萝卜素也是植被进行光合作用的主要色素，同时和花青素一样，在保护植物免受强烈阳光伤害以及抵御其他环境胁迫中发挥重要作用。和叶绿素有所不同的是，花青素和类胡萝卜素在植被幼年期与成熟期含量丰富。因此，三大植被色素在农作物生长期内分别呈现独特的倒"U"形或"U"形时序变化特征，以往研究关注较少。相比其他农作物而言，花生的开花期更早并且花期更长，因此花生具有营养生长和生殖生长混合交错时间更长的特点。研究分别基于三大色素指数时序变异性程度或含量水平，设计花生指数，构建了大尺度花生自动制图方法。获得了首张我国东北三省 20 m 花生空间分布图，总体精度达 94%。

第 11 章，建立了一种弃耕开垦与复种变化信息提取算法。该算法基于植被指数时序曲线设计了 5 种体现不同植被类型特征的时序指标，进而通过探索这些时序指标的年际变化趋势与空间显著性水平，建立了一套能有效区分单季农作物、多季农作物、稀疏植被以及自然植被之间相互变化的判别准则，实现涵盖多种植被类型之间的变化检测（Automatic Method for detecting Multiple vegetation Changes，简称 AMMC 算法）。该算法不需要依赖训练样本数据，就能实现多种植被变化信息自动提取，在我国中东部 13 个省（直辖市）取得了很好的应用成效，总体精度达 95%。研究发现，虽然在退耕还林政策的推动下，区域内弃耕现象明显，但复垦面积更大，甚至发生在比还林地区自然条件更差的区域。

第 12 章，对本书进行了总结与展望。本书的研究内容主要聚焦设计基于农学知识和物候特征的农作物制图方法。本书采用的时序遥感数据，以 MODIS 时序遥感数据为主，后续章节开始转向哨兵 2 号多光谱传感器中高分辨率时序遥感数据。本书采用的支撑软件平台，以 Matlab 为主，后续章节开始利用谷歌地球引擎（GEE）云平台。随着大数据和人工智能等新一代信息技术的发展，耦合专家知识与深度学习的技术方法，预期将在大尺度农作物遥感制图中发挥重要作用。本章试图结合目前农作物时序遥感制图中存在的问题，对未来发展趋势进行展望，包括拓展研究框架与数据基础以及创新发展时序遥感变化检测技术等。

1.5　本书的相关数据说明

本书所采用的时序遥感数据集，除非特别说明，均为 250 m 或 500 m 8 天最大化合成的 MOD09A1 陆地表面反射产品（http://ladsweb.nascom.nasa.gov/）。该时序遥感数据集通过最大化合成法（MVC），降低云、阴影、气溶胶、观测角度等因素的影响，并经过几何精矫正、辐射校正和去除薄云处理等预处理（http://modis-land.gsfc.nasa.gov/）。利用 MOD09A1 陆地表面反射数据，计算增强型植被指数（enhanced vegetation index，EVI）、两波段的增强型植被指数（2-band enhanced vegetation index，EVI2）等植被指数，获得植被指数时序数据集。

第 2 章　基于连续小波变换的时序遥感数据
平滑方法评估

平滑的时序遥感数据集对于植被物候参数提取以及基于物候期的农作物遥感制图至关重要。在诸多时序遥感数据平滑方法应用过程中，经常遇到的问题通常是需要不断地研究区域数据特征进行参数设置与调整。因此在应用到大尺度植被物候参数提取时面临挑战，方法的普适性有待提高。本章提出了一种基于连续小波变换的平滑方法（smoother based on continuous wavelet transform，SCWT）。本章首先阐述 SCWT 时序数据平滑方法的构建流程，然后将其分别应用于热带、亚热带和温带等不同区域时序数据平滑以及植被物候参数提取，从平滑度和保真度两方面选取评估指标，开展 SCWT 时序数据平滑方法与其他相关方法的分析对比评估。研究表明，SCWT 时序数据平滑方法参数设置简单且可重用，兼顾保真度和平滑度，能适用于多种自然植被与熟制农作物的时序遥感数据平滑处理以及相关物候参数提取。

2.1　研　究　背　景

平滑的植被指数时序曲线是提取植被物候参数及其他相关应用研究的前提条件，众多研究学者倾注了大量研究精力并创建了一系列时序数据平滑方法（Gang et al.，2015；Zhang，2015）。常用的时序数据平滑方法主要有基于时域局部滤波的方法，如 SG（Savitzky-Golay）滤波方法（Meroni et al.，2014）、非对称高斯（asymmetric Gaussian，AG）拟合法（Wu et al.，2014）、双逻辑（double logistic，DL）拟合法（Beck et al.，2006）、WS（Whittaker smoother）平滑方法等（Atzberger and Eilers，2011a；Eilers，2003）；基于频率域的方法，如傅里叶变换（Fourier transform，FT）（Roerink et al.，2000；Zhou et al.，2015）、时间序列谐波分析法（harmonic analysis of time-series，HANTS）（Roerink et al.，2000）以及基于小波变换的方法等（Lu et al.，2007；Sakamoto et al.，2005）。

不同时序数据平滑方法具有各自的特点，时序数据平滑方法的选取，将影响到所获得信息的差异性。有不少综述文献对时序数据平滑方法开展了大量的对比评估工作（Atkinson et al.，2012；Ebadi et al.，2013；Verger et al.，2013）。然而，现有的时序数据平滑方法对比评估缺乏一致性的研究结论（Cai et al.，2017；Zhou et al.，2015）。例如，尽管 SG 方法通常作为一种最受推荐的时序数据平滑方法（Jönsson and Eklundh，2004；Julien and Sobrino，2010），但也有一些研究表明其他方法更优于 SG 方法（Jönsson and Eklundh，2004；Julien and Sobrino，2010）。随着时序遥感数据应用的不断深入，非常有必要加强时序数据平滑方法的综合对比评估研究（Atzberger and Eilers，2011b；Hird and McDermid，2009）。

目前，时序数据平滑方法研究有以下几方面值得关注（Geng et al.，2014）。

（1）现有时序数据平滑方法往往需要设置很多模型参数，并且这些参数通常需要依据植被类型或地形气候差异等因素进行交互式动态调整（Dash et al.，2010）。考虑到气候条件和植被分布的时空异质性，通常难以设定统一的模型参数用于不同区域时序数据平滑处理（Beurs and Henebry，2010）。

（2）目前多数时序数据平滑方法评估研究非常注重平滑方法对原始数据的保真度，而对时序数据平滑效果的评估指标（平滑度）略显不足（Geng et al.，2014）。

（3）多数时序数据平滑方法被应用于高纬度地区（Beck et al.，2006；Hird and McDermid，2009），而低纬度地区常绿植被复杂时序数据通常被人为排除在外（Kandasamy et al.，2013）。

（4）时序数据平滑方法在植被物候参数遥感估计中的效率和精度方面的研究相对不足（Bridhikitti and Overcamp，2012；Michishita et al.，2014）。多数时序数据平滑方法在应用于大范围复杂环境的植被物候参数提取中存在明显局限性（Beurs and Henebry，2010；Zhang，2015）。

随着时序遥感数据集的不断丰富以及应用深度与广度的不断拓展，迫切需要一种简单、实用、易于推广的时序数据平滑方法（Atzberger and Eilers，2011b）。

2.2 基于连续小波变换的时序遥感数据平滑步骤

基于连续小波变换的时序遥感数据平滑方法技术流程如下（图 2.1）。

（1）时序数据预处理：首先剔除受到云或其他因素干扰的观测值，然后考虑观测值的观测日期，利用线性插值方法逐像元获取年内逐日植被指数时序数据集。

（2）连续小波变换：选择 Morlet 小波作为基小波，逐像元对年内逐日植被指数时序数据进行连续小波变换，得到时间、尺度步长分别为 1 的小波系数谱（时间-尺度二维谱）。

（3）连续小波重构：通过选取小波系数谱中最能反映植被年内变化特征的尺度区段 [10～40]（对应的时间周期为 40～160 天），通过连续小波逆变换，实现原始时序数据的平滑处理，获得平滑的植被指数时序数据。

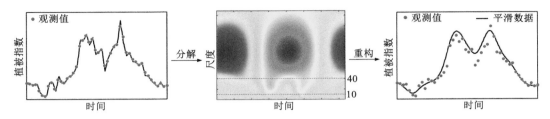

图 2.1　基于连续小波变换的时序遥感数据平滑方法

2.3　平滑方法评估指标的设计

2.3.1　时序曲线平滑效果方面的评估指标

从保真度和平滑度两个方面选取时序数据平滑方法评估指标。在保真度方面，选取均方根误差（root-mean-square error，RMSE）、赤池信息量准则（Akaike information criterion，AIC）（Akaike，1992）、贝叶斯信息量准则（Bayesian information criterion，BIC）3 个指标。RMSE、AIC、BIC 数值越小，表示保真度越高。平滑度方面，选取粗糙度（roughness）指标（Kandasamy et al.，2013）。粗糙度数值越低，表示平滑度越高。

采用 RMSE 量化预测值和观测值之间的偏差（Harmel and Smith，2007）。RMSE 的计算公式如下：

$$\text{RMSE} = \sqrt{\frac{\sum_{t=1}^{N}\left[\text{VI}^{*}(t) - \text{VI}(t)\right]^{2}}{N}} \qquad (2.1)$$

式中，$\text{VI}^{*}(t)$ 和 $\text{VI}(t)$ 分别为原始植被指数数据和平滑序列在 t 时刻上的数值；N 为时间序列数据的长度。

进一步评估时序数据平滑算法的保真度（Atkinson et al.，2012），AIC 和 BIC 的计算公式如下：

$$\text{AIC} = 2k + n[\ln(\text{RSS})] \qquad (2.2)$$

$$\text{BIC} = n[\ln(\text{RSS})] + k \cdot \ln(n) \qquad (2.3)$$

式中，k 为自由参数的个数；n 为输入的时间序列数据长度；RSS 为某种方法平滑前后植被指数平均值的残差平方和。HANTS、AG、DL、SCWT、SG 和 WS 的自由参数个数依次是 7 个、7 个、6 个、3 个、2 个和 2 个。

粗糙度（roughness）的计算公式如下：

$$roughness = \sqrt{\frac{\sum_{t=2}^{n}\left[VI(t) - VI(t-1)\right]^2}{n-1}} \tag{2.4}$$

式中，$VI(t)$ 为平滑后植被指数在 t 时刻的数值；n 为输入的时间序列数据长度。

2.3.2 植被物候参数估计方面的评估指标

为了从植被物候参数估计方面设计平滑方法的评估指标，首先需要基于平滑后的植被指数时序曲线合理估计植被物候期。利用时序遥感数据估计植被物候期的方法主要有两种：阈值法和曲线特征法。阈值法简便易用，但阈值的选取需要依据作物类型、区域特点进行调整，难以避免人为主观因素的影响（Dash et al.，2010）。曲线特征法不需要事先设置阈值，具有明显优势，但其挑战在于需要排除太多不相关特征点的干扰。一种性能优良的时序数据平滑方法，要求能尽量消除原始遥感影像时序曲线非相关特征点的干扰，并且保留体现植被物候变化的关键曲线特征（特征点），从而有助于更好地提取植被物候参数，即兼顾保真度和平滑度。本部分采用曲线特征法估计 3 种植被物候参数：植被开始生长期（the start of growing season，SOS）、峰值期（peak date，PT）、结束生长期（the end of the growing season，EOS）。

1）峰值期

将植被指数时序曲线的峰值确定为植被生长峰值期。对于耕地，如果实施多熟制种植，则存在多个生长峰及其对应的峰值期。为了简便起见，首先通过选取主要生长峰，然后进一步设置一定的约束条件来确定农作物生长峰值期：EVI2>0.3，峰谷之间的 EVI2 的差值大于 0.1，两个相邻峰值期的时间间隔大于 60 天。

2）植被开始生长期和结束生长期

植被指数时序曲线一次求导（仅东北地区）或两次求导后序列的局部最大值（对应原始信号斜率变化相对较大的点，简称拐点，或统称为特征点）与植被开始生长期和结束生长期存在很好的对应关系。下面以求取开始生长期为例进行详细阐述。如果在峰值期之前出现多个求导后的特征点，通过以下策略进一步锁定植被开始生长期：选取 3 个主要的特征点，在植被指数时序曲线上，依次计算这 3 个特征点与峰值点所形成的直线与横坐标的角度（图 2.2），依次分别为 $\beta1$、$\beta2$、$\beta3$ 以及植被指数最小值与峰值连线的角度（图 2.2 中的 α 角）；进一步选 $\beta1$、$\beta2$、$\beta3$ 中大于 α 角度一半的特征点，如果同时出现两个，排除最靠近峰值日期的特征点，最终获得的特征点对应生长开始期。按照同样的策略，在峰值期之后搜索获得植被结束生长期（图 2.2）。

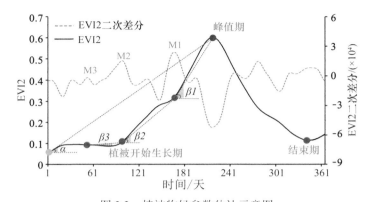

图 2.2　植被物候参数估计示意图

M1、M2、M3 为二次差分的峰值；EVI2：两波段的增强型植被指数，下同

从植被物候参数估计方面评估时序数据平滑方法，难以直接采用地面物候观测数据，其原因在于两者观测的时空尺度通常不一致，而且地面物候观测数据覆盖范围有限（Atzberger and Eilers，2011b；White et al.，2009）。为此，Atzberger 和 Eilers（2011b）分别从时序和空间两方面提出了评估指标：粗糙度指标（roughness）、空间异质性（spatial heterogeneity）。粗糙度指标用于从时序角度刻画时序曲线的平滑度：粗糙度数值越低，表示时序平滑度越高。空间异质性指标用于衡量植被物候参数分布的空间异质性程度（Atzberger and Eilers，2011b）：空间异质性指标越高，表示空间平滑度越不理想。

在排除土地利用/覆盖变化或者火灾等干扰情况下，植被物候空间分布格局通常具有很好的时空连续性。空间异质性的计算公式为

$$\text{spatial heterogeneity} = \frac{\sum_{i=1}^{n} |D(i) - D'(i)|}{n} \qquad (2.5)$$

式中，$D(i)$表示某栅格单元 i 的植被物候期；$D'(i)$表示该栅格单元邻域单元的植被物候期；n 表示邻域栅格单元的个数，本书采用 3×3 个邻域窗口。

为了进一步衡量不同平滑方法的差异，设计偏差率指标。偏差率为某种平滑方法所获得的植被物候期与所有平滑方法所获得的植被物候期平均值的差值（Atkinson et al.，2012）。

2.4　研究区概况与数据来源

2.4.1　研究区概况

中国地形气候复杂，自南向北跨越热带、亚热带、暖温带、中温带、寒温带等多种气候带。全国植被类型丰富多样，常绿阔叶林、常绿针叶林、落叶阔叶林、落叶针叶林等均有分布。农作物种植模式复杂多样，存在单季、双季、三季甚至四季多种熟制。随

着地形气候变化，植被物候也呈现出复杂的时空演变规律。为了充分考虑到不同气候带植被演变的时空异质性，从北到南依次选取东北三省、河南省、闽赣地区以及海南省作为研究区（Qiu et al.，2014a，2013）。

东北三省位于中国东北部，属于温带季风性气候。植被资源丰富，拥有我国最大林区，以及三江平原和东北平原等重要粮食生产基地。由于地处中高纬度，农作物以单季玉米、单季水稻等种植为主。

河南省位于中国中东部，属于亚热带-暖温带湿润半湿润气候。河南省为中国粮仓，实施冬小麦和玉米双季轮作制度，其中冬小麦种植面积与产量均居全国之首。

闽赣地区位于中国东南部，属于亚热带湿润气候。多以山地丘陵为主，地形复杂多样。森林覆盖率居全国首位。山地丘陵区森林植被在不同海拔区间存在明显的时空异质性特征。其西北部鄱阳湖平原为我国鱼米之乡，主要种植双季稻、中稻等。

海南省位于中国南端，属于热带季风气候。干湿季节鲜明，是中国两大热带雨林、季雨林分布区之一。由于水热条件丰富，满足一年种植三季甚至四季农作物的种植条件，具有鲜明地域特色。

2.4.2 数据来源

植被指数时序数据集为 2013 年研究区 8 天最大化合成 500 m MODIS EVI2 时序数据集。实地调研点位数据包括 2012～2015 年课题组先后前往河南省、闽赣地区、东北三省等地开展野外植被考察获得的不同植被物候期分布实地调研点位数据。实地调研点位数据用于基于视角效果的平滑方法评估以及植被物候参数估计方法流程的合理性评估。从国家气象科学数据中心获取的农作物物候观测数据，为确定植被物候参数估计方法提供数据参考。2010 年 300 m 分辨率的 GlobCover 全球陆地覆盖数据等（https://earth. esa.int/），在评估研究区植被物候参数估计效果时提供研究区植被类型分布数据。

2.5 基于时序曲线数据平滑效果方面的方法评估

2.5.1 基于视觉效果的方法评估

依次从不同区域分别选取其主要的森林植被和农作物点位，开展时序数据平滑算法的效果评估。森林植被点位从北到南依次为东北三省的落叶阔叶林（森林点位 A，52°49′56″N，125°18′48″E）、河南省的落叶阔叶林（森林点位 B，34°11′51″N，111°31′14″E）、闽赣地区的常绿阔叶林（森林点位 C，25°33′33″N，115°28′19″E）以及海南省的常绿阔叶林（森林点位 D，19°20′22″N，109°58′55″E）。农作物点位从北到南依次为河南省冬小麦+玉米双季轮作点位（农作物点位 E，34°38′53″N，114°31′53″E）、江西省双季稻（农作物点位 F，28°40′54″N，116°14′29″E）以及海南省三季农作物点位（水稻+水稻+蔬菜轮作）（农作物点位 G，19°43′32″N，109°27′12″E；农作物点位 H，18°28′56″N，108°50′04″E）。

　　针对所选取的森林和农作物点位的植被指数时序数据，分别利用 SG、WS、SCWT、HANTS、AG、DL 等 6 种不同平滑方法进行平滑处理，获得平滑后的植被指数时序数据。下面分别以海南省常绿阔叶林（森林点位 D）和江西省双季稻（农作物点位 F）为研究对象，从视觉效果方面进行方法评估。由常绿阔叶林点位植被指数时序曲线图可见（图 2.3），基于 SG 平滑方法获得的时序曲线更接近原始信号，基于 HANTS 平滑方法获得的时序曲线最为平滑。相对于森林植被点位而言，不同平滑方法在农作物点位中的平滑效果差异更为明显（图 2.4）。例如，在保留农作物生长季方面，AG 和 DL 平滑方法显然不够理想。对于双季稻点位，经 AG 和 DL 方法平滑后的植被指数时序曲线仅剩下一个生长峰。HANTS 平滑方法具有非常好的平滑效果，但不足之处在于平滑后的植被指数数值较大程度地偏离原始值，即保真度不足。相对而言，SCWT 和 WS 平滑方法在保真度与平滑度方面效果均比较理想。

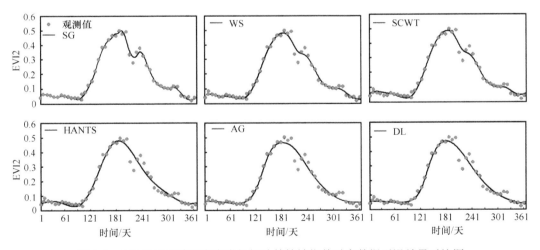

图 2.3　6 种平滑方法对海南常绿阔叶林植被指数时序数据平滑效果对比图

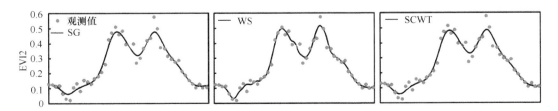

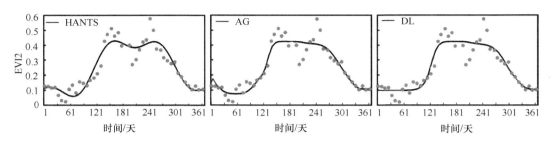

图 2.4　6 种平滑方法对江西双季稻植被指数时序数据平滑效果对比图

2.5.2　基于保真度和平滑度的方法性能评估

从保真度和平滑度两个方面出发，采用均方根误差（RSME）、赤池信息量准则（AIC）、贝叶斯信息量准则（BIC）以及粗糙度等评估指标，对 6 种时序数据平滑方法进行性能评估。鉴于 RSME、AIC、BIC 3 个指标的评估结果相对一致，因此分别选用 RSME、粗糙度依次评估时序数据平滑方法的保真度和平滑度（图 2.5）。

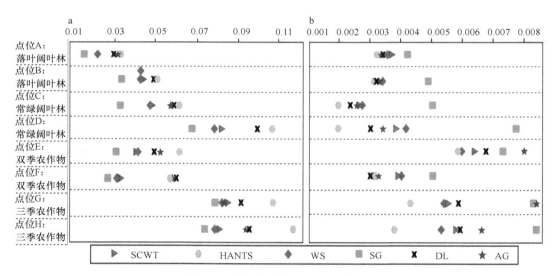

图 2.5　不同时序数据平滑方法评估

a. 均方根误差；b. 粗糙度指标

从 RSME 指标所揭示的保真度来看，SG 平滑方法的保真效果最好，但其平滑度不甚理想。对于大多数点位而言，SG 平滑方法的粗糙度都是最大的，并且远远大于其他平滑方法。从粗糙度指标所揭示的平滑度而言，HANTS 平滑方法的平滑度通常比较理想。但遗憾的是，HANTS 平滑方法的保真度通常最差，尤其是对于农作物点位而言，其 RSME 远远大于其他平滑方法。

从 RSME 和粗糙度两方面指标评估结果来看，AG 和 DL 平滑方法的性能比较接近。其保真度和平滑度均不是特别理想，表现为：在保真度方面，除了 HANTS 外，较差的就是 AG 和 DL 平滑方法；在平滑度方面，除了 SG 平滑方法外，较差的就是 AG 和 DL 平滑方法。

综合保真度和平滑度两方面指标，SCWT 和 WS 平滑方法的性能比较理想。在不同气候带多种森林与农作物点位，经 SCWT 和 WS 方法平滑后的植被指数时序数据均具有较低的 RSME 和粗糙度。

2.6　基于植被物候参数估计方面的应用效果评估

性能优良的时序数据平滑方法，在平滑效果方面需要兼顾保真度和平滑度。除了平滑效果外，时序数据平滑方法效果评估还应该考虑到其在植物物候参数估计方面的应用效果评估。因此，本书进一步开展基于植被物候参数估计方面的应用效果分析对比评估。鉴于 AG、DL 平滑方法不适合应用于多季农作物，因此重点对 SCWT、SG、WS、HANTS 4 种时序数据平滑方法进行应用效果评估。

作者团队依次采用 SCWT、SG、WS 和 HANTS 4 种平滑方法，获取研究区植被指数时序遥感数据集，然后利用上述曲线特征点，估计研究区植被物候参数。针对 4 种不同时序数据平滑方法，依次获得 2013 年研究区植被开始生长期、峰值期、结束生长期的空间分布图。基于每种时序遥感数据平滑方法生成了 4 个研究区（包括东北三省、河南省、闽赣地区、海南省）3 个植被物候参数数据集，共 12 个植被物候数据集。基于 4 种不同时序数据平滑方法，总共获得 48 个植被物候数据集。其中，基于 4 种时序数据平滑方法获得的河南省植被物候开始时间分布图见图 2.6。

结果表明，基于不同平滑方法所获得的植被物候期存在明显差异。其中，基于 SG 和 HANTS 平滑方法所获得的植被物候期差异最为突出，尤其在农作物分布区域内。相对而言，基于 HANTS 平滑方法获得的植被开始生长期更早，空间平滑度好。利用 SG 平滑方法获得的植被开始生长期，空间异质性强，相邻区域植被开始生长时间存在较大差异。利用 WS 和 SCWT 平滑方法获得的植被开始生长期，在农作物与自然植被边界存在明显分界线，并且在农作物分布区域呈现出由南向北植被开始生长期依次推迟的空间演替规律。利用 WS 和 SCWT 平滑方法获得的植被物候期演变规律与实际调查结果相符，能很好地支撑植被物候参数估计方面的相关应用研究。

为了进一步科学评估植被物候期空间格局，依次选取研究区主要植被类型，统计分析植被物候期分布情况。所选取的主要植被类型，包括东北落叶阔叶林、东北混交林、闽赣常绿针叶林、海南常绿阔叶林、东北单季农作物、河南双季农作物。基于不

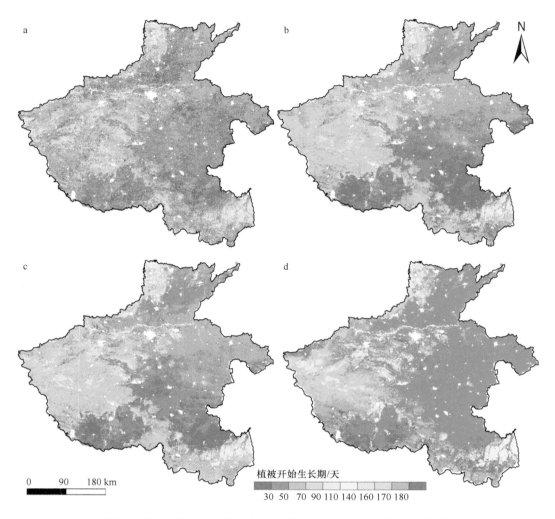

图 2.6 基于不同时序平滑方法获得的河南省植被开始生长期分布图
a. SG；b. WS；c. SCWT；d. HANTS

同平滑方法所获得的植被物候期数值分布的箱线图见图 2.7，平均值和偏差率分别见表 2.1 和表 2.2。

不同平滑方法获得的植被物候期存在明显差异，并且和植被类型密切相关（图 2.7）。对于落叶阔叶林和单季农作物这两种植被类型，利用不同平滑方法所获得的植被物候期差异较小。而对于常绿阔叶林和常绿针叶林，利用不同平滑方法所获得的植被物候期的变异性特别大。从不同平滑方法的角度而言，基于 SG 平滑方法所获得的植被物候期的变异性非常突出，尤其是在常绿阔叶林、常绿针叶林以及双季农作物 3 种植被类型中（图 2.7）。

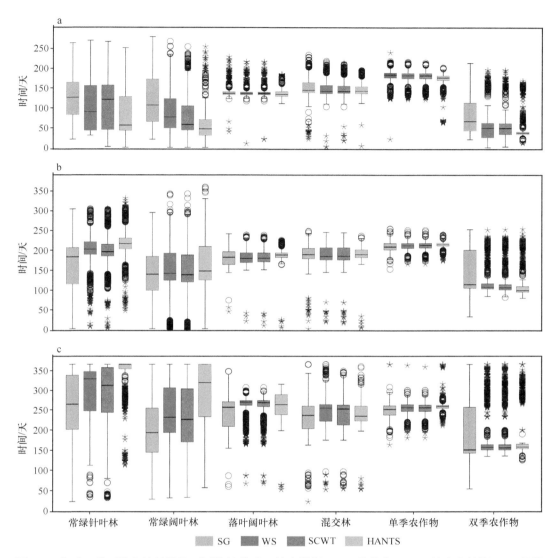

图 2.7　基于 4 种平滑方法估计的不同植被类型开始生长期（a）、峰值期（b）、结束生长期（c）的箱线图

箱线图将数据从小到大排列，分别计算上边缘，上四分位数 Q3（75%分位点），中位数（50%分位点），下四分位数 Q1（25%分位点），下边缘，四分位距（interquartile range，IQR）（IQR=Q3−Q1），异常值（图中的"○"表示异常值，异常值上限为 Q3＋1.5×IQR，异常值下限为 Q1−1.5×IQR），极端异常值（图中的"★"表示极端异常值，极端异常值上限=Q3＋3×IQR，极端异常值下限=Q1−3×IQR）

　　相比其他平滑方法而言，基于 SG 平滑方法获得的植被开始生长期相对较晚，而植被结束生长期则较早。例如，常绿针叶林，通过 SG 平滑方法提取的植被开始生长期平均值大于 140 天，而通过其他 3 种平滑方法获得的植被开始生长期平均值则在 110 天以下，相差一个月左右。通过 SG 平滑方法提取的常绿针叶林结束生长期平均值为 199 天，

而其他 3 种平滑方法获得的常绿针叶林结束生长期平均值均大于 280 天。对同一种植被类型而言，利用 SG 平滑方法所获得的植被物候期的偏差率较大（表 2.2）。

表 2.1　基于 4 种平滑方法获得的研究区不同植被类型开始生长期（SOS）、
峰值期（PT）、结束生长期（EOS）的平均值统计表　　　（单位：天）

植被类型	SOS				PT				EOS			
	SG	WS	SCWT	HANTS	SG	WS	SCWT	HANTS	SG	WS	SCWT	HANTS
落叶阔叶林	140.4	139.7	139.6	138.4	184.1	184.0	183.7	190.0	243.2	260.0	258.0	256.4
混交林	149.0	147.7	147.9	147.1	190.6	188.8	188.9	192.6	236.8	249.5	247.0	246.1
常绿针叶林	141.7	107.1	105.3	86.7	141.7	194.9	190.8	214.6	199.0	289.0	283.9	340.5
常绿阔叶林	71.7	54.4	60.3	47.3	140.1	158.0	150.8	167.0	193.9	239.6	234.0	299.5
单季农作物	180.2	179.0	179.6	173.2	209.1	210.0	210.7	213.0	250.0	256.5	256.3	260.2
双季农作物	75.0	54.6	56.7	49.5	140.4	126.4	124.3	124.2	187.5	186.4	184.5	192.9

表 2.2　基于 4 种平滑方法获得的不同植被类型开始生长期（SOS）、
峰值期（PT）、结束生长期（EOS）的偏差统计表　　　（单位：天）

植被类型	SOS				PT				EOS			
	SG	WS	SCWT	HANTS	SG	WS	SCWT	HANTS	SG	WS	SCWT	HANTS
落叶阔叶林	0.7	0.0	−0.1	−1.3	−0.6	−0.6	−1.0	5.3	−13.7	3.0	1.1	−0.6
混交林	1.0	−0.5	−0.3	−1.1	1.1	−0.8	−0.6	3.2	−9.0	3.5	1.0	0.1
常绿针叶林	−12.8	7.8	5.9	−17.1	−52.4	0.8	−3.2	21.0	−91.1	−1.0	−6.0	51.2
常绿阔叶林	17.5	0.2	6.1	−6.9	−14.9	3.0	−4.2	12.0	−46.6	−0.9	−6.5	58.9
单季农作物	1.4	−0.1	0.5	−5.9	−1.4	−0.4	0.3	3.0	−5.3	0.6	0.5	4.3
双季农作物	19.3	−1.1	1.0	−6.2	14.9	0.8	−1.4	−1.5	2.2	1.0	−1.0	7.5

相比其他平滑方法而言，基于 HANTS 平滑方法获得的植被开始生长期最早，而植被结束生长期则较晚。例如，对于单季农作物，基于 HANTS 平滑方法获得的开始生长期均值为 173.2 天，比其他平滑方法早 6~7 天。对于落叶阔叶林和混交林，不同平滑方法所获得的结束生长期比较一致。除此之外，对于常绿林和农作物等植被类型而言，HANTS 平滑方法获得的结束生长期最迟。例如，通过 HANTS 平滑方法所获得的单季农作物结束生长期平均值为 260.2 天，比其他方法估算的结果要晚 4~10 天。通常基于 SCWT 和 WS 平滑方法所获得的植被物候期结果比较接近，其四分位距、偏差率均相对较小。与实际物候观测结果较为吻合。

依据揭示空间平滑度方面的指标，进一步对不同时序数据平滑方法进行分析评估（图 2.8）。空间异质性指标数值越大，表示空间平滑度越低。不同平滑方法在空间异质性方面的差异与植被类型相关。其中，单季农作物，不同平滑方法的空间异质性差异相对较小。对于除单季农作物以外的其他植被类型而言，基于 SG 平滑方法所获得的植被物候参数，空间异质性指标数值通常最大。特别是常绿针叶林和双季农作物，SG 平滑方法的空间异质性远远高于其他平滑方法。由此可见，SG 平滑方法的空间平滑度不够理想。基于 HANTS 平滑方法所获得的植被物候参数，空间异质性指标数值通常最小。尤其是常绿针叶林，HANTS 平滑方法的空间异质性指标远远小于其他平滑方法。对于 SCWT 和 WS 平滑方法，空间异质性通常小于 SG 平滑方法，多数情况下与 HANTS 平滑方法较为接近，并且数值相对比较稳定，因此空间平滑度较为理想。

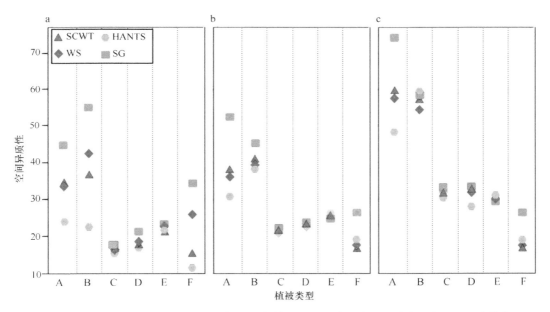

图 2.8　基于植被物候参数空间异质性指标的时序数据平滑方法评估：开始生长期（a），峰值期（b），结束生长期（c）

字母所对应的植被类型如下：A. 常绿针叶林；B. 常绿阔叶林；C. 落叶阔叶林；D. 混交林；E. 单季农作物；F. 双季农作物

理想的时序数据平滑方法，不仅需要很好地保留时序曲线的关键极值点，还需要合理地消除伪极值点。如果未能合理消除伪极值点，将导致平滑后生成的时序曲线的一阶导数不够连续并且特征点个数增多，给合理估计物候参数带来很大干扰（Sakamoto et al.，2005）。统计 4 种平滑方法所生成的 EVI2 时序曲线的特征点个数（用 EVI2 时序曲线做二次求导后曲线的极大值个数表示），进一步分析评估时序数据平滑方法。从表 2.3 可见，HANTS 平滑方法获取的特征点个数最少。虽然 SCWT 和 WS 平滑方法均能很好

表 2.3　不同平滑方法得到的特征点个数

平滑方法	落叶阔叶林	混交林	常绿针叶林	常绿阔叶林	单季农作物	双季农作物
SG	35.86	36.01	33.47	29.67	36.74	34.63
WS	6.83	6.87	8.21	7.66	6.53	6.36
SCWT	6.23	6.24	7.88	7.67	5.68	5.50
HANTS	2.69	2.84	3.31	3.42	2.99	2.99

地兼顾保真度和平滑度，但相对而言，SCWT 平滑方法获得的特征点个数更少。通过平滑处理，在保留关键极值点的前提下，将所获得的特征点个数控制到最小的范畴，为后续应用于植被物候参数估计奠定基础，提高应用效率。

2.7　讨论与结论

理想的时序数据平滑方法，能在最大限度消除噪声数据的前提下，尽可能地保留原始数据的真实信息，即兼顾保真度和平滑度（Ebadi et al.，2013；Eilers，2003）。鉴于目前大多数研究都是利用保真度来评估平滑效果（Michishita et al.，2014），因此普遍认同 SG 平滑方法在保真度方面的平滑效果。但其不足之处在于，SG 平滑方法应用到不同区域时，通常需要依据研究区特点进行参数阈值设置（Eilers，2003；Schmidt and Skidmore，2004）。研究发现 SG 平滑方法在平滑效果方面略差，特别在原始时序曲线噪声信号比较明显的情况下，利用该方法进一步获取植被物候期的效果不甚理想。相关研究表明，AG 和 DL 不适用于具有多个生长季的地区（如双季和三季农作物区）（Atkinson et al.，2012；Hird and McDermid，2009），与本部分研究结论一致。

研究表明，基于时频域转换的 HANTS 平滑方法不太适合处理复杂多季农作物时序信号。虽然 HANTS 平滑方法的平滑效果很好，但其保真度不足，尤其是对于多季农作物而言。HANTS 平滑方法在保真度方面的缺陷屡见报道（Julien and Sobrino，2010）。相对于其他方法，WS 和 SCWT 平滑方法保真度与平滑度均较好。随着时序遥感数据的深入应用，兼具平滑度和保真度的时序数据平滑方法尤为重要。基于小波变换的 SCWT 平滑方法以及 WS 平滑方法，能很好地实现不同复杂气候和农作物种植模式下时序遥感信号平滑，用于进一步开展植被物候期遥感反演估算研究。

第 3 章　基于自适应时频域的植被遥感监测方法

植被光谱类内异质性严重阻碍了大范围高精度植被信息遥感监测。本章提出一种基于自适应时频域的植被遥感监测方法，该方法通过连续小波变换获得小波系数谱，分别从时间维和尺度维两个方面建立小波方差曲线，依次确定最适宜影像分类的时间域与尺度域区间，最后通过建立综合判别体系，实现植被遥感监测。所设计的基于自适应时频域的植被遥感监测方法，为建立高精度、强鲁棒性的植被遥感制图方法提供了新思路。

3.1　方　法　概　述

基于时序特征的植被遥感分类方法大致分为两种（Zhang et al.，2013）。第一种方法侧重挖掘不同土地覆盖/植被类型的频率特征，通过傅里叶变换或离散小波变换（discrete wavelet transform，DWT）获得不同尺度/频率域信号分量，依据不同植被类型在不同尺度区间内的信号特征进行分类（Qiu et al.，2013；Galford et al.，2008；Geerken，2009；Sakamoto et al.，2006；Singh et al.，2012）。第二种方法侧重从时间角度出发，挖掘利用植被物候特征，提取若干特征参数用于植被分类。这些特征参数包括从年内时序曲线中提取的平均值、峰值、标准差、欧氏距离和马氏距离等（Arvor et al.，2011；Biradar and Xiao，2011；Bridhikitti and Overcamp，2012；Li and Fox，2012；Yuan et al.，2013）。

本章旨在通过连续小波变换，综合利用时间与频率域两个维度的信息，创建一种基于自适应时频域的植被遥感半自动分类方法（Qiu et al.，2014b）。该方法首先建立若干已知地物的植被指数年内时序曲线，进行连续小波变换获得小波系数谱。然后分别从时间维和尺度维两方面计算小波方差，生成所有已知地物类型的时间维小波方差曲线、尺度维小波方差曲线。同时，逐像元分别建立整个研究区基于时间维和尺度维的小波方差曲线。依据已知地物小波方差曲线的类间差异性最大化原则，依次确定最适宜影像分类的时间域与尺度域区间。最后依据未知地物与已知地物时间维小波方差曲线以及尺度维小波方差曲线的相似性原则，建立综合判别体系，实现遥感影像半自动分类。采用 JM（Jeffreys-Matusita）距离，衡量时间维和尺度维小波方差曲线的相似性/差异性。

3.2　特征提取和相似度计算

3.2.1　连续小波变换

时间序列分析研究中，通常将时间序列分解为时域和频域两个维度。时域分析具有时间定位能力，频域分析（如傅里叶变换）提供频率定位信息。植被生长通常受气候条件和人类活动等方面因素影响，植被指数时序数据通常存在一定的非平稳性（Qiu et al.，2013）。连续小波变换非常适合非平稳时间序列数据分析。基于连续小波变换，将植被指数时序数据进行时频域转换，分别从时域和频域两个维度提取特征指标。

在开展连续小波变换时，首先需要选取合适的母小波。考虑不同母小波的特征，为了更有效地提取植被变化的时域与频域信息，依次选取墨西哥帽（Mexican hat）、Morlet母小波进行小波变换。墨西哥帽小波具有对称性，小波形状与植被指数时序曲线形状相似（Biswas and Si，2011）。基于墨西哥帽母小波进行连续小波变换，能有效地定位植被物候期以及物候期内变化信息，因此利用墨西哥帽母小波进行小波变换提取时间维信息。Morlet母小波在地理学领域尺度分析方面具有很好的应用效果（Biswas and Si，2011；Partal，2012），因此利用 Morlet 母小波进行小波变换获得尺度维信息。

在开展连续小波变换之前，首先要进行植被指数时序遥感数据预处理。剔除有云的观测值，为了保证数据的连续性，在原始植被指数时序数据步长大于 1 天的情况下，通过线性插值生成逐日连续的植被指数时序数据集。植被指数时序信号经连续小波变换后获得时间-频率二维空间小波系数谱（图 3.1）。简便起见，将尺度维和时间维区间统一设置为 1～300，因此所生成的小波系数谱为一个 300×300 的矩阵。该小波系数谱能很好地展示植被指数时序信号在不同时刻、不同尺度上的变异性特征。小波系数谱中某个时刻/尺度的数值表示其所处时刻/尺度的变异性大小。因此，通过连续小波变换，可以将植被指数时序信号的变异性分别在时间-尺度二维空间展示出来。噪声或扰动信号集中在小波系数谱的高频区间，通过选取合适的时间尺度进行重构，能够巧妙地回避噪声干扰并达到提取植被主要变化特征的目标。

3.2.2　时间维/尺度维小波方差曲线

小波系数谱从时间维/尺度维空间刻画植被变化特征。基于小波系数谱，通过从时间维和尺度维两个维度分别计算小波方差，重新降维生成小波方差曲线，分别用于刻画植被在时间维和尺度维两个维度的变异性特征。

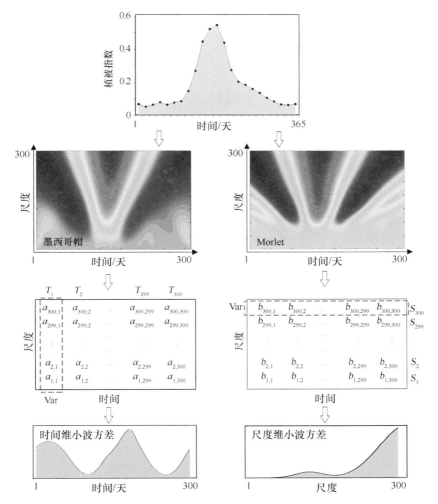

图 3.1　分别基于 Morlet、墨西哥帽小波变换生成时间维、尺度维小波方差曲线

利用基于墨西哥帽小波变换得到的小波系数谱，计算基于时间维的小波方差，简称时间维小波方差（time-dimension wavelet variance，TDWV）（图 3.1）。其计算公式为

$$T(i) = \frac{1}{n-1} \sum_{i,j=1}^{n} \left(a(i,j) - \overline{a}(i) \right)^2 \qquad (3.1)$$

式中，$T(i)$ 为时间 i 对应的小波系数方差；$a(i,j)$ 为时间 i、尺度 j 位置的小波系数；$\overline{a}(i)$ 为时间 i 对应的小波系数均值。逐像元计算每个时刻的时间维小波方差，从而生成该像元的时间维小波方差曲线。

利用基于 Morlet 小波变换获得的小波系数谱，计算得到基于尺度维的小波方差，简称尺度维小波方差（scale-dimension wavelet variance，SDWV）（图 3.1）。其计算公式为

$$S(j) = \frac{1}{n-1} \sum_{i,j=1}^{n} \left(b(i,j) - \overline{b}(j) \right)^2 \tag{3.2}$$

式中，$S(j)$ 为尺度 j 时的频域小波系数方差；$b(i,j)$ 为时间 i、尺度 j 的频率域小波系数；$\overline{b}(j)$ 为尺度 j 所对应的小波系数均值。逐像元、逐尺度计算尺度维小波方差，从而生成该像元的尺度维小波方差曲线。

3.2.3 最大分离度区间选取及相似度计算

选取研究区已知主要植被类型的标准植被指数时序曲线，依据上述步骤，分别建立研究区不同已知植被类型的时间维小波方差曲线和尺度维小波方差曲线，作为判别未知像元的标准和依据。通过衡量未知像元与这些主要植被类型在时间维/尺度维小波方差曲线的相似性，判断未知像元所属的植被类型。在计算未知像元与已知植被类型之间差异时，不是将整个时间维/尺度维小波方差曲线纳入计算，而是通过自适应选取合适的时间维/尺度维区间，从而更好地剔除其他尺度/时间区段的干扰。

选取合适的时间维/尺度维区间，尽可能实现该时间维/尺度维区间内不同植被类型之间差异性的最大化。因此，可以通过比较不同时间维/尺度维区间已知植被/地物相似度的策略来实现。目前，计算时序曲线相似度的方法有很多，如欧氏距离、JM 距离等。其中 JM 距离不需要假定地物正态分布，具有较好的适用性，因此采用 JM 距离衡量时序曲线的相似度。JM 距离是基于条件概率理论的类型可分性指标，其计算公式如下：

$$\mathrm{JM}_{i,j} = \int_x \left\{ \left(p(x|w_i)^{1/2} - p(x|w_j)^{1/2} \right) \right\}^2 \mathrm{d}x \tag{3.3}$$

式中，$p(x|w_i)^{1/2}$ 为条件概率密度。$\mathrm{JM}_{i,j}$ 的数值在 0～2，其数值越大，表示分离度越高。一般，当 JM 距离小于 1 时，表示样本之间不具备可分性；当 $1.0 < \mathrm{JM}_{i,j} < 1.5$ 时，表示样本之间存在一定的可分性，但其数据分布在一定程度上有重叠；当 $\mathrm{JM}_{i,j} > 2.0$ 时，表示样本之间具有良好的可分性。通过分别计算不同时间/尺度范围内已知地物样本时间维/尺度维小波方差曲线之间的距离，对比选取 JM 距离最大的时间维/尺度维空间作为最大分离度区间。

3.3 植被遥感分类流程

依据未知地物与标准地物小波方差曲线相似度最大化的原则，建立植被遥感分类流程图（图 3.2）。首先，将未知像元与已知地物时间维方差曲线之间的 JM 距离作为分类判别依据。如果该像元与所有已知地物时间维小波方差曲线的最小 JM 距离，Min{DT$_1$，DT$_2$，…，DT$_n$}= DT$_j$，即从尺度维角度看，该像元与地物 J 的 JM 距离最小，该像元与地物 J 最为相似。在此基础上，进一步判断该像元与地物 J 的 JM 距离是否在一定阈值范围内，如果 DT$_j$<θ（如 DT$_j$<1.5），说明未知像元与地物 J 的相似度较高，因此将未知像元判定为地物类型 J；否则进一步结合尺度维小波方差进行判别。如果未知像元与地物 J 的时间维和尺度维小波方差的 JM 距离均最为接近，即 Min{DT$_1$，DT$_2$，…，DT$_n$}= DT$_j$ 和 Min{DS$_1$，DS$_2$，…，DS$_n$}= DS$_k$，则将该像元判定为地物 J。

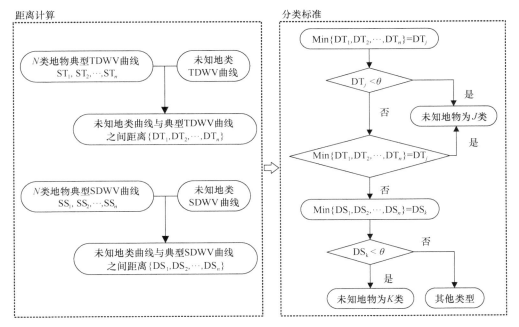

图 3.2　植被遥感分类流程图
TDWV. 时间维小波方差；SDWV. 尺度维小波方差

在上述条件均不满足的情况下，进一步结合尺度维小波方差对未知像元进行判别。同样地，如果在尺度维小波方差方面，未知像元与已知地物 K 的 JM 距离最小并且小于某个阈值（如 DT$_k$<1.5），说明该像元与地物 K 最为相似并且相似度高，因此将该像元判别为地物类型 K。否则，按照上述步骤，如果结合时间维和尺度维小波方差均未能找到与未知像元相似的地物类型，则判断该像元可能为其他类型。需要进一步补充研究区已知地物类型，或者调整相似度需要达到的阈值标准。

3.4 黑河流域植被遥感监测

3.4.1 研究区概况与数据来源

研究区位于中国西北部、甘肃中部，位于 37°41′N～42°42′N，100°51′E～114°32′E（图 3.3）。北部为阿拉善高原，南部为祁连山脉，黑河流经研究区中部。研究区面积约为 17 000 km²，为河西走廊重要的粮食和蔬菜基地。主要农作物有玉米、春小麦和油菜等，是全国最大的玉米制种基地。研究区属于干旱或半干旱温带气候，北部高地平原区的年平均降水量小于 100 mm，南部山区的年平均降水量约为 300 mm，且具有明显的雨季和旱季区分。数据来源为 2012 年 8 天最大化合成 500 m MOD09Q1 时序遥感影像。

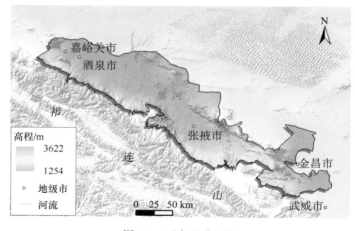

图 3.3　研究区地形图

3.4.2 地物标准小波方差曲线

研究区包括玉米、春小麦、油菜、自然植被、非植被共 5 种地物类型。针对这些已知地物类型，分别选取若干参考点，建立其标准植被指数时序曲线（图 3.4）。从 3 种不同农作物植被指数时序曲线图中可见，不同农作物植被指数时序曲线的差异性相对较小，类间相似性问题比较突出。进一步分析发现，不同农作物植被物候期和长势方面各具特色。在植被物候期方面，玉米开始生长期最早，春小麦次之，油菜最晚。油菜在生长盛期植被指数数值最高，其他两种农作物略微偏低。自然植被和非植被与农作物的差异性非常明显。虽然自然植被与农作物 EVI 时序曲线相似，但数值整体偏低。非植被的 EVI 时序曲线总体变异性非常小，数值更低。

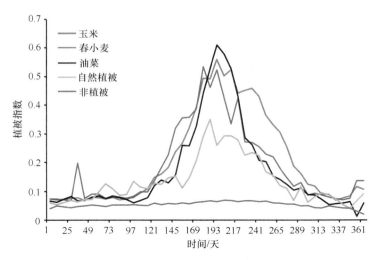

图 3.4　各植被类型 EVI 时序曲线

已知地物的植被指数时序信号，分别基于墨西哥帽和 Morlet 母小波进行小波变换后，生成时间维和尺度维小波系数谱（图 3.5）。从时间维小波方差标准曲线来看，不同已知地物之间存在较大差异性。特别是农作物、自然植被与非植被之间的差异性显著，其中农作物时间维小波方差数值普遍偏高。虽然不同农作物植被指数时序曲线差异并不明显，但经过小波变换后所形成的时间维尺度方差曲线比较容易区分。在时间维尺度方差曲线上，这种不同农作物的差异性，不仅体现在农作物旺盛生长的春夏季节，而且在秋冬季节也存在较大差异，因此将时间维尺度小波方差最大分离度区间设置为整个年段。

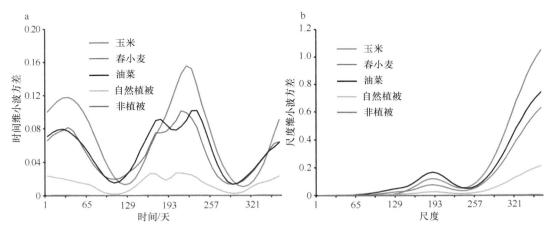

图 3.5　各植被类型时间维小波方差标准曲线（a）和尺度维小波方差标准曲线（b）
非植被曲线数值明显偏低，在图中接近横坐标

从尺度维小波方差标准曲线来看，农作物的数值同样偏高，而非植被的数值和变化

幅度均非常小。不同农作物在尺度维小波方差的差异性，主要体现在尺度区间 5～7 月和 9～12 月两个区段。在 5～7 月尺度段内，3 种农作物中春小麦的尺度维小波方差数值最低，玉米次之，油菜最高；在 9～12 月尺度段内，春小麦的尺度维小波方差最低，油菜次之，玉米最高。其他区段内，不同农作物之间的差异性并不明显。因此将 5～7 月和 9～12 月这两个尺度区段设置为尺度维小波方差最大分离度区间。

3.4.3 植被空间分布图

利用所建立的技术流程方法（图 3.2），开展研究区植被遥感监测研究，获得研究区植被空间分布图（图 3.6a）。由图可见，研究区以种植玉米为主，玉米在研究区内分布广泛。春小麦主要集中分布在研究区南部。油菜种植面积少，呈零星分布。研究区内有大面积非植被分布，尤其是在北部。研究区北部主要为山脉地区，以戈壁或沙漠为主。自然植被主要分布在山脉底部地区，集中在研究区南部山麓。

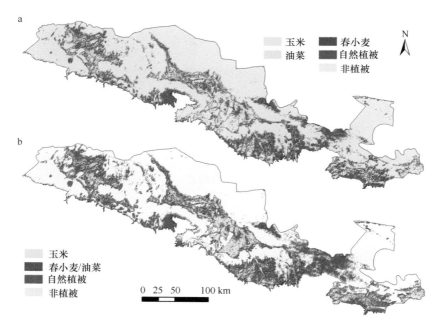

图 3.6 黑河流域主要农作物空间分布图
a. MODIS 分类结果；b. HJ-1A 分类结果

3.4.4 精度评价

基于环境卫星 HJ-1A 遥感影像监督分类的结果，对本章的研究结果进行精度验证（表 3.1）。验证结果表明，方法总体精度为 83.6%，Kappa 系数为 0.7009，分类精度较为理想。鉴于非植被与植被在尺度维和时间维小波方差中均存在明显差异，分离度好，因此非植被的分类精度最高。在 3 种农作物中，玉米的分类精度最高，产品精度达 85.8%。春小麦/油菜和自然植被之间存在较多的错分现象，导致春小麦/油菜的分类精度均不够理想。其原因在于冬小麦/油菜和自然植被之间的植物物候期比较接近，尺度维和时间维小波方差曲线的相似度高。

表 3.1　基于环境卫星 HJ-1A 遥感影像分类结果的精度评价

环境卫星 HJ-1A 分类结果	MODIS 分类结果				生产者精度/%
	玉米	春小麦/油菜	自然植被	非植被	
玉米	40 388	2 983	2 871	805	85.8
春小麦/油菜	858	19 173	12 923	7 791	47.1
自然植被	2 597	15 933	49 326	19 326	56.6
非植被	321	608	7 240	269 985	97.1
用户精度/%	91.2	49.5	68.2	90.6	
总体精度为 83.6%	Kappa 系数为 0.7009				

注：面积统计单位为栅格个数，栅格单元大小为 250 m×250 m

3.5　结　　论

　　研究所提出的基于自适应时频域的植被遥感半自动分类方法已成功用于中国河西走廊中部农作物制图，获得了较为理想的分类精度。本章所提出的方法具有以下特色与优势：①分别利用 Morlet 小波和墨西哥帽小波进行连续小波变换，获得不同地物类别在不同时间域与尺度域上的小波系数谱，能同时从时间与尺度两个方面综合刻画地物特征，丰富了分类样本的信息维度，为遥感影像高精度半自动分类奠定了基础；②基于最佳分离度的思想，选取已知地物之间区分度最大的时间域与尺度域区间，构建用于基于时序特征的遥感影像分类的特征空间，可以有效地避免由已知样本区分度不高所带来的误判现象的发生；③基于图像相似度匹配的思想，综合待分类像元和已知地物的时间维与尺度维小波方差曲线的距离进行遥感影像自动判别分类，同时充分合理地利用基于时间维与尺度维多个维度上的信息，具有很好的鲁棒性与自适应性。

第4章　基于时序离散度的植被遥感制图方法

陆地植被在全球生态系统中至关重要。及时准确获取陆地植被时空分布信息,具有重要意义。本章通过巧妙地刻画时序影像所蕴含的各种物候和季节特征,分别从整体上、不同值域区间以及不同物候期内,建立能有效地刻画不同植被类型生长发育特征的时序离散度和持续度指标,用于植被遥感制图。本章所创建的基于时序离散度的植被遥感制图方法(vegetation mapping through developing indices of temporal dispersion, VMTD),有效地克服了需要不断地依据不同区域差异以及气候条件年际变化动态调整物候参数的难题。

4.1　研究背景

从提取指标与计算相似度的角度,可以将时序遥感算法分为 3 类:其一,基于遥感指数(如植被指数)时序曲线,通过计算欧氏距离或相似度,实现植被分布信息提取,简称为曲线拟合法(Li and Fox, 2012);其二,基于时间序列转换方法,如主成分分析、傅里叶变换或小波变换等(Galford et al., 2008);其三,通过设计指标的方法,物候指标如开始时间、结束时间,以及统计遥感指数的极值和均值等(Zhao et al., 2013),简称植被物候法。第一种方法直接基于原始遥感植被指数时序曲线计算未知像元与已知地物的相似度,需要面临的最大挑战是不同农作物植被指数时序曲线的类间相似性问题(Lunetta et al., 2010)。

后两种方法基于转换后成分或提取的指标,依据不同植被类型的参数值域范围进行分类,在土地利用/覆盖分类或农作物遥感制图中得到较好的应用(Broich et al., 2011; Yan et al., 2015)。但其不足之处在于:由于植被物候受到海拔、地形、气候等多重因素制约,很难建立不同地物的标准时序曲线和理想阈值,从而直接影响到分类精度(Lunetta et al., 2010)。因此,我们需要一种鲁棒性更强的方法从而高效获取大范围植被时空分布信息(Mora et al., 2014)。将基于时序转换方法与指标设计方法结合起来,能很好地凸显方法优势,已成功应用于农作物制图研究(Qiu et al., 2014b)。本章试图将后两种方法结合起来,从时序离散度和持续度两个侧面设计时序指标,用于植被遥感制图。

4.2　方　法　概　述

4.2.1　植被指数时序曲线

为了更好地分析不同植被类型植被指数时序特征，需要对植被指数时序数据进行预处理。首先剔除有云的观测值，然后线性插值形成逐日连续时序数据，最后基于连续小波变换的平滑方法（SCWT），获得尽量消除噪声或短期信号扰动同时保留不同植被类型特征的植被指数时序曲线。小波重构的尺度区间为 15～45，重构后的 EVI2 时序信号能很好地兼顾保真度和平滑度（图 4.1）。

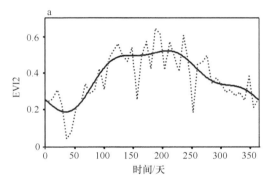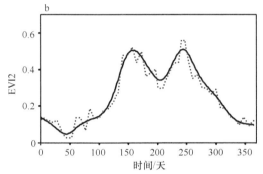

图 4.1　江西省植被指数时序曲线
a. 常绿针叶林；b. 双季稻

森林作为陆地植被的重要组成成分，具有分布区域广、种类多、生长特性复杂等特点。常见的森林植被类型有常绿阔叶林（evergreen broad-leaf forest，EBF）、常绿针叶林（evergreen needle-leaf forest，ENF）、落叶阔叶林（deciduous broad-leaf forest，DBF）及落叶针叶林（deciduous needle-leaf forest，DNF）等。相对于农作物而言，森林植被开始生长时间早、结束生长时间较晚，生长周期相对较长（图 4.2）。森林植被在达到茂盛生长状态后会维持比较长的时间才逐渐进入落叶或停止生长期。落叶阔叶林和常绿针叶林大多从 3 月初植被指数开始上升，到 5 月底达到相对稳定的高值，一直到 9～10 月才开始缓慢下降。常绿阔叶植被指数时序曲线全年基本保持稳定高值状态，年内变化幅度较小。农作物与森林植被之间存在明显差异：单季作物的生长开始时间晚，时序曲线上升、下降速度快，整个生长时期短；双季作物一年内有两个完整的生长周期。

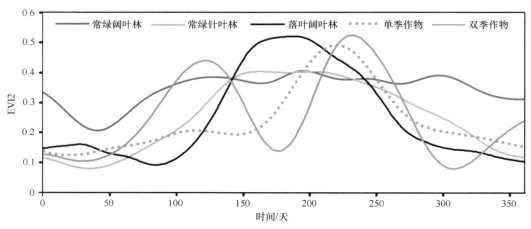

图 4.2 不同植被类型的植被指数时序曲线图

4.2.2 时序指标设计

综合频率、变化幅度、持续时间多方面因素，分别设计时序离散度和持续度指标。其中，时序离散度指标主要用于刻画植被指数时序曲线变化幅度和变化速率。时序持续度指标主要用于描述植被指数时序曲线在相对高值区间内的持续时间。植被丰度指标用于描述植被茂盛程度，用植被指数时序曲线高值区间均值表示。时序离散度和持续度指标的设计步骤流程简述如下（图 4.3）。

（1）对年内逐日植被指数时序数据集从低到高依次进行排序。其中，极大值记录为 Max，极小值记录为 Min。

（2）从排序后植被指数（vegetation index，VI）数据集中选取适当的百分位数 p（如第 65 百分位数），找到其所对应的植被指数 VI_p。

（3）在植被指数年内时序曲线中将第一个大于 VI_p 数值的时间记录为开始时间 Start，最后一个大于 VI_p 数值的时间记录为结束时间 End。将 Start 到 End 所确定的时间范围，简称 P 区间。P 区间内植被指数时序数据集简称 P 区间数据集。

（4）基于 P 区间数据集，计算 VI 全距以及标准差，作为获得 P 区间时序离散度指标的基础。

（5）基于 P 区间数据集，获取 VI 数值保持在 VI_p 数值以上的持续时间（如图 4.3 的 Δt_1、Δt_2），作为计算 P 区间时序持续度指标的基础。

计算 P 区间 VI 时序数据集的全距和标准差，将两者的乘积设置为时序离散度；将年内大于植被指数分位值（VI_p）所持续的最长时间设置为持续度指标。具体计算公式如下：

$$LD = Range_{50p} \times Deviation_{50p} \qquad (4.1)$$

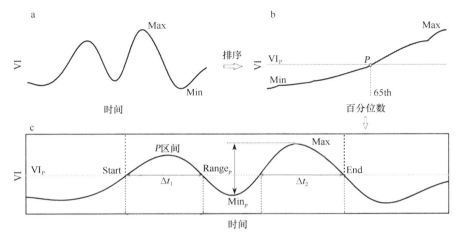

图 4.3　时序离散度和持续度指标设计流程图
VI：植被指数，下同

$$MD = Range_{65p} \times Deviation_{65p} \qquad (4.2)$$

$$HD = Range_{75p} \times Deviation_{75p} \qquad (4.3)$$

$$MC = Max\{\Delta t_1, \Delta t_2, \cdots, \Delta t_n\} \qquad (4.4)$$

$$VA = Mean_{75p} \qquad (4.5)$$

式中，$Range_{50p}$、$Range_{65p}$、$Range_{75p}$ 依次为 50th、65th、75th 所对应 P 区间数据集的全距；$Deviation_{50p}$、$Deviation_{65p}$、$Deviation_{75p}$ 依次为 50th、65th、75th 所对应 P 区间数据集的标准差。中分位持续度（medium continuity，MC）指标基于 65th 百分位数所对应的 P 区间数据集，其中 $\Delta t_1, \Delta t_2, \cdots, \Delta t_n$ 分别为植被指数时序数据集依次大于 VI_{65th} 的持续时间（如果出现多次大于 VI_{65th} 的情况，获取最大持续时间）。

　　将百分位数 50th、65th 及 75th 所建立的离散度指标依次定义为低分位离散度（low density，LD）、中分位离散度（medium density，MD）和高分位离散度（high density，HD）指标。不同植被类型所建立的以上 5 种时序指标示意图见图 4.4。

4.2.3　植被遥感分类流程

　　方法的总体思路为：首先依据丰度指标，将研究区划分为茂盛植被、稀疏植被和非植被三大类，然后依据低分位离散度值域分布提取常绿阔叶林，同时结合高分位离散度获取常绿针叶林，进一步结合持续度和中分位离散度指标区分农作物和落叶阔叶林（Qiu et al., 2016b）。具体方法流程如下（图 4.5）。

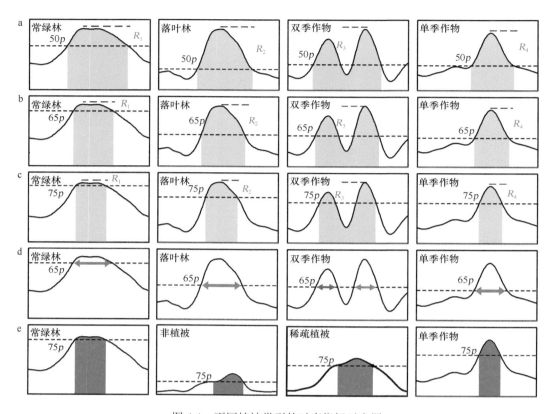

图 4.4　不同植被类型的时序指标示意图
a. 低分位离散度；b. 中分位离散度；c. 高分位离散度；d. 时序持续度；e. 丰度

（1）如果植被丰度小于阈值 θ_1 时，确定为非植被；如果植被丰度处在[θ_1，θ_2]（$\theta_2 > \theta_1$），确定为稀疏植被，其余为茂盛植被。

（2）依据持续度指标和中分位离散度指标，将稀疏植被进一步细分为稀疏自然植被和稀疏农作物。如果持续度小于阈值 θ_3 并且中分位离散度指标小于 θ_4 时，判断为稀疏农作物，否则为稀疏自然植被。

（3）鉴于常绿阔叶林植被指数时序曲线的总体变幅小，将低分位离散度小于 θ_5 的像元判别为常绿阔叶林。

（4）鉴于常绿针叶林生长盛期植被指数在高值区间变幅很小，依据高分位离散度提取常绿针叶林，将高分位离散度小于 θ_6 并且持续度大于 θ_3 的像元判别为常绿针叶林。

（5）相对于农作物而言，落叶阔叶林的持续度高、离散度低，因此进一步将持续度大于 θ_3 并且中分位离散度小于 θ_7 的像元判别为落叶阔叶林，否则为农作物。

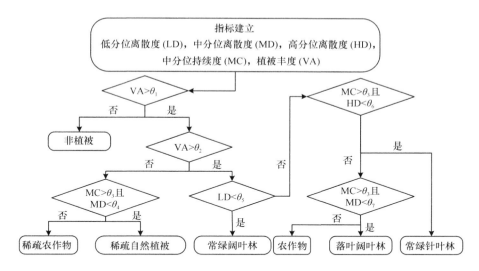

图 4.5　植被遥感分类流程图

4.3　研究区概况与数据来源

研究区覆盖北京、天津、河北、山西、陕西、河南、山东、江苏、安徽、浙江、湖北、上海、重庆等 13 个省（直辖市）（图 4.6）。总面积为 225.4 万 km^2，约占总国土面积的 1/4。研究区高程为 $-10\sim3748$ m，平均高程为 506.86 m。研究区覆盖华北平原和长江中下游平原，是我国重要的粮食生产基地。研究区南部为巫山、雁荡山、大别山，森林植被生长茂盛，研究区北部为黄土高原，为我国生态工程治理效果最为显著的区域，植被恢复态势明显，水土流失得到有效控制。研究区内森林植被主要有落叶阔叶林、常绿针叶林、常绿阔叶林。研究区内农作物一年通常种植两季，如冬小麦+玉米、油菜+水稻以及双季稻等双季种植模式，也种植分布一些单季农作物如单季稻。

所采用的数据源为 2013 年 8 天最大化合成 500 m MODIS EVI2 时序数据集。参考野外考察点位数据以及基于 Google Earth 影像目视解译结果，共获得 2715 个参考点位数据（图 4.6）。利用其中 200 个点位确定阈值，将其他参考点位数据用于开展精度验证。用于精度验证的数据还包括 Landsat 8 遥感影像解译结果。分别在研究区南部和东部选取两景 Landsat 8 影像（图 4.7）（A: LC81210352015156LGN00; B: LC81240382013283BJC00），采用支持向量机（SVM）算法进行植被遥感分类，对 MODIS 影像分类结果进一步开展精度验证。

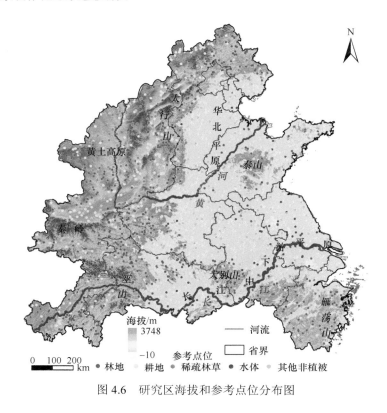

图 4.6　研究区海拔和参考点位分布图

4.4　我国中东部 13 个省（直辖市）植被空间分布图

依据训练点位，确定分类流程图（图 4.5）中阈值参数的取值范围。其中 θ_1、θ_2、θ_3、θ_4、θ_5、θ_6、θ_7 的取值分别为 0.25、0.4、100、0.015、0.005、0.002 和 0.02。依据所建立的植被分类流程图，获得研究区植被类型空间分布图（图 4.7）。由图可见，研究区林地多分布在南部山区，农作物广泛分布在华北平原。稀疏植被主要分布在研究区西北部的黄土高原。非植被集中分布在研究区北部京津冀城市群、东部长三角城市群以及黄土高原。在研究区南部，林地以常绿林为主，从南到北逐渐从常绿阔叶林过渡到落叶阔叶林。

4.5　精度评估验证

分别采用参考点位数据和 Landsat 8 影像分类结果，对 VMTD 分类结果进行精度验证。考虑到从谷歌影像和 Landsat 8 遥感影像中难以解译区分不同林地类型，因此将常绿林、落叶林、稀疏林草等统一合并为自然植被。基于参考点位的精度验证表（表 4.1），

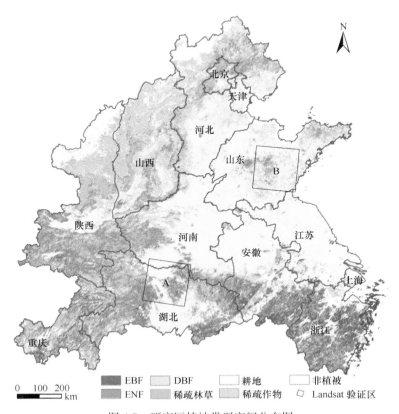

图 4.7　研究区植被类型空间分布图

EBF、ENF、DBF 分别代表常绿阔叶林、常绿针叶林、落叶阔叶林

表 4.1　基于参考点位数据的精度验证表

	VMTD 分类结果			
	自然植被/个	农作物/个	其他地物/个	生产者精度/%
自然植被	1081（857）	108（101）	18	89.56（89.46）
农作物	80（23）	1142（784）	40	90.49（97.15）
其他地物	42	24	180	73.17
用户精度/%	89.86（97.39）	89.64（88.59）	75.63	
总体精度/%	88.51（92.97）			
Kappa 系数	0.8008（0.8595）			

注：括号里面的数字表示仅考虑茂盛植被的精度验证结果

总体精度达 88.51%，Kappa 系数约为 0.8。自然植被、农作物的分类精度均比较理想，生产者精度和用户精度均在 90%左右。相对而言，其他地物的分类精度不够理想，生产者

精度和用户精度均小于 80%。如果仅考虑茂盛植被，总体精度将提高到 92.97%；其中农作物的分类精度从原来的 90.49%提升到 97.15%。可见，在植被茂盛地区，基于时序离散度的植被遥感制图方法效果更为理想。其主要原因在于，稀疏植被的植被指数时序数据数值偏小，信号弱，如果再加上遥感影像数据质量影响，很可能会影响到总体分类精度。

进一步将所获得的研究成果与现有土地利用/覆盖数据集进行对比评估。所选取的土地利用/覆盖数据集分别包括欧盟联合研究中心提供的全球 1 km 土地覆盖制图产品（Global Land Cover 2000，GLC2000）（Bartholomé and Belward，2005）、中国西部环境与生态科学数据中心（Environmental and Ecological Science Data Center for West China，WESTDC）土地利用数据（冉有华等，2009）。由于分类体系不同，为了更好地对比评估，首先需要将原来的土地利用/覆盖类型进行重分类，分别为自然植被（林地、灌木、草丛、草地以及草甸）、耕地和非植被。基于参考点位的验证结果表明（表 4.2），WESTDC和 GLC2000 的总体精度分别为 86.59%和 85.19%，Kappa 系数分别为 0.7660 和 0.7445。总体精度还是比较理想的，但略低于本章所提出的 VMTD 方法。例如，在 1207 个自然植被参考点位中，有将近 170 个（GLC2000 数据集）或者多于 170 个（WESTDC 数据集）参考点位被误判为耕地（农作物）。相比之下，本章所获得的研究成果中仅有 110 个自然植被被误判为耕地。同时在 1262 个农作物参考点位中，分别有 106 个（GLC2000数据集）或 52 个（WESTDC 数据集）点位被误判为自然植被。因此，在这两套数据集中，自然植被被低估而农作物（耕地）被高估。

表 4.2 基于参考点位数据对 WESTDC 和 GLC2000 的精度验证表

	WESTDC				GLC2000			
	自然植被/个	耕地/个	其他/个	生产者精度/%	自然植被/个	耕地/个	其他/个	生产者精度/%
自然植被	1019	178	10	84.42	1028	169	10	85.17
耕地	52	1169	41	92.63	106	1096	60	86.85
其他	27	56	163	66.26	23	34	189	76.83
用户精度/%	92.81	83.32	76.17		88.85	84.37	72.97	
总体精度/%		86.59				85.19		
Kappa 系数		0.7660				0.7445		

基于 Landsat 8 影像植被分布图的精度验证结果表明，本章所提出的 VMTD 能获得比较理想的分类精度。基于 VMTD 方法所获得的植被空间分布图，与 Landsat 8 遥感影像解译结果的空间分布非常吻合（图 4.8）。将 Landsat 8 遥感影像解译植被类型图聚合到 500 m，对本章基于 MODIS 的分类结果进行精度验证。验证结果表明，总体精度为91.09%，Kappa 系数为 0.8049（表 4.3），进一步证实了本章所提出的 VMTD 的分类精度。

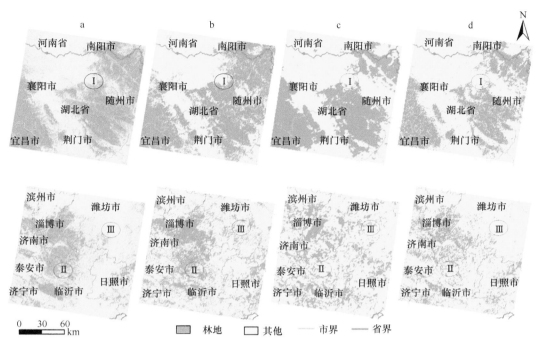

图 4.8 Landsat 8 解译（a、e）、VMTD（b、f）、GLC2000（c、g）和 WESTDC（d、h）的自然植被
分布图

区域 A、B 的位置见图 4.5

表 4.3 利用中分影像分类结果验证精度表

	VMTD			GLC2000			WESTDC		
	自然植被/个	其他/个	生产者精度/%	自然植被/个	其他/个	生产者精度/%	自然植被/个	其他/个	生产者精度/%
自然植被	92 378	14 067	86.78	72 432	34 013	68.05	78 759	27 686	73.99
其他	12 623	180 567	93.47	16 803	176 387	91.30	5 424	187 766	97.19
用户精度/%	87.98	92.77		81.17	83.83		93.56	87.15	
总体精度/%	91.09			83.04			88.95		
Kappa 系数	0.804 9			0.615 8			0.746 9		

与 WESTDC 和 GLC2000 数据集相比，本章 VMTD 方法所获得的植被类型图与 Landsat 8 影像解译结果更为一致（图 4.8）。例如，区域Ⅰ和Ⅱ，经调研点位、谷歌影像以及 Landsat 8 影像解译结果，均表明有大量林地分布，但 GLC2000、WESTDC 数据集均将其大部分划分为农作物。基于 Landsat 8 影像解译结果再次证实 WESTDC 和 GLC2000 中自然植被被明显低估。WESTDC 和 GLC2000 数据集的总体精度分别为

88.95%和83.04%，Kappa系数分别为0.7469和0.6158。不过在局部一些区域，如区域Ⅲ，本章所提出的VMTD方法存在对自然植被高估的现象（图4.8）。据调查，区域Ⅲ（图4.8）农业大棚非常普遍，农业大棚内一年种植多季蔬菜、蔬菜换季快而且可能存在套种现象，因此植被指数高值区域持续时间长并且变幅较小，和自然植被时序信号容易混淆，从而造成错分现象。

4.6 启示与意义

基于不同分位数所确定的植被指数时序数据集，对于不同植被类型均有其代表性意义。例如，65分位和75分位所确定的植被指数时序数据集，对应自然植被相对平稳的高值区间，对于单季农作物而言，几乎涵盖其整个生长期，但无法涵盖双季农作物的两个生长期。因此，自然植被的离散度偏低、持续度偏高。这种指标设计的策略，类似于物候参数估计所采用的阈值法（Beurs and Henebry，2010）。阈值法确定物候参数通常以植被指数年内变化幅度Range为依据，通过设定一定的阈值范围，如0.3，当植被指数超过最小值加上0.3×Range时，设定为植被开始生长时间。但与阈值法确定物候参数所不同的是，本章所设计的方法，不仅考虑植被指数变化幅度，还考虑植被指数年内时序数据分布情况，用百分位来确定体现植被生长特征的值域区间。

本章通过将小波变换与时序指标设计方法结合起来，达到有效刻画不同植被主要变化特征的目的。通过连续小波变换并选取体现植被变化特征的尺度区间进行重构，能很好地兼顾保真度和平滑度，尽可能消除噪声干扰。在设计时序指标时，从植被指数时序数据总体分布特征出发，选用百分位数而非具体植被指数数值确定设计时序指标的数据子集（时间范围），能有效地避免不同区域植被长势差异带来的不一致性。通过聚焦较高值域区间（中位数以上）植被指数时序数据集分布特征，从数据分布的离散程度以及高值持续性出发，设计植被生长旺盛期的离散度指标，提取最能体现植被生长的核心特征，从而提高了分类精度。通过小波变换与聚焦高值值域区间进行指标设计，多重举措避免数据噪声、数据异常值等带来的干扰（这些干扰通常表现为低值）。总之，本章所提出的植被遥感制图方法，有效地避开了建立不同地物的标准植被指数时序曲线、获取理想的物候参数分布区间这一难题，为建立鲁棒性强的时序遥感分类方法提供了新思路。

第 5 章　基于小波谱顶点的耕地复种
指数遥感监测方法

我国作为世界人口大国，粮食安全是关乎国计民生的大事。复种作为最直接有效地提高粮食产量的途径，对于确保粮食安全具有重要意义。但持续过高的复种指数会导致耕地养分消耗大，适当休耕将有助于地力恢复，因此我国近年来开展了耕地轮作休耕制度试点工作。快速准确地获取高精度耕地复种指数时空分布数据，对于确保粮食安全并且稳步提高耕地质量具有重要意义。常规通过人工调查与抽样统计的方法，消耗大量人力、物力，难以满足高精准、高时效的需求。本章提出了一种基于小波谱顶点的耕地复种指数遥感监测方法（Qiu et al.，2017a，2016c，2014a）。首先建立植被指数时序数据集，通过连续小波变换获得小波系数谱，从小波系数谱中提取表征农作物生长收割的特征图谱，建立基于小波谱顶点的耕地复种指数信息提取方法（图 5.1）。利用所建立的方法，开展了 1982～2014 年逐年全国耕地复种指数时空演变研究，揭示了 30 多年来我国耕地复种指数时空演变态势。

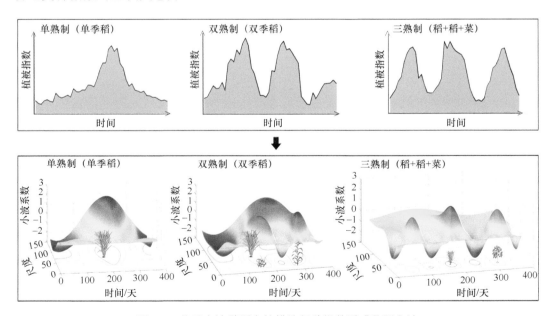

图 5.1　基于小波谱顶点的耕地复种指数遥感监测方法

5.1 研 究 背 景

复种是一种最直接有效提高产量的耕作方式。在亚洲国家，为了充分利用有限的耕地资源满足全世界超半数人口对食物的需求，复种被广泛普遍采用（Gray et al.，2014；Plourde et al.，2013）。然而，长期高强度集约化利用将导致过度消耗耕地肥力，从而制约耕地资源的可持续利用（Qiu et al.，2003；Robinson et al.，2015）。精准高时效的耕地复种指数时空连续分布数据集，对于农业可持续发展非常重要（Challinor et al.，2015；Iizumi and Ramankutty，2015）。相比日益丰富的土地利用/覆盖变化遥感监测方法及其相关数据集，耕地复种指数遥感监测技术方法及其时空数据集相对匮乏。由于耕地复种指数遥感监测的复杂性，有效地构建大范围长时序耕地复种指数空间分布数据集依然任重道远（Wang et al.，2016）。

耕地复种指数遥感监测研究历来备受关注。其中，简便易行的方法有时序曲线匹配法和峰值法。时序曲线匹配法通过建立不同熟制的标准时序曲线，依据未知像元与已知不同熟制标准时序曲线的相似度进行熟制判别。其不足之处在于，由于农作物类型以及农作物物候差异，难以建立统一的标准时序曲线。峰值法依据农作物生长峰与熟制之间的对应关系，通过识别有效的峰谷数确定复种指数（Biradar and Xiao，2011；Galford et al.，2008；Sakamoto et al.，2006；范锦龙，2003；吴文斌等，2009；闫慧敏等，2005）。峰值法得到广泛应用，但其面临的问题与挑战是如何有效地克服数据缺失或噪声带来的干扰。为此，不少研究学者提出了应对策略方法，如通过设置约束条件辅助剔除伪生长峰从而提高监测精度等（Chen et al.，2012；Peng et al.，2011；Sakamoto et al.，2010）。

由于农作物种植模式多样性（如冬小麦和玉米轮作、双季稻、水稻和油菜轮作等）、农作物物候与农作物长势差异等多方面因素，同一种熟制下植被指数时序特征复杂多样，现有研究方法难以应对类内异质性的挑战（Foerster et al.，2012；Gumma et al.，2015）。耕地复种指数遥感监测研究需要应对以下三方面的挑战：①方法方面，目前能适用于大范围长时序高鲁棒性的耕地复种指数遥感监测技术方法依然匮乏；②数据方面，缺乏大范围时空连续复种指数数据集，目前相关数据集为个别年份，缺乏跨年代逐年连续数据产品（Ding et al.，2016；Gray et al.，2014）；③精度验证方面，基于地面调查数据的方法全面评估验证非常重要，但目前大尺度耕地复种指数调查数据非常匮乏。本章提出一种基于小波谱顶点的耕地复种指数遥感监测方法，建立全国自 1982 年以来逐年时空连续复种指数数据集产品，试图解决大尺度长时序复种指数遥感监测方法与产品匮乏的难题。

5.2　方　法　概　述

5.2.1　小波系数谱

通过小波变换，将植被指数时序信号转换为小波系数谱，从时间-频率二维空间刻画植被变化信息。墨西哥帽小波（Mexican hat wavelet）是一个对称函数，其函数曲线与农作物植被指数时序曲线形态非常相似（图 5.2），特别是墨西哥帽小波的帽子部分曲线形状与农作物生长曲线极为相似。因此，基于墨西哥帽小波对农作物植被指数时序曲线进行小波变换时，在农作物生长盛期所处时间-尺度区间内，将获得很高的小波系数值。在冬季闲置耕地期间，植被指数时序信号与墨西哥帽小波函数的相似性很小，将获得很低的小波系数值。因此选取墨西哥帽小波对植被指数时序信号进行连续小波变换，获得小波系数谱。

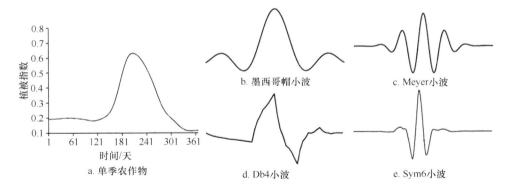

图 5.2　农作物植被指数（VI）时序曲线（a）及母小波函数曲线（b～e）

所生成的小波系数谱是一个二维（尺度维和时间维）矩阵（图 5.3）。本章确定的时间维区间为 0～365 天，涵盖一整年，用于刻画植被指数时序信号年内变化特征；尺度维区间为 0～160，能覆盖农作物生长变化的最大尺度。小波系数谱中的小波系数表示对应时间和尺度上植被指数时序曲线与母小波函数的相似程度。小波系数谱从时间-尺度二维空间展示了植被指数时序曲线的变异性特征。通过小波系数谱，可以解读不同时间-尺度上植被指数时序曲线的变化特征。例如，双季农作物，在每种农作物生长期对应的时间范围内，从小波系数谱中能发现一个明显的强中心，"强中心"区域内小波系数谱数值非常大；小波系数谱中"强中心"出现的尺度位置与农作物生长周期具有一定的对应关系。也就是说，在每种农作物生长盛期对应时间和农作物生长周期对应尺度上，小波系数谱中会出现一个"强中心"。如果处在农作物

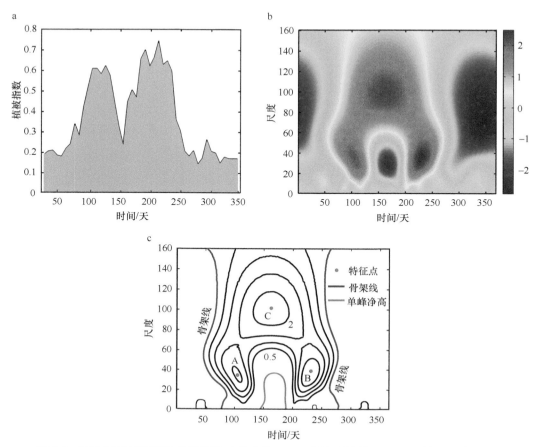

图 5.3　双熟制种植制度的植被指数时序曲线（a）、小波系数谱（b）以及特征图谱（c）

生长周期以外的时段，植被指数时序曲线与母小波函数形状的相似性很小，小波系数谱中无法形成"强中心"。由此可见，小波系数谱"强中心"出现的个数与农作物生长周期具有一定的对应关系。因此，可以通过解读小波系数谱的变化特征，构建耕地复种指数遥感监测方法。

5.2.2　基于小波系数谱的特征提取

基于小波系数谱提取若干特征参数，主要包括特征线、骨架线、单峰净高、特征点。由这些特征参数共同构成了不同耕地复种指数的特征图谱。4 种特征参数简述如下。

1）特征线

所谓特征线，是指小波系数谱中，同一尺度上其邻域有发生正负数值变化的栅格单元组成的线（图 5.3）。在小波系数谱中，正值表示植被指数时序曲线在对应位置上（时间-尺度）与母小波曲线具有一定的相似性，负值则表示相异性。通过提取特征线，可以获得植被指数时序曲线与母小波曲线相似和相异的转折区间。

2）骨架线

小波系数谱中有很多特征线，特别是在小尺度范围内（图 5.3）。在众多的特征线中，通常有两条特征线能从低尺度连续延伸到高尺度，将这种特征线定义为骨架线。骨架线可以用来指示植被生长偏好和偏差时期。例如，冬小麦和玉米双季轮作种植模式中，冬小麦在春季开始返青，农作物植被指数时序曲线与母小波的关系从不相似或相异变为相似，此时左侧出现第一条骨架线；随着冬小麦生长发育直到成熟收割，玉米播种出苗、逐渐生长发育并成熟，直至玉米收割后地表重新裸露，植被指数时序曲线与母小波的关系从相似变为不相似，此时在小波系数谱右侧出现第二条骨架线。因此，小波系数谱中左右两侧骨架线能很好地区分植被偏好时期和偏差时期。其中，以这两条骨架线为边界确定的时间-尺度区间为植被相对偏好时期，其余外侧区段为植被相对偏差时期。为了表述方便，将两条骨架线所确定的时间-尺度区间，即植被相对偏好时期，定义为核心区。

3）单峰净高

在核心区内，将能够达到最大尺度的特征线定义为单峰净高。单峰净高可以用于揭示核心区内植被指数时序信号变化特征（图 5.3）。对于双季农作物，在核心区内，植被指数时序信号变化最大的当属不同农作物换茬期，因此双季农作物具有明显的单峰净高（图 5.4）。对于单季农作物，单峰净高不明显甚至基本没有。单峰净高所能达到的最大尺度，揭示了核心区内是否发生农作物换茬，因此可以用于辅助判别单季或双季农作物。为了表述方便，将单峰净高能达到的最大尺度简称单峰净高。

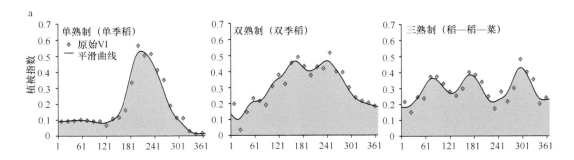

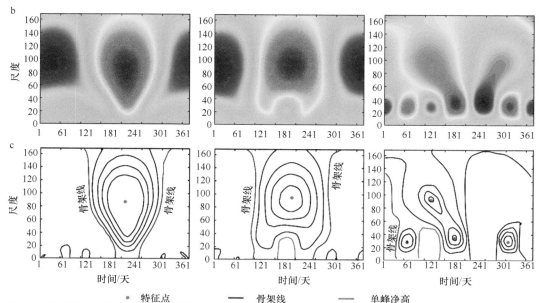

图 5.4　单熟制、双熟制、三熟制种植制度的植被指数时序曲线（a）、小波系数谱（b）以及特征图谱（c）

4）特征点

在小波系数谱的核心区内，将局部最值对应位置定义为特征点（图 5.3）。局部最大值对应的特征点，揭示了对应时间-尺度位置上植被指数时序曲线与母小波曲线的相似性达到局部最大。局部最小值对应的特征点，揭示了对应时间-尺度位置上植被指数时序曲线与母小波曲线的相异性达到局部最大。在小尺度区间上（如小于 20），小波系数谱中会出现非常多的特征点，这些特征点的小波系数绝对值通常会比较低。随着尺度的增大，特征点数量明显减少，而所对应的小波系数绝对值也明显升高。小波系数绝对值数值高的特征点，在其四周会形成一个"强中心"。其中，正值顶点附近对应正值"强中心"，负值顶点附近对应负值"强中心"。在小波系数谱的较大尺度上（如 80～120）会出现小波系数谱极大值（图 5.3 顶点 C）。将大于小波系数谱极大值 1/3 以上的特征点定义为小波谱顶点（简称顶点），小波谱顶点具有重要的指示意义：与生长周期相对应的尺度区间内出现的小波谱顶点个数，能很好地揭示农作物周期数（耕地复种指数）。

值得一提的是，通过聚焦数值大的特征点，能轻易地过滤植被指数时序信号中由于数据噪声或其他因素带来的干扰。植被指数时序信号通常会存在除生长峰以外的小波段，形成很多小峰谷。这些信号特征在小波系数谱上都会形成若干特征点和特征线，它们一般都出现在小尺度区间范围内，并且对应的小波系数值较小，不能满足小波谱顶点的条件。因此，在提取特征点的基础上筛选出小波谱顶点，能直观明了地获得农作物周期信息。

5.2.3　不同熟制的特征图谱分析

对于单季作物（单熟制）（图 5.4a），在核心区内（植被生长偏好时期，两条骨架线所确定的区间）只有一个小波谱顶点，并且单峰净高数值偏小。对于双季农作物（双熟制）而言（图 5.3b），在核心区内生长周期对应的尺度上会出现两个小波谱顶点（图 5.3 顶点 A 和 B），而且单峰净高数值偏大。单峰净高所包围的区间内通常会形成一个负值"强中心"，明确揭示双熟制种植中农作物的换茬现象。对于双熟制而言，在更大尺度上，小波系数谱中还会出现一个小波谱顶点（图 5.3 顶点 C）。对于大尺度上的小波谱顶点 C，所形成的正值"强中心"扩展覆盖到整个核心区：对应顶点 C 的尺度上，核心区均处于植被生长偏好时期，形象地描述了整个年内植被覆盖总体变化情况，是相对于核心区外围植被生长相对较差时期而言的。因此，顶点 C 所形成的正值"强中心"，与其左右两侧在核心区外围的两个负值"强中心"对应。

值得关注的是，对于双季稻而言，通常是"双抢"：抢种抢收，早稻收割后马上插秧种植晚稻，换茬时间特别短，双季稻植被指数时序曲线在换茬时期所形成的谷值下降幅度很小而且很快恢复。因此，早稻和晚稻所形成的生长期并没有被明显分割开来，导致双季稻的小波系数谱有别于其他双季农作物：在生长期对应的尺度上，未能生成如其他双季农作物一样的小波谱顶点。双季稻的小波系数谱仅存在一个大尺度上的小波谱顶点。虽然双季稻的小波谱顶点数目和其他双季农作物不同，但所幸的是，双季稻小波系数谱保留了具有明显单峰净高的特点，因此以此作为双季稻的判别依据。对于三季农作物（三熟制），在农作物生长期对应尺度上，小波系数谱呈现出 3 个小波谱顶点，依次对应 3 个正值"强中心"，并在更大尺度上可能会出现一个甚至多个小波谱顶点。

5.2.4　耕地复种指数判别流程

基于小波系数谱，提取小波谱顶点、单峰净高等重要特征参数。在分析不同熟制特征图谱的基础上，建立耕地复种指数判别标准。将整个小波谱顶点个数设置为小波谱顶点数 N。其中，将尺度区间 λ 以内小波谱顶点个数设置为尺度区间 λ 顶点数 M（$M \leqslant N$）。将单峰净高所能达到的最大尺度设置为单峰净高 H。耕地复种指数判别标准的详细规则和流程如下（图 5.5）。

如果小波谱顶点数 N 等于 1，则进一步依据单峰净高数值做出判断：如果单峰净高小于阈值 θ，则判定为单熟制；否则认定为双熟制。

如果小波谱顶点数 N 等于 2，则判定为双熟制。

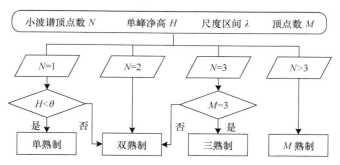

图 5.5　基于小波谱顶点的耕地复种指数判别流程

θ 值确定为 16，λ 值确定为 60

如果小波谱顶点数 N 等于 3，3 个顶点的尺度都小于阈值 λ，即在尺度区间 λ 以内小波谱顶点个数 M 等于 3，则判定为三熟制；如果 M 等于 2，则判定为双熟制。

当小波谱顶点数 N 大于 3 时，则直接依据尺度区间 λ 以内小波谱顶点个数 M 进行熟制判断，将耕地复种指数判别为 M。

依据墨西哥帽小波特性和农作物生长期长度，确定单峰净高阈值 θ 以及尺度区间 λ 的合理取值。在小波系数谱中，不同尺度下相对应的时间观测尺度的计算公式为

$$P = \alpha \cdot \Delta t / v \qquad (5.1)$$

式中，P 为对应的时间周期；α 为小波系数谱的尺度；Δt 为观测数据的时间分辨率；v 为母小波的中心频率。选择墨西哥帽小波作为基小波，其中心频率 v 为 0.25。为了确保植被指数时序数据集的连续性，采用逐日植被指数时序数据集，因此观测数据时间分辨率 Δt 为 1 天。为了完全覆盖整个研究时段（365 天），将最大分解尺度设置为 160（对应的时间周期为 640 天）。

单峰净高 H 能有效地揭示双熟制种植模式中两个农作物生长周期之间的时间间隔，而尺度区间 λ 和农作物生长周期对应尺度相匹配。因此，可以通过小波系数谱中尺度与时间周期的对应关系确定 θ 和 λ 取值。不同双熟制种植模式中，双季稻换茬时间最短，因此以双季稻生长峰之间时间间隔作为判别依据判别 θ、λ。农作物物候观测站点数据和实地调研数据均表明，双季稻中早稻和晚稻抽穗期时间间隔为 60～100 天，至少超过两个月。为了保证时间周期不小于 64 天（时间周期设置为 2^n，与 60 天最接近的时间周期），所对应的分解尺度 α 为 16，因此将单峰净高 H 确定为 16。

对于多熟制种植模式而言，其中双熟制种植模式中农作物生长周期通常小于 6 个月，不会超过 8 个月；三熟制种植模式中农作物生长周期一般为 3～4 个月。因此，多熟制农作物生长周期对应的分解尺度 λ 不会超过 60（对应时间周期为 8 个月），因此确定 λ 为 60。由于休耕地并无明显生长峰，直接用植被指数年内极大值进行判断。将植被指数 MODIS EVI2 年内最大值大于 0.3 的研究单元确定为休耕地。该值是一个经验值，参考

相关研究并依据实验确定。

5.3　全国耕地复种指数遥感监测

5.3.1　研究区概况与数据来源

中国地域辽阔，气候带和纬度带跨度大，农作物熟制（耕地复种指数）复杂多变。我国耕地复种指数从北向南呈现由一年一熟制、一年两熟制到一年三熟制的复杂空间演变格局。全国九大农业区耕地面积分布极不均衡。依据资源环境科学与数据中心下载的中国 2000 年土地利用/土地覆盖数据，全国约 70%耕地分布在长江中下游区、东北区、西南区、黄淮海区四大农业区。其中长江中下游区和东北区耕地面积排名前二，约为 36 万 km²。西南区、黄淮海区耕地面积基本相当，均为 31 万～33 万 km²。内蒙古及长城沿线区、黄土高原区耕地面积不相上下，略高于黄淮海区耕地面积的一半，均为 16 万～17 万 km²。华南区耕地面积相对较少，约为 12 万 km²。甘新区耕地面积更少，不足 10 万 km²。青藏区耕地面积最少，不足 2 万 km²（图 5.6）。

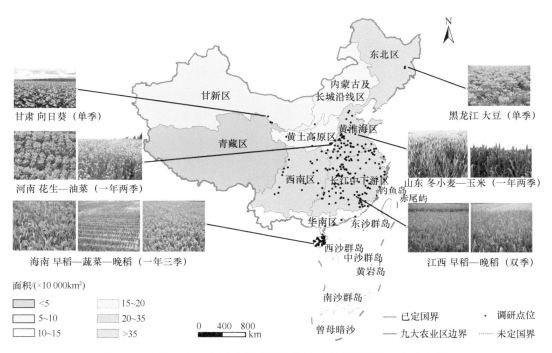

图 5.6　全国九大农业区耕地面积和耕地复种指数调研点位分布图

东北农业区主要种植水稻、大豆、玉米等单季农作物。黄淮海农业区以双季种植模式为主,主要农作物有冬小麦、玉米、水稻等。冬小麦—玉米或者冬小麦—水稻轮作的双季种植方式在黄淮海农业区非常普遍。长江中下游农业区的单季和双季种植模式混合交错,主要农作物有水稻、油菜等。华南区地处热带亚热带,水分和光温条件充足,具备三熟制耕作条件(图 5.6)。考虑到耕地面积以及耕地复种指数时空变异性特征,在全国耕地复种指数时空演变分析的基础上,选取长江中下游区、西南区、黄淮海区、黄土高原区作为重点研究农业区,开展自 1982 年以来逐年耕地复种指数以及不同熟制比例演变态势分析。

全国耕地复种指数遥感监测研究跨越 4 个年代,所采用的植被指数时序数据集包括如下两部分:其一,21 世纪植被指数时序数据集,源自 2001 年以来 8 天最大化合成的 500 m 空间分辨率的 MOD09A1 光谱反射产品,通过计算获得两波段的增强型植被指数(two-band enhanced vegetation index,EVI2)(Jiang et al.,2008);其二,20 世纪末(1982～1999 年)植被指数时序数据集,全球 7 天最大化合成 5 km EVI2 数据产品(http://vip.arizona.edu/)。其中,1996 年数据质量差,本章不作分析。

耕地空间分布数据采用资源环境科学与数据中心下载的中国 2000 年 1 km 土地利用/土地覆盖数据(https://www.resdc.cn/data.aspx?DATAID=97)。为了和 20 世纪末和 21 世纪初所采用的时序遥感数据一致,分别将其重采样到 5 km 和 500 m。我国九大农业区分布数据采用国家农业科学数据中心提供的综合农业区划数据(http://www.agridata.cn/data.html#/datadetail?id=4100)。地形数据源自航天飞机雷达测图计划(Shuttle Radar Topography Mission,SRTM)的高程数据,空间分辨率为 90 m。统计数据源自国家统计局网站。我国以及各省份耕地复种指数统计,以及本书其他章节基于省域、市域或县域等行政单元的汇总统计,均采用全国 1∶1 000 000 比例尺的国界、省界、地区界和县界的基础地理数据。

耕地复种指数实地调研点位数据集通过课题组多次前往全国主要农业区农田实地调查获得。课题组共收集到 943 个实地调研点位,其中单熟制调研点位 192 个、双熟制调研点位 715 个、三熟制调研点位 36 个。部分调研照片见附图。耕地复种指数实地调研点位覆盖黄淮海区、长江中下游区、西南区、华南区、黄土高原区、东北区等主要农业区(图 5.6)。

5.3.2 1980 年以来 4 个年份全国耕地复种指数空间分布格局

1)全国耕地复种指数空间分布图

基于全球 7 天最大化合成 5 km EVI2 数据产品,采用基于小波谱顶点的耕地复种指数遥感监测方法,获得 1982～1999 年逐年全国耕地复种指数空间分布图。基于 500 m 8

天最大化合成 MODIS EVI2 时序数据集，采用基于小波谱顶点的耕地复种指数遥感监测方法，获得 2001～2013 年逐年全国耕地复种指数空间分布图。其中，1983 年、1992 年、2003 年、2013 年全国耕地复种指数空间分布图见图 5.7。

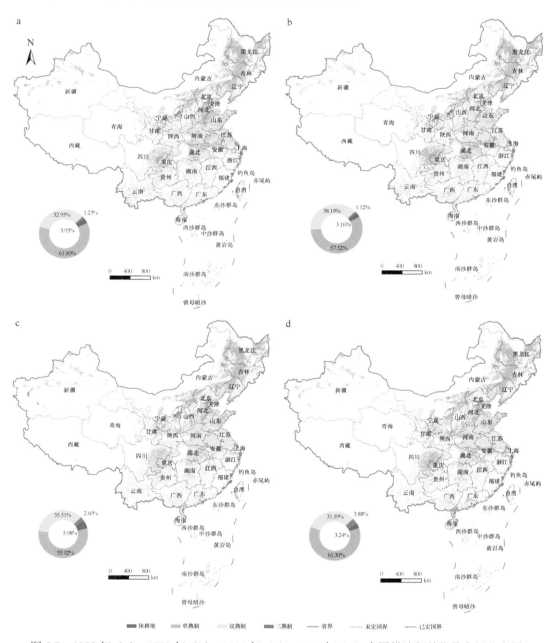

图 5.7   1983 年（a）、1992 年（b）、2003 年（c）、2013 年（d）全国耕地复种指数空间分布图

1983 年，全国耕地复种指数为 1.31。以单熟制种植模式为主，超六成（61.90%）耕地种植单季农作物。双熟制种植模式约占耕地面积的 1/3，全国 32.95%的耕地种植双季农作物。三熟制比例很小，仅占耕地面积的 1.23%。休耕地比例略高于三熟制，占耕地面积的 3.93%。1983 年，全国单熟制、双熟制、三熟制耕地面积分别约为 1 217 700 km^2、648 100 km^2、24 100 km^2。

1992 年，全国耕地复种指数从 1983 年的 1.31 提高到 1.37。其原因在于双熟制种植比例的提升，从 1983 年的 32.95%提高到 1992 年的 38.19%。单熟制种植比例随之下降，从 1983 年的 61.90%下降为 57.52%。三熟制种植比例依然很小，仅占耕地的 1.12%。休耕地比例略有下降，从 1983 年的 3.93%下降为 3.16%。因此，1992 年全国单熟制、双熟制、三熟制耕地面积分别约为 1 131 500 km^2、751 300 km^2、22 100 km^2。

2003 年，全国耕地复种指数为 1.35，比 1992 年略微下降。和 1992 年相比，2003 年耕地复种指数变化比较复杂。其中，双熟制种植比例略微下降，从 1992 年的 38.19%下降为 2003 年的 35.51%。单熟制种植比例和 1992 年相比也略微下降，从 1992 年的 57.52%下降为 55.92%。三熟制种植比例呈增加态势，从 1992 年耕地面积的 1.12%增加到 2.60%。而休耕地的比例也呈增加态势，从 1992 年的 3.16%增加到 5.98%。2003 年全国单熟制、双熟制、三熟制耕地面积分别约为 1 120 900 km^2、711 700 km^2、52 000 km^2。

2013 年，全国耕地复种指数为 1.34，与 2003 年基本持平。单熟制种植比例增加幅度比较大，从 2003 年的 55.92%增加到 2013 年的 61.30%。双熟制种植比例下降，从 2003 年的 35.51%下降为 2013 年的 31.59%。三熟制种植比例继续增加，从 2003 年的 2.60%增加到 2013 年的 3.88%。2013 年全国单熟制、双熟制、三熟制耕地面积分别约为 1 228 600 km^2、633 200 km^2、64 900 km^2。

2）全国各省（自治区、直辖市）耕地复种指数空间分布格局

在全国耕地复种指数空间分布图的基础上，统计计算历年全国各省（自治区、直辖市）耕地复种指数[香港和澳门没有参与统计，全国总共 32 个省（自治区、直辖市）参与统计]。其中，1983 年、1992 年、2003 年、2013 年全国各省（自治区、直辖市）耕地复种指数空间分布图和统计表格分别见图 5.8 和表 5.1。为了描述方便，耕地复种指数小于 1.2、1.2～1.6 以及大于 1.6 以上的数值，依次定义为复种指数低值、中值和高值区间。1983 年，全国耕地复种指数处于低值、中值和高值区间的省（自治区、直辖市）个数依次为 12 个、11 个和 9 个。在耕地复种指数高值区间，只有台湾省耕地复种指数大于 2。而在耕地复种指数低值区间，有 7 个省（自治区、直辖市）耕地复种指数小于 1，其中新疆和西藏全国最低，略低于 0.8。

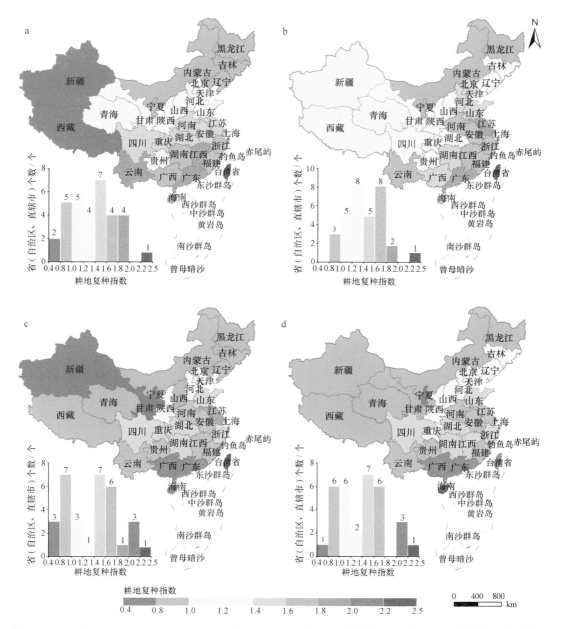

图 5.8　1983 年（a）、1992 年（b）、2003 年（c）、2013 年（d）全国各省（自治区、直辖市）耕地复种指数空间分布图

　　1992 年，全国耕地复种指数处于低值、中值和高值区间的省（自治区、直辖市）个数，依次为 8 个、13 个和 11 个（图 5.8，表 5.1）。1992 年，全国各省（自治区、直辖市）耕地复种指数分布直方图从 1983 年的相对均衡化变为聚集。耕地复种指数处于低

值和高值区间的省（自治区、直辖市）个数均明显减少。耕地复种指数处于低值区间的个数减少了 4 个，1992 年，全国各省（自治区、直辖市）耕地复种指数均大于 0.8，耕地复种指数小于 1 的省（自治区、直辖市）个数从 1983 年的 7 个下降为仅 3 个。其中，西藏和新疆从原来的小于 0.8 上升为约等于或略高于 1.0。1992 年，耕地复种指数处于高值区间的省（自治区、直辖市）个数新增了 2 个，为河南省和安徽省。

表5.1　4 个年份全国各省（自治区、直辖市）耕地复种指数统计表

1983 年		1992 年		2003 年		2013 年	
省（自治区、直辖市）	耕地复种指数	省（自治区、直辖市）	耕地复种指数	省（自治区、直辖市）	耕地复种指数	省（自治区、直辖市）	耕地复种指数
新疆	0.78	宁夏	0.82	宁夏	0.43	宁夏	0.62
西藏	0.78	内蒙古	0.91	甘肃	0.77	甘肃	0.86
内蒙古	0.95	黑龙江	0.94	新疆	0.79	青海	0.87
宁夏	0.95	吉林	1.04	青海	0.88	西藏	0.89
黑龙江	0.99	西藏	1.04	内蒙古	0.90	内蒙古	0.91
吉林	0.99	辽宁	1.11	西藏	0.91	黑龙江	0.94
辽宁	0.99	青海	1.14	山西	0.97	新疆	0.98
北京	1.00	新疆	1.15	黑龙江	0.99	北京	1.01
天津	1.00	甘肃	1.20	吉林	0.99	吉林	1.01
青海	1.06	重庆	1.25	辽宁	0.99	山西	1.01
河北	1.11	山西	1.28	北京	1.04	辽宁	1.02
甘肃	1.13	陕西	1.28	陕西	1.05	天津	1.09
陕西	1.29	湖北	1.29	天津	1.07	陕西	1.17
山西	1.30	贵州	1.33	河北	1.26	河北	1.23
贵州	1.30	四川	1.37	浙江	1.44	重庆	1.39
山东	1.32	天津	1.38	山东	1.45	上海	1.43
湖北	1.42	河北	1.50	湖北	1.47	浙江	1.43
重庆	1.42	山东	1.54	重庆	1.49	湖北	1.44
安徽	1.53	广西	1.56	湖南	1.54	四川	1.44
上海	1.54	北京	1.56	四川	1.56	湖南	1.46
江苏	1.56	湖南	1.59	上海	1.59	山东	1.46
河南	1.59	安徽	1.61	江西	1.67	江西	1.53

续表

1983 年		1992 年		2003 年		2013 年	
省（自治区、直辖市）	耕地复种指数	省（自治区、直辖市）	耕地复种指数	省（自治区、直辖市）	耕地复种指数	省（自治区、直辖市）	耕地复种指数
四川	1.59	上海	1.66	贵州	1.68	安徽	1.64
湖南	1.70	浙江	1.68	安徽	1.72	河南	1.65
浙江	1.71	江西	1.72	云南	1.76	贵州	1.70
福建	1.75	河南	1.72	福建	1.77	云南	1.75
广西	1.78	云南	1.72	河南	1.78	江苏	1.77
江西	1.82	海南	1.75	江苏	1.85	福建	1.78
云南	1.86	福建	1.76	广西	2.01	广西	2.05
广东	1.88	江苏	1.80	广东	2.05	广东	2.13
海南	1.95	广东	1.81	海南	2.12	台湾	2.16
台湾	2.45	台湾	2.32	台湾	2.26	海南	2.42

　　与 20 世纪八九十年代相比，21 世纪初全国各省（自治区、直辖市）耕地复种指数分布直方图明显出现两极分化现象（图 5.8，表 5.1）。2003 年耕地复种指数处于低值、中值和高值区间的省（自治区、直辖市）个数依次为 13 个、8 个、11 个。21 世纪初耕地复种指数处于中值区间的省（自治区、直辖市）个数显著减少。尤其是耕地复种指数处于[1.2，1.4]区间内的省（自治区、直辖市）数量，从原来 20 世纪末的 4～8 个下降为 1～2 个。和 1992 年相比，2003 年耕地复种指数处于低值区间的省（自治区、直辖市）数量明显增多，从 1992 年的 8 个上升为 13 个。其中，有 3 个省（自治区、直辖市）耕地复种指数小于 0.8，分别为宁夏、甘肃和新疆。虽然耕地复种指数处于高值区间的省（自治区、直辖市）个数和 1992 年保持一致，但除台湾外，有 3 个省（自治区）耕地复种指数高于 2.0，分别为海南、广东和广西（表 5.1）。

　　2013 年，耕地复种指数处于低值、中值和高值区间的省（自治区、直辖市）个数依次为 13 个、9 个、10 个（图 5.8，表 5.1）。和 2003 年相比，耕地复种指数处于高值区间的省（自治区、直辖市）个数减少 1 个，中值区间省（自治区、直辖市）个数增加 1 个。其中江西省，从耕地复种指数高值区间下降为耕地复种指数中值区间。和 2003 年相比，虽然耕地复种指数处于不同值域区间（高中低）的个数基本保持不变，但值域区间内耕地复种指数发生了不同程度的变化。其中，耕地复种指数低值区间，各省（自治区、直辖市）耕地复种指数均有不同程度的提高。例如，耕地复种指数小于 1 的省（自治区、直辖市）数量从 10 个下降为 7 个。耕地复种指数中值区间内，各省（自治区、直辖市）耕地复种指数均有不同程度的下降。例如，湖南省和四川省均从 1.5～1.6 下降为 1.4～1.5。耕地复种指数高值区间内，除了耕地复种指数大于 2.0 的 3 个省（自治区、直辖市）基本保持不变（广西）或增加（广东、海南）外，其他省（自治区、直辖市）耕地复种指数和 2003 年相比总体上存在不同程度的下降。例如，江苏省，从 2003 年的 1.8～1.9 下降为 1.7～1.8（表 5.1）。

3）全国九大农业区耕地复种指数空间分布格局

在全国耕地复种指数空间分布图的基础上，统计计算历年全国九大农业区耕地复种指数。其中，1983 年、1992 年、2003 年、2013 年全国九大农业区耕地复种指数空间分布图见图 5.9。1983 年，全国九大农业产区耕地复种指数呈现随着纬度梯度依次逐渐递减的空间分布格局。我国北部的三大农业区，即甘新区、内蒙古及长城沿线区和东北区耕地复种指数均在 1 以下。其中，甘新区耕地复种指数最低，仅为 0.82。除此之外，青藏区由于地处高海拔地区，受到光温条件限制，耕地复种指数明显低于同纬度的黄土高原区和黄淮海区。1983 年，黄土高原区和黄淮海区耕地复种指数明显低于长江中下游区和西南区。华南区耕地复种指数最高，1983 年接近 2.0。

和 1983 年相比，1992 年全国九大农业区耕地复种指数空间分布格局呈现以下变化特征（图 5.9）：其一，我国西部的农业区耕地复种指数明显提升，尤其是甘新区，耕地复种指数增幅明显，从 0.82 上升为 1.12。青藏区也从 1.12 增加到 1.21。其二，黄淮海区耕地复种指数大幅度增加，从 1.41 增加到 1.70，远远超过了长江中下游区和西南区。其三，我国南部的 3 个农业区，即西南区、长江中下游区和华南区耕地复种指数均有不同程度的下降，其中华南区降幅最大。

和 20 世纪末相比，2003 年全国九大农业区耕地复种指数呈现以下变化特征（图 5.9）：其一，我国西北和北部农业区，即青藏区、甘新区、内蒙古及长城沿线区和黄土高原区 2003 年耕地复种指数略低于 1983 年。其二，黄淮海区、长江中下游区、西南区耕地复种指数非常接近，为 1.57～1.63。其三，2003 年全国九大农业区耕地复种指数空间格局显著，黄淮海区、长江中下游区、西南区这 3 个农业区的耕地复种指数远远高于位于其北部和西部的 4 个农业区，明显低于华南区。

和 2003 年相比，2013 年全国九大农业区耕地复种指数的空间分布格局比较一致，表现为从南到北的 3 个梯度（图 5.9）：第一梯度为华南区，耕地复种指数持续保持高值 2.0 以上甚至略有增加；第二梯度为黄淮海区、长江中下游区、西南区，和 2003 年相比略有下降，特别是长江中下游区最为明显；第三梯度为其他 5 个农业区，除青藏区略有下降外，其他 4 个农业区耕地复种指数增加（甘新区、黄土高原区、内蒙古及长城沿线区）或保持相对稳定（东北区）。东北区在 4 个年代耕地复种指数一直都非常稳定，为 0.99～1.08。

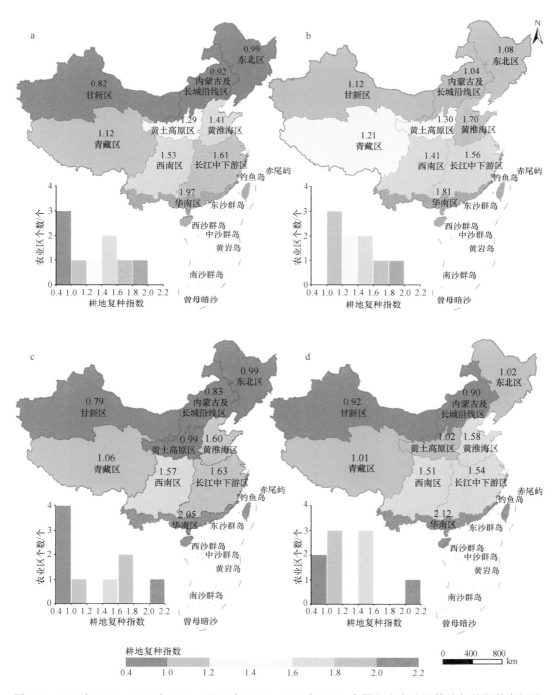

图 5.9　1983 年（a）、1992 年（b）、2003 年（c）、2013 年（d）全国九大农业区耕地复种指数空间分布图

5.3.3 方法精度评估

基于耕地复种指数实地调研点位数据，对 2013 年全国耕地复种指数空间分布图进行精度验证评估（表 5.2）。基于耕地复种指数实地调研点位数据的精度验证结果表明，基于小波谱顶点的耕地复种指数遥感监测方法能有效地获得农作物熟制信息。方法总体精度达 91.63%，Kappa 系数为 0.9162。在 192 个单熟制种植点位中，有 177 个被正确判断为单季农作物。在 715 个双熟制种植点位中，有 660 个被正确判别为双季农作物。单熟制和双熟制的生产者精度均较高，均在 90% 以上。三熟制调研点位偏少，个别三熟制调研点位被误判为双熟制甚至单熟制，存在一定的不确定因素。

表 5.2 基于调研点位数据的耕地复种指数精度验证表

	耕地复种指数			生产者精度/%
	单熟制	双熟制	三熟制	
单熟制	177	15	0	92.1875
双熟制	47	660	8	92.4370
三熟制	3	5	28	77.78
用户精度/%	77.93	97.06	77.78	

总体精度：91.63%；Kappa 系数：0.9162

依据耕地复种指数分布图逐年逐省份计算耕地播种面积，进一步和国家统计年鉴提供的耕地播种面积数据进行对比评估。播种面积计算公式为：耕地播种面积=单熟制耕地面积+2×双熟制耕地面积+3×三熟制耕地面积。1983 年、1992 年、2003 年和 2013 年 4个年份，基于统计年鉴数据的遥感估算耕地播种面积精度评估见图 5.10。分析结果表明，通过耕地复种指数遥感监测获得全国省域耕地播种面积，与国家统计年鉴数据具有较好的一致性。4 个年份两者的相关系数均在 0.85 以上。其中，1983 年、1992 年、2003 年和 2013 年依次分别为 0.93、0.87、0.88、0.89。以 2003 年为例，大部分省（自治区、直辖市）在拟合线附近，其中云南、四川和贵州等地通过耕地复种指数遥感监测估算获得的耕地播种面积略高于统计年鉴数据（图 5.10）。

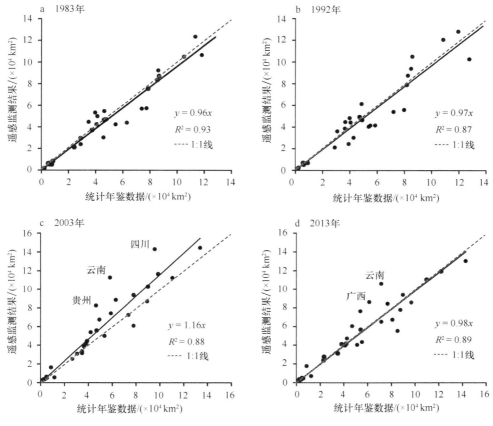

图 5.10　基于统计年鉴数据的遥感估算耕地播种面积精度评估

5.4　近 40 年中国耕地复种指数逐年变化态势评估

5.4.1　全国耕地复种指数逐年变化态势评估

1982~2013 年全国耕地复种指数逐年演变态势见图 5.11。总体而言，20 世纪末全国耕地复种指数呈明显增加态势。20 世纪 80 年代，全国耕地复种指数均值为 1.34，20世纪 90 年代上升为 1.41，增幅比较明显。20 世纪末全国耕地复种指数以平均每年增加0.0075 的幅度递增，相当于每年增加耕地播种面积 13 967 km²。20 世纪 80 年代初，全国 60% 左右耕地区域种植单季农作物，双季农作物仅占 1/3 左右（图 5.12）。到 20 世纪90 年代，全国耕地实施单熟制种植的比例下降为 60% 及以下，个别年份接近 50%。同时，双熟制比例从 20 世纪 80 年代初的 32%~33% 上升为 20 世纪 90 年代的约 40%，在36%~45% 波动。20 世纪 80 年代到 90 年代，随着单熟制比例下降、双熟制比例增加，耕地复种指数明显上升（图5.11）。

与20世纪末耕地复种指数明显提升所不同的是，21世纪初，耕地复种指数逐渐趋于平稳（图5.11）。2001～2013年，全国耕地复种指数均值为1.36，变化区间为[1.32，1.42]。21世纪初，全国单熟制比例平均约为56%，在53%～61%波动，而双熟制平均约为36%，在32%～39%之间波动。三熟制种植比例很小，21世纪初，三熟制种植比例为2%～3%。休耕地占耕地的比例略高于三熟制。21世纪初，休耕地占耕地的比例为4%～9%，年际变异性较大（图5.12）。

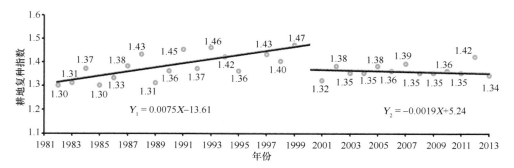

图5.11 1982～2013年全国耕地复种指数变化折线图
方程 Y_1 和 Y_2 分别对应1982～1999年、2001～2013年两个研究时段，下同

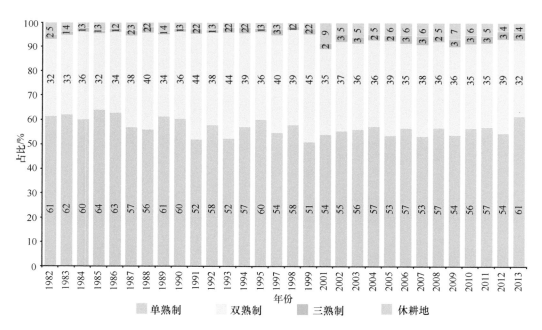

图5.12 1982～2013年全国不同熟制占耕地面积比例图

5.4.2　重点农业区耕地复种指数逐年变化态势评估

5.4.2.1　黄淮海农业区耕地复种指数演变分析

20 世纪末（1982～1999 年），全国耕地复种指数增加态势明显，并且主要集中在黄淮海农业区。黄淮海区的耕地复种指数从 20 世纪 80 年代的 1.37～1.59 持续上升为 20 世纪 90 年代的 1.66～1.82（图 5.13）。20 世纪末两个年代，黄淮海农业区耕地复种指数平均每年以 0.0264 的速度递增。进入 21 世纪以后，黄淮海区耕地复种指数较为稳定，变化区间为[1.58，1.66]。

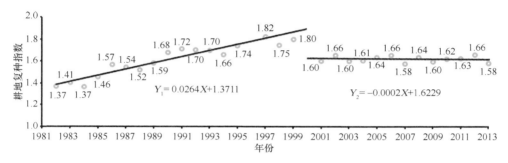

图 5.13　1982～2013 年黄淮海农业区耕地复种指数变化图

20 世纪八九十年代，黄淮海农业区耕地复种指数明显提高，集中体现在从单熟制改为双熟制种植。20 世纪 80 年代初，黄淮海农业区以单熟制为主（60%左右）、双熟制种植为辅（37%～41%）。但到 21 世纪初，黄淮海农业区变为以双熟制种植模式为主，双熟制种植比例稳定在 60%～67%（图 5.14）。

20 世纪 80 年代以前，黄淮海农业区北部由于光温条件和农业技术水平限制，基本无法实施双熟制种植。从 20 世纪 80 年代开始，随着我国经济条件和农业技术创新发展，通过品种改良以及农业耕作管理技术水平的提高，双熟制逐渐普及推广应用。黄淮海农业区双熟制种植模式的推广，对于稳定我国耕地复种指数、确保粮食增产增收发挥着重要作用。

5.4.2.2　长江中下游农业区耕地复种指数演变分析

20 世纪 80 年代，长江中下游农业区耕地复种指数远远高于黄淮海农业区（图 5.15，图 5.16）。20 世纪 80 年代，长江中下游农业区耕地复种指数大于 1.5，50%以上耕地种植双季农作物（图 5.16）。与黄淮海农业区所不同的是，20 世纪末，长江中下游农业区耕地复种指数总体保持平稳，并无明显增加趋势。从 20 世纪 80 年代后期开始，长江中下游农业区耕地复种指数年际波动性非常大，可能是时序遥感数据受到严重云干扰或者传感器原因所导致的。

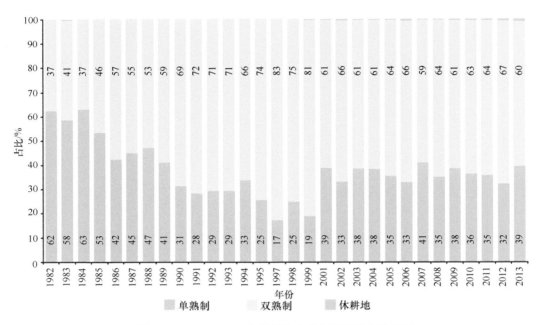

图 5.14 1982~2013 年黄淮海农业区不同熟制比例图

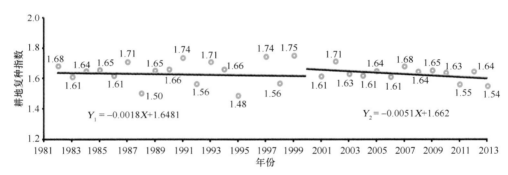

图 5.15 1982~2013 年长江中下游农业区耕地复种指数变化图

21 世纪初，长江中下游农业区耕地复种指数与黄淮海农业区较为接近。21 世纪头 10 年，长江中下游农业区耕地复种指数变化区间为[1.61，1.71]，但自 2010 年以来呈明显下降趋势。2013 年，长江中下游农业区耕地复种指数下降为 1.54，不足 60%的耕地种植双季农作物，略低于黄淮海农业区（1.58）。

5.4.2.3 黄土高原农业区耕地复种指数演变分析

20 世纪 80 年代，黄土高原农业区耕地复种指数远远低于黄淮海农业区和长江中下游农业区。20 世纪 80 年代初，黄土高原农业区耕地复种指数不足 1.5，变化区间为[1.15，1.39]（图 5.17）。20 世纪 80 年代初，黄土高原农业区以单熟制种植为主（47%~60%），

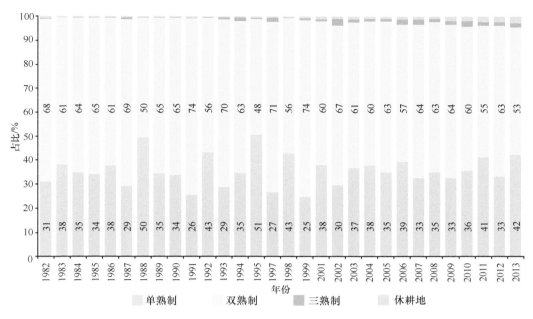

图 5.16　1982～2013 年长江中下游农业区不同熟制比例图

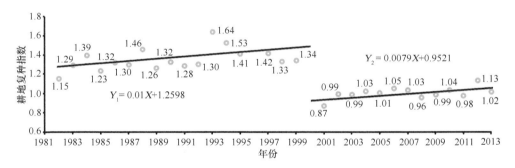

图 5.17　1982～2013 年黄土高原农业区耕地复种指数变化图

其次为双熟制（31%～44%）（图 5.18）。黄土高原农业区耕地复种指数变化比较复杂。20 世纪末，黄土高原农业区耕地复种指数总体呈上升态势，在 1993 年达到最高值，但到 20 世纪 90 年代中后期略有下降。

21 世纪初，黄土高原农业区耕地复种指数略有上升趋势，平均以每年 0.01 的速度递增。和其他农业区有所不同的是，黄土高原农业区耕地复种指数增加的原因在于，休耕地减少比例和单季农作物种植比例增加，而不是双熟制农作物种植比例增加。21 世纪初，黄土高原农业区耕地双熟制种植比例不升反降。2001 年，黄土高原农业区约 1/3 耕地休耕，到 2013 年下降为不足 10%，在原来的大面积休耕地上开始种植单季农作物。

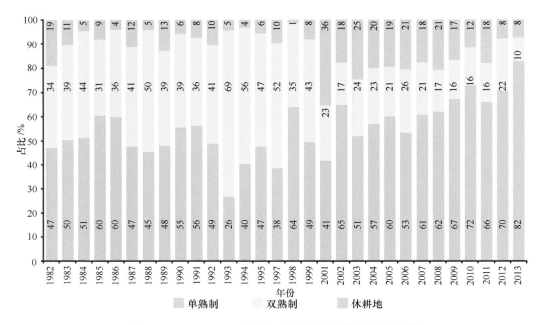

图 5.18 1982～2013 年黄土高原农业区不同熟制比例图

黄土高原出现大面积休耕地转变为单熟制，很大程度上源于所采用的耕地掩膜数据。我国自 1999 年在四川、陕西、甘肃三省率先开展退耕还林试点以来，逐渐全面启动坡耕地退耕还林制度，包括退耕还林在内的一系列生态工程措施，显著地提高了植被覆盖度，特别是在黄土高原区（Qiu et al.，2017b）。在 2000 年前后，黄土高原区由于自然条件限制，不少耕地区域植被覆盖稀疏，植被指数数值偏低，被判定为休耕地。黄土高原农业区实施退耕还林政策以来，植被覆盖状况逐渐得到改善，从稀疏植被甚至裸土变为茂盛植被。由于本研究统一采用 2000 年耕地空间分布数据作为耕地掩膜数据，将黄土高原区实施退耕还林区域统计为耕地内部变化（休耕地变为单季农作物）。如果剔除黄土高原由于耕地从休耕变为单熟制显著增加全国耕地复种指数的贡献，21 世纪初全国耕地复种指数显著增加区域占耕地的比例将下降为 2.91%，略低于全国耕地复种指数显著增加区域（3.01%）。

5.4.2.4 西南农业区耕地复种指数演变分析

20 世纪 80 年代初，西南农业区耕地复种指数略低于长江中下游区，在 1.6 以下（图 5.19）。20 世纪末，西南农业区耕地复种指数总体呈略微下降趋势。西南农业区耕地复种指数在 20 世纪末平均以每年 0.001 的速度下降。从 1982～1983 年的 1.53 下降为 1997～1998 年的 1.32～1.44。与长江中下游农业区相比，西南农业区耕地复种指数年际波动性更为严重。

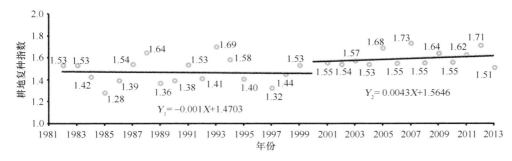

图 5.19　1982～2013 年西南农业区耕地复种指数变化图

　　21 世纪初，西南农业区耕地复种指数从原来的下降趋势转变为轻微上升的趋势。21世纪初，西南农业区耕地复种指数年际变异性依然非常大，个别相邻年份耕地复种指数差异达 0.2。例如，2012 年西南农业区耕地复种指数为 1.71，而 2013 年骤然下降为 1.51。西南农业区的三熟制种植比例略高于全国平均水平，2011～2012 年达 5%（图 5.20）。

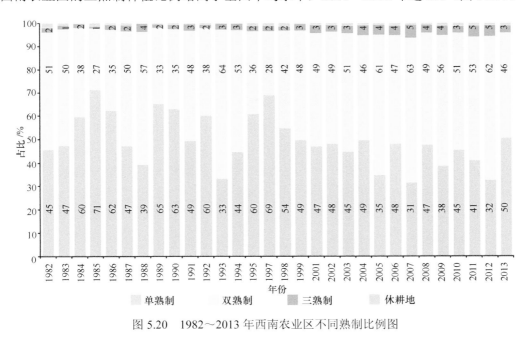

图 5.20　1982～2013 年西南农业区不同熟制比例图

5.5　基于时序分析方法的我国耕地复种指数演变趋势分析

5.5.1　时间序列趋势分析与突变点检测方法

　　采用 Sen 氏斜率方法（Sen，1968）结合曼-肯德尔（Mann-Kendall）显著性检验方法，逐像元分别检测 20 世纪末和 21 世纪初耕地复种指数演变趋势，获得 20 世纪末全国耕地复种指数变化趋势分布图。如果 Sen 氏斜率为正值并且通过显著性检验，表示该像元耕地复种指数呈现出显著增加趋势；如果 Sen 氏斜率为负值并且通过显著性检验，表示该像元耕地复种指数呈现出显著减少趋势。

对于呈现出显著增加或显著减少趋势的像元，进一步通过启发式分割算法（封国林等，2005），检测耕地复种指数发生变化的年份。依据变化年份前后耕地复种指数（各自采用变化年份前期和后期的众数表示），确定该像元的耕地复种指数变化模式（如双熟制变为单熟制）。利用时间序列趋势分析方法，基于 1983~1999 年、2001~2013 年逐年时空连续耕地复种指数时序数据集，开展 20 世纪末和 21 世纪初耕地复种指数演变趋势及其变化模式分析，避免某些年份数据集不理想带来的不确定性影响。

5.5.2 20 世纪末全国耕地复种指数演变趋势分析

20 世纪末（1982~1999 年），全国耕地复种指数显著增加的耕地面积为 107 850 km^2，约为全国耕地面积的 5.48%（图 5.21）。全国耕地复种指数显著增加区域主要分布在黄淮海区，其次为甘新区和黄土高原区，依次占全国耕地复种指数增加区域的 72.62%、8.04%和 6.03%。黄淮海区耕地复种指数显著增加的耕地面积为 78 325 km^2。20 世纪末，黄淮海区高达 1/4 耕地（24.22%）耕地复种指数呈现显著增加趋势。除黄淮海区外，甘新区耕地复种指数显著增加的耕地比例也高于全国平均水平。甘新区约 9%（9.16%）耕地复种指数呈现显著增加趋势，甘新区复种指数显著增加的耕地面积为 8675 km^2。其他农业区耕地复种指数显著增加比例均低于全国平均水平，其中黄土高原区 3.80%耕地（6500 km^2）耕地复种指数显著增加，其他农业区耕地复种指数显著增加趋势占耕地比例均在 2%以下。从不同省份情况来看，河北省和山东省两个省份耕地复种指数增加态势非常突出，耕地复种指数显著增加面积占所在省份耕地比例均超过 30%，分别为 31.79%和 31.95%。

20 世纪末，仅有 0.37%耕地区域耕地复种指数呈现显著负趋势。全国总共约 7200 km^2 耕地复种指数呈现显著减少趋势，零星分布在我国南方地区（图 5.21）。其中，长江中下游区、西南区、华南区这 3 个农业区依次占全国耕地复种指数显著减少趋势面积的 31.25%、28.82%、21.88%。在 9 个农业区中，华南区耕地复种指数显著下降趋势比例最高，为 1.39%，长江中下游区和西南区耕地复种指数显著下降趋势比例为 0.6%~0.7%，其他主产区耕地复种指数显著下降趋势比例均小于 0.5%。

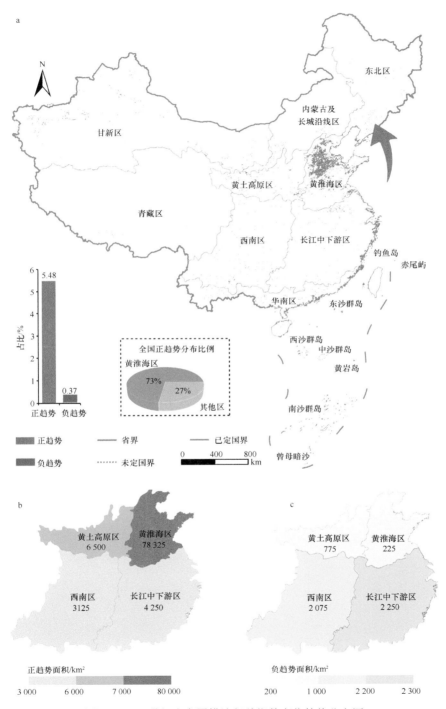

图 5.21　20 世纪末全国耕地复种指数变化趋势分布图
a. 全国；b. 重点区正趋势；c. 重点区负趋势

采用突变点检测方法，获得 20 世纪末全国耕地复种指数显著增加趋势发生时间（图 5.22）。结果表明，六成以上（61.70%）耕地复种指数增加趋势发生在 20 世纪 80 年代。特别是 1984 年、1987 年、1988 年这 3 个年份全国耕地复种指数显著增加区域面积为 10 000～14 000 km²。随后的 1989～1991 年，全国耕地复种指数显著增加区域明显减少，1992 年以后略微增加。20 世纪末，全国耕地复种指数显著增加区域主要发生在 80 年代。研究表明，在 20 世纪 80 年代以前的农业生产技术条件下，华北平原北部（山东和河北）光温条件不足以满足种植两季的需求。20 世纪 80 年代，通过套种和品种改良技术实现了华北平原双季种植制度的大面积推广（朱家琦，1985）。

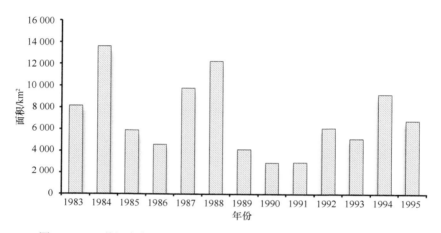

图 5.22　20 世纪末全国耕地复种指数逐年呈现显著正趋势面积分布图

5.5.3　21 世纪初全国耕地复种指数演变趋势分析

和 20 世纪末相比，21 世纪初耕地复种指数显著增加区域有所下降（图 5.23）。全国水平上，约有 3.68%耕地呈现出复种指数显著增加趋势，面积约为 72 692 km²。相比 20 世纪末，21 世纪初耕地复种指数显著增加区域分布相对分散。21 世纪初，在九大农业区中，耕地复种指数显著增加区域主要分布在黄土高原区、西南区、长江中下游区、黄淮海区。其中，黄土高原区、西南区均约占全国耕地复种指数显著增加耕地面积的 22%；而长江中下游区、黄淮海区分别占全国耕地复种指数显著增加面积的 14%～15%。黄土高原区耕地复种指数显著增加比例远远高于全国平均水平，达 9.48%。

相比 20 世纪末，21 世纪初耕地复种指数显著减少区域明显增加（图 5.23）。全国水平上，约有 3.01%耕地呈现复种指数显著减少趋势，面积为 59 447 km²。全国耕地复种指数显著减少面积中 1/3 以上在长江中下游区（36%），其次为黄淮海区（20%）和西南区（18%）。其中，长江中下游区 5.69%耕地的复种指数显著减少，高于全国平均水平。

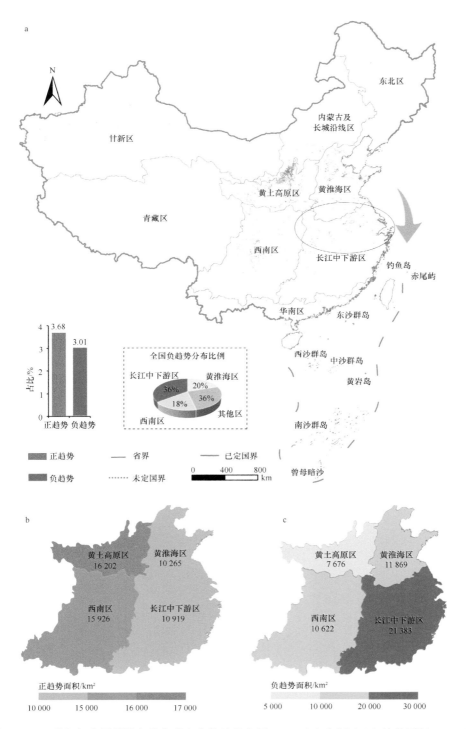

图 5.23 21 世纪初全国耕地复种指数变化趋势分布图（a）以及重点区正负趋势面积（b、c）

5.5.4 21 世纪初全国耕地复种指数变化模式分析

全国耕地复种指数显著增加区域主要来源于单熟制转变为双熟制、休耕地转变为单熟制，依次分别占全国复种指数显著增加区域的 53%、37%。21 世纪初，全国约 38 163 km^2 耕地从单熟制变为双熟制，26 918 km^2 耕地从休耕地变为单熟制。除此之外，5045 km^2 耕地从双熟制转变为三熟制，约占耕地复种指数显著增加区域的 7%（图 5.24）。

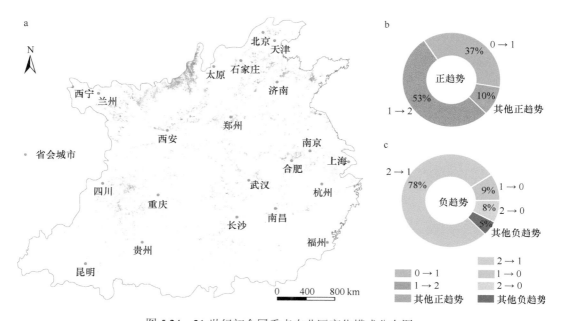

图 5.24　21 世纪初全国重点农业区变化模式分布图
a. 重点区变化模式；b. 全国正变化模式；c. 全国负变化模式。"0"表示休耕，"1"表示单熟制，"2"表示双熟制；图例表示不同熟制之间的转变

在耕地复种指数显著增加区域中，由单熟制到双熟制的变化模式主要分布在西南区、黄淮海、长江中下游区等 3 个农业区。21 世纪初，西南主产区、黄淮海主产区、长江中下游主产区从单熟制转变为双熟制的耕地面积分别为 14 295 km^2、10 112 km^2、10 082 km^2。西南主产区、黄淮海主产区、长江中下游主产区分别约占 21 世纪初全国由单熟制到双熟制的变化模式耕地总面积的 37.46%、26.50% 以及 26.42%。休耕地变为单熟制的变化模式集中分布在黄土高原区，黄土高原区耕地复种指数增加绝大部分（94%）来源于从休耕地变为单熟制（图 5.25）。

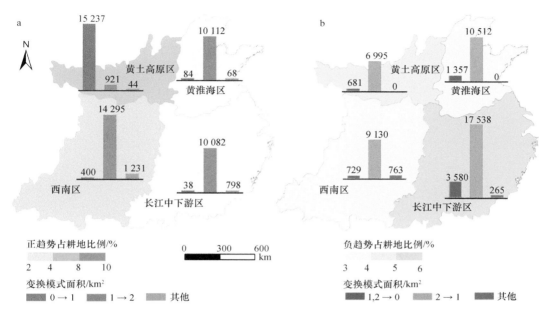

图 5.25　21 世纪初全国耕地复种指数显著增加或减少的农业区的变化模式统计面积分布图
a. 正趋势；b. 负趋势。"0"表示休耕，"1"表示单熟制，"2"表示双熟制；图例表示不同熟制之间的转变

　　21 世纪初，全国耕地复种指数显著减少区域约 78% 来源于双熟制变为单熟制。21 世纪初，全国 46 547 km² 耕地从双熟制转变为单熟制。除此之外，全国耕地复种指数显著减少区域分别有 9%、8% 来源于单熟制变为休耕地或者双熟制变为休耕地（图 5.24）。21 世纪初，全国 5588 km² 和 4464 km² 耕地分别为单熟制或者多熟制转变为休耕地（图 5.24）。

　　21 世纪初，双熟制—单熟制（2→1）的变化模式 95% 分布在长江中下游区、黄淮海区、西南区以及黄土高原区等 4 个农业区（图 5.25）。其中，长江中下游农业区，双熟制—单熟制变化模式耕地面积最大，为 17 538 km²。长江中下游农业区双熟制—单熟制变化模式耕地面积远远高于单熟制—双熟制的变化模式，前者为后者的 1.74 倍。除长江中下游农业区外，黄淮海区、西南区和黄土高原区分别有 10 512 km²、9130 km²、6995 km² 耕地从原来的双熟制变为单熟制，分别占全国双熟制—单熟制变化模式总耕地面积的 22.58%、19.61%、15.03%。对于黄淮海区而言，单熟制与双熟制相互之间转换面积基本持平。对于西南区而言，发生单熟制—双熟制变化模式耕地面积明显高于双熟制—单熟制的变化模式，前者为后者的 1.57 倍。

5.6 全国耕地复种指数演变驱动机制分析

为了探索耕地复种指数演变态势的驱动因素，试图分析全国农业人口、机械化水平变化趋势，并探究这两方面因素与全国耕地复种指数演变态势的相关性。中国农业人口从 1982 年开始持续增加，到 1996 年农业人口达到顶峰，1996 年以后呈持续下降趋势（图 5.26）。农业机械化水平在 1982～1995 年呈现缓慢上升趋势，到 1995 年以后呈现快速上升态势。基于农业人口和农业机械化水平两个变量，建立 1982～2013 年耕地复种指数演变的线性回归模型：

$$Y = 0.0899X_1 + 0.0271X_2 + 0.5101(R^2 = 0.4857；P < 0.001)\qquad（5.2）$$

式中，Y 代表全国耕地复种指数；X_1、X_2 分别代表农业人口、农业机械化水平。研究表明，耕地复种指数与农业人口、农业机械化水平呈正相关，这两个变量的解释能力达 50% 左右。20 世纪八九十年代，随着农业人口和农业机械化水平的增加，全国耕地复种指数随之大幅度提升。20 世纪八九十年代，耕地复种指数演变态势与农业人口增加态势相吻合，说明增加农业人口规模有助于提升耕地复种指数。但到 21 世纪初，中国农业人口急剧下降，全国耕地复种指数呈现略微下降态势，但基本保持平稳，得益于全国农业机械化水平的大幅提升。因此，随着农业人口的持续下降，农业机械化水平对于稳定全国耕地复种指数发挥着越来越重要的作用。

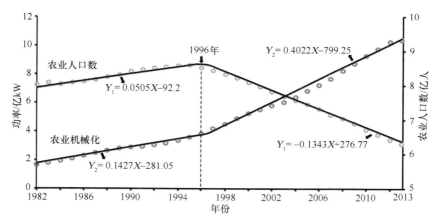

图 5.26　中国 1982～2013 年农业机械化水平和农业人口的变化趋势图
方程 Y_1 和 Y_2 分别对应 1982～1996 年、1996～2013 年两个研究时段

从国家惠农政策的角度，结合地形、水源等自然条件差异，探讨全国耕地复种指数演变驱动机制。首先，在全国耕地复种指数演变趋势分析的基础上，针对耕地复种指数显著减少区域，进一步探讨其发生的具体年份。鉴于 21 世纪初，全国耕地复种指数减

少以双熟制转变为单熟制为主，并且主要分布在长江中下游区、黄淮海农业区，因此综合分析历年这两个农业区耕地复种指数从双熟制转变为单熟制的耕地面积变化情况。考虑到海拔差异，将研究区依次划分为低海拔区（<50 m）、中海拔区（50～200 m）、高海拔区（>200 m）3 个海拔区间。结果表明，我国从 2005 年开始实施全面减免农业税的惠农政策，对于稳定耕地复种指数、抑制双熟制向单熟制转换成效显著（图 5.27）。全面减免农业税实施后 1～2 年内，如 2006 年、2007 年，发生双熟制向单熟制转换的耕地面积明显下降，特别是在低海拔区（<50 m）。值得关注的是，全面减免农业税的惠农政策在刚刚开始实施几年内效果特别明显。从 2008 年开始，耕地复种指数下降区域面积呈总体增加态势。

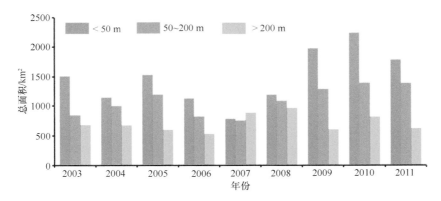

图 5.27　黄淮海区和长江中下游区不同海拔区间历年由双熟制变为单熟制的耕地面积

为了评估城镇发展对耕地复种指数的影响，分别统计不同城镇距离区间内耕地复种指数正负趋势的面积分布情况（图 5.28）。随着与城镇距离的不断增加，耕地复种指数显著增加和显著减少的面积均表现为先持续增多后逐渐减少的态势。但有所不同的是，相比耕地复种指数正趋势而言，耕地复种指数负趋势面积拐点出现在距离城镇更近的区域。例如，在黄淮海区，耕地复种指数显著减少的面积拐点出现在距离城镇 50 km，而耕地复种指数显著增加的面积拐点出现在 70 km。也就是说，耕地复种指数显著减少的区域更加靠近城镇附近周边区域内；而耕地复种指数增加的区域则大多位于距离城镇更偏远的区域内。在城镇附近周边区域内，耕地复种指数显著减少的面积远远大于耕地复种指数显著增加的面积。

为了进一步评估水源条件对耕地复种指数演变趋势的影响，分别统计不同湖泊、河流距离范围内耕地复种指数发生显著增加或减少趋势的面积分布情况。长江中下游区河流、湖泊广泛分布，特别是长江中下游南部的湖南、江西等省份。选取长江中下游区南部省份为研究区，探讨不同湖泊距离范围内耕地复种指数变化情况。结果表明，在湖泊附近特别是 20 km 以内，耕地复种指数增加态势明显，大面积耕地从单熟制转变为双熟

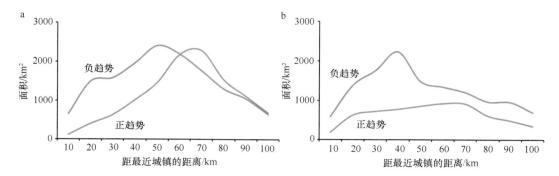

图 5.28　黄淮海区（a）和长江中下游区（b）耕地复种指数显著变化趋势面积随城镇距离的变化

制；但随着距湖泊距离增加，耕地复种指数增加的面积持续减少（图 5.29）。与此不同的是，随着距湖泊距离增加，耕地复种指数显著减少的区域面积持续增加：远离湖泊区域内，更多的耕地发生复种指数显著减少的现象，即耕地复种指数增加区域多集中在湖泊附近，而耕地复种指数减少的区域多发生在远离湖泊的区域。为了确保粮食安全，2004年以来我国实行种粮补贴制度，鼓励农民多种粮食，增产增收。实施复种作为一种最直接有效的耕作方式，在粮食稳产增收中发挥着重要作用。上述分析结果表明，靠近湖区，农民种粮积极性比较高，种粮补贴政策实施效果明显，农民将原来仅种植一季农作物的耕地改为双季种植模式。

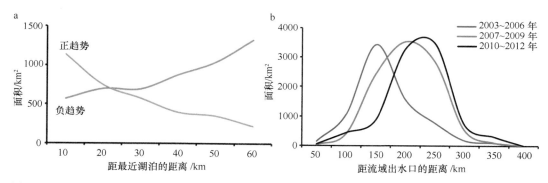

图 5.29　长江中下游区南部（a）和黄土高原区（b）耕地复种指数显著增加或显著减少的面积与距最近水域距离的关系

21 世纪初，黄土高原区耕地复种指数显著增加比例远远高于其他区域。黄土高原区耕地复种指数显著增加，以休耕地变为单季种植为主。为此进一步分析不同年份耕地复种指数增加面积与河流距离的关系。以黄河壶口为中心，分析黄土高原区耕地复种指数增加面积随壶口距离的变化态势（图 5.29）。结果表明，距离流域出水口越近的区域，从休耕地变为单熟制种植的年份越早。以上分析结果充分说明了充足的水源条件对于稳步恢复植被的重要作用。

5.7 全国 MODIS 时序影像数据云覆盖情况评估

从 1982～2013 年全国耕地复种指数逐年变化折线图可见（图 5.11），20 世纪末耕地复种指数年际变化非常大。特别是某些年份，如 1988 年、1993 年等，与邻近年份耕地复种指数差别比较大。21 世纪初，个别年份也存在这种现象。例如，2012 年全国耕地复种指数为 1.42，而 2011 年、2013 年全国耕地复种指数分别为 1.35 和 1.34。这种个别年份耕地复种指数与邻近年份数值差距非常大的现象，可能是时序遥感数据受到云干扰发生异常所导致的（Qiu et al.，2013）。

为了评估云覆盖对耕地复种指数识别的影响，逐像元统计云覆盖情况。根据 MOD09A1 数据提供的质量图层，将质量图层中标识 mixed 和 cloudy 的栅格单元认定有云覆盖。逐像元监测不同年份 MODIS 时序影像中的云覆盖情况，统计一年内 MODIS 时序影像云覆盖出现次数 N，计算该像元在该年份 MODIS 时序影像云覆盖比例（$N/46 \times 100\%$）。例如，某像元某年份 MODIS 时序影像出现云覆盖影像不多于 2 期，则该年份 MODIS 时序影像云覆盖比例小于 5%（$2/46 \times 100\%$）。如果 MODIS 时序影像云覆盖比例小于 5%，则 MODIS 时序数据集几乎没有受到云干扰。但随着 MODIS 时序影像云覆盖比例的提高，该像元年内 MODIS 时序影像云覆盖情况越来越严重。例如，MODIS 时序影像云覆盖比例达 25%以上时，此时该像元一年内将有 12 期甚至更多期 MODIS 时序影像数据由于云覆盖缺乏有效观测值。

依据 MODIS 时序影像数据集云覆盖比例，确定 MODIS 时序影像数据缺失程度。为了表述方便，将 MODIS 时序影像数据云覆盖比例小于 5%的像元定义为 MODIS 时序影像数据无缺失；同时，将 MODIS 时序影像数据云覆盖比例大于 25%的像元定义为 MODIS 时序影像数据严重缺失。将 MODIS 时序影像数据云覆盖比例为 5%～10%、10%～20%、20%～25%依次定义为 MODIS 时序影像数据轻微缺失、中等缺失、较重缺失。

逐年逐像元统计 MODIS 时序影像数据集云覆盖比例，获得历年全国 MODIS 时序影像云覆盖比例分布图。其中，2012 年、2013 年 MODIS 时序影像数据云覆盖比例分布图见图 5.30。由图可见，我国西南、东北以及新疆北部 MODIS 时序影像云覆盖比例很高，由于云覆盖，集中大片区域 MODIS 时序影像数据严重缺失，而我国中部和华北地区，MODIS 时序影像数据云覆盖比例很小。黄淮海以及黄土高原大部分区域 MODIS 时序影像几乎没有由云覆盖导致的数据缺失。

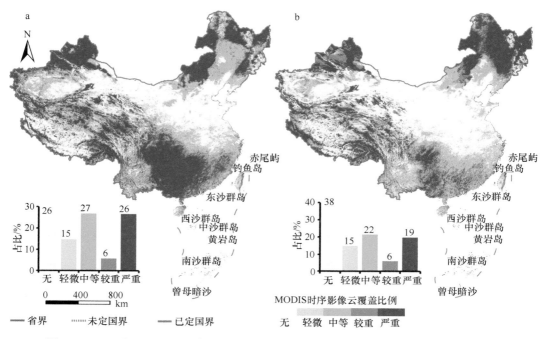

图 5.30　2012 年（a）、2013 年（b）全国 MODIS 年内时序影像云覆盖比例空间分布图

在获得历年全国 MODIS 时序影像云覆盖比例分布图的基础上，进一步逐年统计全国以及九大农业区 MODIS 时序影像因云覆盖导致的不同数据缺失情况占耕地的比例。其中，2001～2013 年全国 MODIS 时序影像数据出现无缺失、轻微缺失、中等缺失、较重缺失以及严重缺失的像元占耕地比例的分布情况见图 5.30 和图 5.31。总体平均而言，约 1/5（19%）耕地区域 MODIS 时序影像数据由于云覆盖严重缺失，另外有略多于 1/4（27%）耕地区域 MODIS 时序影像数据集几乎没有因为云覆盖导致的数据缺失。MODIS 时序影像数据缺失情况存在明显的年际变化。其中，2005 年、2010 年和 2012 年 MODIS 时序影像云覆盖情况更为严重：超过 1/4 的耕地区域 MODIS 时序影像数据由于云覆盖严重缺失（图 5.30，图 5.31）。

九大农业区中，黄淮海区和黄土高原区耕地区域 MODIS 时序遥感数据云覆盖程度最轻（图 5.31）。黄淮海耕地区域 MODIS 时序影像数据没有严重缺失情况，99%以上耕地区域 MODIS 时序影像数据缺失为中等及其以下。黄淮海区一半以上（56%）耕地区域 MODIS 时序影像数据无缺失。黄土高原区 MODIS 时序遥感数据云覆盖程度同样比较低，与黄淮海区情况类似：一半左右耕地区域 MODIS 时序影像数据无缺失。除此之外，青藏区和内蒙古及长城沿线区 MODIS 时序影像数据云覆盖程度也很轻微，约一半甚至超过60%（青藏区）耕地区域 MODIS 时序影像数据无缺失，但与黄淮海区和黄土高原区所不同的是，青藏区和内蒙古及长城沿线区 2%～5%耕地区域 MODIS 时序影像数据严重缺失。

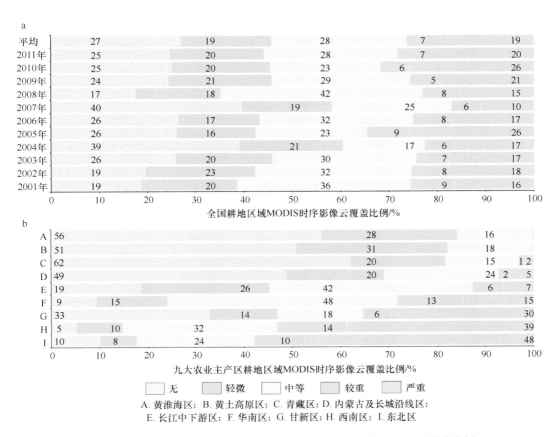

图 5.31 2001～2011 年全国历年耕地云覆盖比例（a）和九大农业区云覆盖比例（b）

　　九大农业区 MODIS 时序遥感数据云覆盖最严重的为东北区（图 5.31）。一半左右耕地（48%）MODIS 时序遥感数据由于云覆盖严重缺失，仅有 10%耕地区域 MODIS 时序遥感数据无缺失。西南区 MODIS 时序遥感数据云覆盖程度同样非常严重，约 40%（39%）耕地区域 MODIS 时序遥感数据由于云覆盖严重缺失，仅有 5%耕地区域 MODIS 时序遥感数据无缺失。华南区虽然耕地区域 MODIS 时序遥感数据严重缺失比例远小于西南区，但也仅有不足 10%耕地区域 MODIS 时序遥感数据无缺失。长江中下游耕地区域 MODIS 时序遥感数据可获得性程度虽然优于西南区和华南区，但远远不如黄淮海区。长江中下游耕地区域 MODIS 时序遥感数据严重缺失情况比例虽然不到 10%，但耕地区域 MODIS 时序遥感数据轻微缺失和中等缺失情况比例很高，仅有约 19%耕地区域 MODIS 时序遥感数据无缺失。

　　耕地区域 MODIS 时序遥感数据云覆盖比例直接关系到 MODIS 时序遥感数据可获得性程度（数据缺失程度）。与此同时，MODIS 时序遥感影像出现云覆盖的季节和持续时间对耕地复种指数遥感监测结果也将产生很大影响。例如，东北区虽然 MODIS 时序遥感影像云覆盖比例高，导致数据严重缺失，但包括东北主产区在内的全国北方大部分地区，夏季云覆盖比例通常都比较少（Qiu et al.，2013）。由于东北区以单熟制种植为主，非生长季 MODIS 时序遥感影像云覆盖对植被指数时序信号干扰较小，因此对耕地复种指数遥感监测结果影响小。而我国南方地区，特别是西南区 MODIS 时序影像云覆盖比例在夏季偏高，夏季持续云覆盖造成植被指数时序信号持续出现异常值（Qiu et al.，2013），给基于植被指数时序数据集的应用研究带来很大干扰。

如果连续多期 MODIS 时序影像被云覆盖，导致数据严重缺失，MODIS 植被指数时序曲线变化幅度与变化频率均可能发生极大变化，可能会给耕地复种指数评估带来严重影响（Qiu et al.，2013）。例如，对于单季农作物，如果在整个生长期内 MODIS 影像几乎全部被云覆盖，将会导致耕地复种指数被严重低估。如果生长期长的农作物在生长盛期内连续出现多期 MODIS 时序影像被云覆盖，MODIS EVI2 时序曲线将呈现出类似换茬信号，此时将可能直接导致耕地复种指数出现高估的情况。西南区云覆盖严重，特别是夏季农作物生长旺盛时期，耕地复种指数遥感监测结果存在一定程度的高估情况。例如，四川省、云南省和贵州省等省份，耕地复种指数遥感监测估算面积明显高于统计年鉴数据（图 5.10）。时序遥感影像数据缺失给遥感应用带来的干扰，将可能长期存在、无法避免。比较实际可行的应对方案与建议如下：①在评估时序遥感影像数据缺失情况时，选取数据可获得性较好年份的时序遥感数据进行遥感信息提取，对于数据缺失严重的年份，可以采用邻近年份进行估计；②在缺乏全面评估时序遥感数据缺失程度的情况下，仅选取研究时段的起始和结束年份进行分析比较，所获得的结果可能会存在比较大的不确定性；③建议考虑采用逐年时空连续遥感信息提取研究，并进一步采用时空序列分析方法，避免个别年份数据异常带来的干扰。

5.8 结 论

与现有耕地复种指数监测方法相比，基于小波谱顶点的耕地复种指数遥感监测方法具有基本不依赖先验知识、鲁棒性好、分类精度高、自动化程度高等特点，主要表现在以下几个方面。

（1）基于小波变换的方法，具有较好的抗噪能力，能有效地消除小的峰谷值的干扰。

（2）通过小波变换的方法，将原始信号转换为小波系数谱，将原始信号放大到时间-尺度两个不同的维度上，形成一幅二维图谱，在有效消除噪声的同时，丰富与扩大原始信号的信息维度，为进一步借鉴模式识别思路进行耕地复种指数判别奠定基础。

（3）从小波系数谱中生成特征图谱，并且从中区分植被相对偏好与偏差时期的特征线，从而非常有效地消除冬季杂草等非农作物生长带来的干扰。

（4）通过聚焦农作物偏好时期，跟踪作物生长变化特征点，有效地提取农作物生长信息，排除数据噪声或短小生长峰（如杂草）引起的峰谷值等信号干扰（集中分布在小尺度或非植被偏好时期）。

（5）通过建立与农作物生长期对应尺度上小波谱顶点与耕地复种指数的映射关系，建立基于小波谱顶点的耕地复种指数遥感监测方法。所提出的研究思路与策略具有很好的理论基础与方法依据，因此在全国尺度长时序耕地复种指数信息提取中得到很好的应用，总体精度大于 90%。

基于所设计的耕地复种指数遥感监测方法，获得了 1982～2013 年全国耕地复种指数逐年时空连续分布数据集。结果表明，20 世纪末全国耕地复种指数呈显著上升趋势，从 1982 年的 1.30 上升到 1999 年的 1.47。20 世纪八九十年代，全国耕地复种指数明显提升，70%以上归功于黄淮海区大面积耕地实现从单熟制向双熟制转换。全国单熟制比例从 80 年代平均 61%下降为 90 年代的 56%；全国双熟制比例从 80 年代平均 35%提升为 90 年代的 40%。

21 世纪以来，全国耕地复种指数总体趋于平稳，在[1.32，1.42]之间波动，平均为 1.36。2001～2013 年，全国单熟制比例平均约为 56%，在 53%～61%之间波动，而双熟制平均约为 36%，在 32%～39%之间波动。三熟制种植比例很小，21 世纪初，三熟制种植比例为 2%～3%。休耕地占耕地的比例略高于三熟制比例。21 世纪初，三熟制种植模式占耕地的比例为 4%～9%，年际变异性较大。

采用 Sen 氏斜率方法结合曼-肯德尔显著性检验开展时序趋势分析结果表明，1982～1999 年，5.48%耕地复种指数显著增加，仅有 0.37%耕地复种指数显著下降。20 世纪末耕地复种指数显著增加，70%以上来源于黄淮海区耕地从单熟制到双熟制的转换，并且集中发生在 20 世纪 80 年代。2001～2013 年，耕地复种指数显著增加和显著减少的区域分别占全国耕地面积的 3.68%和 3.01%。其中，耕地复种指数显著增加的区域主要分布在黄土高原区和西南区。21 世纪初，耕地复种指数显著增加，除约一半（53%）源自单熟制变为双熟制外，37%归功于从休耕地变为单熟制。耕地复种指数显著减少的区域绝大部分（78%）源自双熟制-单熟制变化模式，集中发生在长江中下游区。

第6章　基于极差比指数的水稻制图方法

　　及时准确掌握农作物空间分布信息，对于确保国家粮食安全至关重要。水稻作为我国最主要的粮食作物之一，在粮食生产中占有重要地位。快速自动监测水稻的空间分布范围具有重要意义。建立高精度水稻遥感监测方法，需要合理应对数据噪声以及不同地区遥感指数值域范围存在差异性等各种因素的干扰（Gumma et al.，2015；Peng et al.，2011）。本章综合考虑植被物候与地表湿度变化，设计了一种基于极差比指数的水稻制图方法（combined consideration of vegetation phenology and surface water variation，CCVS，简称极差比方法）（Qiu et al.，2015，2016d）。该方法基于植被指数与水体指数时序数据集，通过分析发现水稻在分蘖期到抽穗期内水体指数变化幅度不同于其他农作物的特征，建立极差比指数，进行水稻自动制图。将所建立的 CCVS 水稻制图方法用于中国东南九省一市水稻时空分布遥感动态监测，探索 21 世纪初中国东南地区水稻分布时空演变规律。

6.1　研　究　背　景

　　水稻是一半以上世界人口的主要粮食作物（Park et al.，2018；Tornos et al.，2015；Zhang et al.，2018）。及时获得水稻种植分布及其动态变化信息，对于粮食安全和环境可持续发展非常重要（Gumma et al.，2014；Huismann et al.，2015；Qin et al.，2015）。基于时序遥感影像的水稻制图方法可以大致分为以下 3 种类型：其一，利用光谱匹配技术或年内植被指数时序曲线相似性进行农作物制图（Sun et al.，2009）。该方法难以应对由气候、地形、不同年份等引起的植被指数类内异质性的挑战。其二，基于植被指数和水体指数的差值法（subtraction-based algorithm，SBA）（Xiao et al.，2002）。该方法依据水稻移栽期需要漫灌导致水体指数（land surface water index，LSWI）急剧升高的特点，将满足 LSWI+T≥NDVI 归一化植被指数（T 为阈值）的像元判断为水稻（Xiao et al.，2002）。该方法设计巧妙，在亚洲、南美洲和地中海区得到广泛应用（Manfron et al.，2012；Sakamoto et al.，2007）。其三，基于 SBA 的若干改进方法。为了消除降水和云干扰等各种不确定性因素的影响，提出了一系列改进策略，如修订阈值（Sun et al.，2009）；进一步约束满足条件的时间范围，如要求 LSWI+T≥NDVI 后 40 天以内，NDVI

数值需要达到最大值的一半（Xiao et al.，2005），如增加水稻移栽期温度条件约束（Zhang et al.，2015）。以上种种策略在很大程度上消除了多分误判现象，但如果出现以下两种情景如农作物收获期植被指数急剧下降、强降水导致水体指数急剧升高，依然难以避免水稻被错分的问题（图 6.1）。

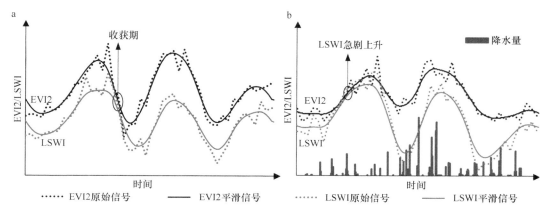

图 6.1　差值法出现误判现象时序曲线示意图
a. 收获期植被指数急剧下降；b. 降水导致水体指数迅速增加

6.2　方法思路与指标设计

　　水稻的生长过程，包括移栽期、分蘖期、抽穗期和成熟期等农作物物候期。有别于其他农作物，水稻在移栽时通常需要漫灌。因此，水稻的植被指数和水体指数的变异性独具特色。水稻在移栽-分蘖期间，水田部分为水体覆盖，因此，此时水体指数数值偏高，植被指数数值比其他农作物低。但随着水稻不断生长分蘖直到抽穗期，水稻田通常完全被水稻覆盖，植被指数数值和其他农作物一样处于高位，因此水稻在分蘖到抽穗期间植被指数增量通常大于其他农作物、水体指数增量小于其他农作物（图 6.2a）。

　　旱作农作物，从分蘖到抽穗期间水体指数与植被指数变化节奏基本同步：从农作物播种出苗、分蘖到抽穗期间，农作物生长越来越茂盛，植被指数和水体指数均同步迅速增加并达到峰值（图 6.2b）。其原因在于，水体指数表征了地表含水量变化，而旱作农作物土壤含水量相对稳定，因此水体指数的变化特征主要揭示了农作物植株含水量变化特征，与农作物覆盖密度和生长状况密切相关。因此，可以基于农作物关键物候期植被指数与水体指数变化特征，构建综合考虑物候期和地表含水量变化的特征指标，建立水稻制图方法。

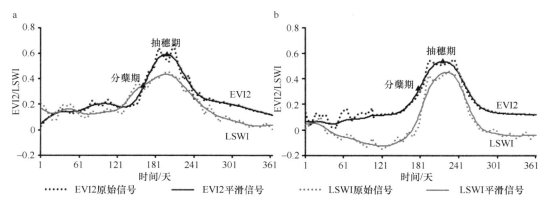

图 6.2　EVI2 和 LSWI 时序信号

a. 单季稻；b. 单季玉米

　　CCVS 水稻制图方法的设计思路图见图 6.3。首先，逐像元动态确定农作物关键物候期。水稻和其他农作物的差异性体现在从移栽、分蘖到抽穗这段时间内。然后，考虑到水稻的生长期长，而有些农作物生长期比较短，为了避免农作物非生长期遥感指数时序信号的干扰，统一聚焦在农作物分蘖期到抽穗期这段时期内。本研究将农作物分蘖期到抽穗期这段时间简称农作物关键物候期。农作物关键物候期的确定方法简述如下：在每种农作物生长期内，将植被指数时序曲线峰值日期确定为农作物抽穗期；同时依据抽穗期，估计农作物分蘖期。一般将抽穗期前 40 天定义为农作物分蘖期。

图 6.3　极差比指数设计图

　　在确定农作物关键物候期的基础上，设计关键物候期时序遥感指标。为了有效地刻画水稻有别于其他农作物的特征，基于农作物关键物候期（分蘖期到抽穗期），分别从两个方面设计时序遥感指标。第一个方面，依据水稻田和种植旱作农作物的农田地表含水量变化，从水体指数时序曲线特征方面设计指标。所设计的指标为农作物关键物候期水体指数极小值（$LSWI_{min}$）。水稻田从移栽、分蘖到抽穗期农田地表湿度持续偏高。种植玉米、小麦等其他农作物的农田，在农作物刚刚出苗时，农田地表湿度很低。虽然地表湿度随着农作物生长不断升高，但分蘖期前后旱地农田的地表湿度依然远远低于水稻田。因此，利用农作物关键物候期水体指数极小值能有效地区分水稻和其他农作物。

　　第二个方面，综合考虑关键物候期内植被指数和水体指数的变异性特征，设计时序遥感指标。所设计的指标为极差比指数（ratio of change amplitude of LSWI to EVI2，RCLE，简称极差比）。从移栽、分蘖直到抽穗期间，水稻田的地表湿度一直都处于高位，水体指数的变化量较小。对于旱作农作物而言，在播种出苗期，农田湿度非常低。随着旱作农作物不断生长分蘖直至抽穗期间，农作物长势越来越茂盛，农田地表湿度不断升高，水体指数也随之迅速升高，因此旱地农田在农作物分蘖到抽穗这段关键物候期水体指数的变化量大。在农作物分蘖到抽穗这段关键物候期内，水稻和旱作农作物植被指数都呈现出迅速上升态势。在抽穗期，水稻和旱作农作物植被指数均达到峰值，此时水稻与旱作农作物的植被指数均为高值。但在分蘖期，水稻与旱作农作物的植被指数略有差异。在水稻分蘖时，水稻田地表为湿润土壤甚至地表水体与水稻的混合物，因此水稻分蘖期植被指数比同处于分蘖期的旱作农作物低。

　　本研究所设计的极差比指数（RCLE），将农作物分蘖期到抽穗期间植被指数和水体指数变异性结合起来。RCLE 为分蘖到抽穗期内水体指数极差与植被指数极差的比值。在农作物分蘖到抽穗这段关键物候期内，分蘖期植被指数最小，抽穗期植被指数达到最大值。为了避免云覆盖或噪声可能引起的植被指数异常低值的干扰，分别直接用分蘖期和抽穗期植被指数表示最小值和最大值。在农作物分蘖到抽穗这段关键物候期内，植被指数的极差（Cv）和水体指数的极差（Cw）分别见图 6.3。RCLE 的计算公式如下：

$$RCLE = \frac{LSWI_{max} - LSWI_{min}}{VI_h - VI_t} \tag{6.1}$$

式中，$LSWI_{max}$ 和 $LSWI_{min}$ 分别表示农作物分蘖-抽穗关键物候期内水体指数（LSWI）的最大值和最小值；VI_h 和 VI_t 分别表示农作物抽穗期和分蘖期植被指数（VI）数值。

6.3 CCVS 水稻制图方法

6.3.1 双季稻指标的改进

水稻种植模式包括单季稻、水旱轮作以及双季稻等。不同水稻种植模式存在很大的物候差异。例如，河南南部的单季稻，在 4 月底 5 月初种植，到 8 月底 9 月初收获。江西鄱阳湖平原种植的双季稻，早稻通常在 4 月左右移栽，7 月下旬收割，之后抢种晚稻，晚稻大致在 10 月左右收割。水旱轮作，如江苏的冬小麦和水稻双季种植模式，水稻移栽期取决于上一茬作物收割时间，通常在 7 月初左右。而华南地区水稻和蔬菜双季种植模式由于热带亚热带地区光温条件普遍充足，水稻播种和移栽时间具有很大的灵活性，不同地区水稻物候期并不能一概而论。

洞庭湖和鄱阳湖平原为重要的双季稻生产基地。和其他水稻种植模式所不同的是，双季稻由于抢收抢种，换茬时间非常短，导致晚稻从移栽到抽穗期间植被指数变化幅度相对偏小。双季稻植被指数在关键物候期内的变化特征和其他水稻不一致，因此有必要对双季稻指标设计做出相应的调整改进。在第一季种植水稻的情况下，计算第二季极差比指数（RCLE）时，将第一季分蘖期到第二季抽穗期这段时间作为指标计算依据。具体而言，将极差比指数（RCLE）的分母 Cv 设置为第二季抽穗期植被指数减去第一季分蘖期植被指数，从而避免双季稻抢收抢种导致换茬时所形成的植被指数谷值不明显带来的干扰（图 6.4）。

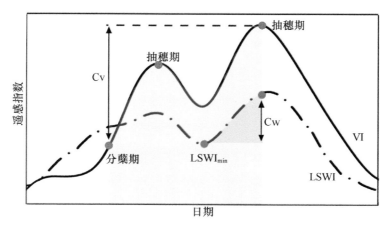

图 6.4 双季稻中第二季 RCLE 指标调整策略

6.3.2　水稻判别规则

首先，逐像元获取耕地复种指数。然后，针对每种农作物生长期检测植被指数峰值，依次获取农作物抽穗期和分蘗期。在农作物分蘗-抽穗关键物候期内，计算所设计的时序遥感指标，即极差比（RCLE）和水体指数最小值（$LSWI_{min}$）。最后，依据这两个指标进行水稻制图。水稻制图判别规则为：当 $LSWI_{min} > \theta_1$ 且 $RCLE < \theta_2$ 时，该像元为水稻，否则为其他作物。其中，阈值 θ_1、θ_2 分别为 0.1 和 0.6。

针对单季农作物，如果满足关键物候期内水体指数最小值（$LSWI_{min}$）大于 0.1，并且极差比（RCLE）小于 0.6，则判定为水稻，否则为其他农作物。针对双季农作物，第一季农作物的制图流程方法与单季农作物一致。所不同的是，双季农作物中第二季农作物的制图流程方法需要依据第一季农作物判别结果而定。如果双季农作物中第一季农作物判别为非水稻，则第二季农作物的制图流程方法与单季农作物一致。如果双季农作物中第一季农作物判别为水稻，则第二季农作物的制图流程方法需要依据双季稻指标设计改进策略进行调整，其判别规则均保持一致。

6.4　21 世纪初我国东南九省一市水稻遥感制图

6.4.1　研究区概况与数据来源

研究区共覆盖九个省和一个直辖市，包括河南省、江苏省、安徽省、湖北省、湖南省、江西省、浙江省、福建省、广东省以及上海市（图 6.5）。研究区内海拔自西向东逐渐升高。研究区水资源丰富，气候适宜，为水稻生产创造了有利条件。洞庭湖平原和鄱阳湖平原更是我国有名的鱼米之乡。2013 年统计年鉴数据表明，研究区内耕地面积为 360 267 km^2，水稻播种面积为 183 022 km^2（htt://www.stats.gov.cn/tjsj/ndsj/）。

时序遥感数据来源于 2001～2013 年 8 天最大化合成 500 m 的 MOD09A1 时序数据集。基于红光（620～670 nm）、近红外（841～875 nm）和短波红外波段（1628～1652 nm），分别计算植被指数 EVI2（Jiang et al.，2008）和水体指数（LSWI）（Xiao et al.，2005）。其他相关数据包括农作物实地调查数据（部分调研照片见附图）、全球土地覆盖数据（Global Land Cover 2000，GLC2000）以及 STRM 90 高程数据。课题组多次前往研究区开展农作物分布情况实地调研，共收集到覆盖整个研究区的 763 个农作物分布点位数据，其中包括 27 个单季稻调研点位、116 个水旱轮作调研点位、302 个双季稻调研点位、318 个其他农作物调研点位（调研点位分布图见图 6.5）。

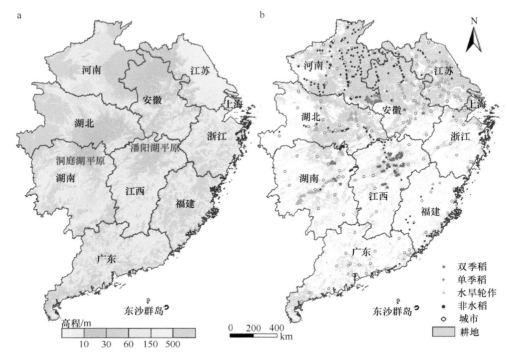

图 6.5   研究区高程和调研点位空间分布图
a. 研究区高程；b. 调研点位

6.4.2   2001～2013 年水稻空间分布图

利用所建立的 CCVS 水稻制图方法，获得 2001～2013 年中国东南地区水稻空间分布图。其中 2001 年、2004 年、2006 年、2009 年和 2013 年中国东南地区水稻空间分布图见图 6.6。从 2001 年水稻分布图可见，双季稻主要分布在湖南、江西两个省份，广东省也有不少耕地种植双季稻。2001 年，双季稻在湖南、江西两省均广泛分布，尤其是在洞庭湖平原和鄱阳湖平原集中分布。2001～2013 年，双季稻种植区域呈明显减少趋势。到 2013 年，湖南、江西两省双季稻种植区域大幅缩减。2001 年曾经广泛分布在湖南、江西两省丘陵山区的双季稻，在 2013 年已经不见踪影。2013 年，广东省已经很少有双季稻分布（图 6.6）。

水旱轮作主要分布在研究区北部的江苏、安徽和湖北 3 个省份。2001 年，江苏省大面积耕地实施水旱轮作，水稻在江苏省南部、中部以及北部广泛分布。但到 2013 年，江苏省南部和北部水稻仅有零星分布，水稻种植面积明显减少。湖北省与江苏省情况类似，2001～2013 年水稻面积明显缩减。例如，2001 年湖北省北部水稻种植区域到 2013 年已经几乎看不见水稻踪影。与江苏省和湖北省相比，安徽省水稻分布面积相对稳定（图 6.6）。

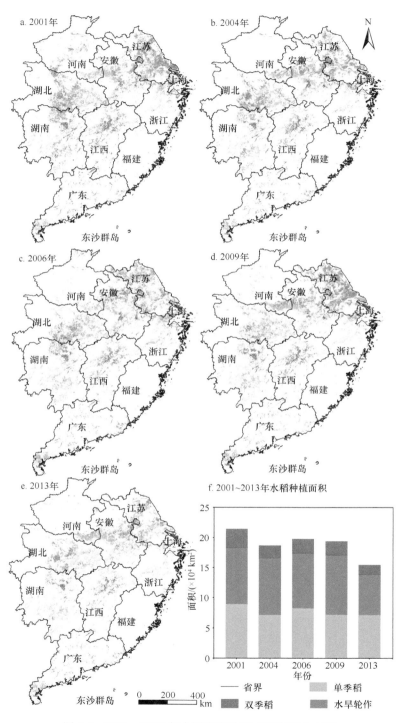

图 6.6　2001～2013 年全国东南地区水稻空间分布图

研究区北部的江苏、安徽和湖北 3 个省份中，除江苏以水旱轮作为主外，其他两个省水旱轮作与单季稻均有较大范围分布。单季稻在研究区各个省份均有分布。2001 年，单季稻在湖北东部、河南南部、安徽中部以及浙江北部呈条带状聚集分布。2001～2013 年，研究区单季稻种植区域略微减少，特别是在 2001 年单季稻集中分布的湖北省东部和浙江省北部明显减少（图 6.6）。

位于研究区北部的河南省，2001 年，曾经有较大面积水稻分布。但从 2004 年开始，河南省水稻主要集中分布在南部区域，其他区域仅有零星分布。广东省以水旱轮作为主，集中分布在广东省西南部。福建省耕地面积少，水稻分布范围也非常小（图 6.6）。

6.4.3　CCVS 水稻制图方法精度评估与验证

基于农作物实地调研点位数据，对研究区水稻分布结果进行精度验证（表 6.1）。所提出的 CCVS 水稻制图方法在中国东南九省一市水稻分布信息遥感监测中取得了很好的应用效果。水稻制图法总体精度达 95.02%，Kappa 系数为 0.9217。验证结果表明，CCVS 水稻制图方法能有效地提取水稻空间分布信息。在 445 个水稻分布点位中，有 419 个被正确识别为水稻；在 318 个其他农作物点位中，有 316 个点位被正确识别为非水稻，生产者精度达 99.37%。所提出的 CCVS 水稻制图方法不仅能合理识别水稻与非水稻，还能有效地区分单季稻、水旱轮作、双季稻等 3 种不同水稻种植模式。特别是双季稻这种特色水稻种植模式，通过同时考虑早稻和晚稻两个生长期内植被指数与水体指数的变异性特征，获得了很高的分类精度。双季稻制图产品获得了大于 95% 的生产者精度和用户精度。单季稻、水旱轮作这两种水稻种植模式的制图产品也都获得了大于 90% 的用户精度。

表 6.1　基于调研点位的 CCVS 水稻制图方法精度验证表

	总计	CCVS 水稻制图方法				
		单季稻/个	水旱轮作/个	双季稻/个	非水稻/个	生产者精度/%
单季稻	27	23	0	0	4	85.19
水旱轮作	116	0	89	7	20	76.72
双季稻	302	0	3	297	2	98.34
非水稻	318	2	0	0	316	99.37
用户精度/%		92.00	96.74	97.70	92.40	

注：总体精度为 95.02%，Kappa 系数为 0.9217

水旱轮作这种双熟制种植模式,生产者精度偏低。表现为,在 116 个水旱轮作调研点位中,有 20 个点位被误判为其他农作物。其原因在于水旱轮作种植模式中的水稻通常生长期比较长,在抽穗期前 40 天到抽穗期期间,植被指数时序曲线的增幅通常略低于单季水稻,因此导致 RCLE 数值略高。被误判为其他农作物的水旱轮作点位中,第二季水稻 RCLE 在 0.65 附近。如果想进一步提高水旱轮作种植模式的遥感监测精度,可以考虑适当调整双熟制种植模式中第二季水稻判别规则公式(6.1)中阈值 θ_2 的数值,或者将公式(6.1)中阈值 θ_2 设置为依据监测到的生长期长度动态调整。不过如此一来,会增加 CCVS 水稻制图方法的复杂度。

6.5　21 世纪初我国东南九省一市水稻分布格局时空演变分析

6.5.1　2001～2013 年我国东南九省一市水稻种植面积变化特征

研究区水稻面积统计结果表明(表 6.2),2001～2013 年中国东南地区水稻种植面积总体上以缩减为主。研究区水稻总种植面积从 2001 年约 21.5 万 km^2 缩减到 2013 年约 15.5 万 km^2,水稻种植面积缩减了 28.04%。研究区水稻种植面积缩减态势显著年份集中在 2001～2004 年及 2009～2013 年。研究区水稻种植面积在 2004～2009 年基本持平,2006 年略有上升趋势后回落。研究区水稻总播种面积从 2001 年约 25 万 km^2 缩减为 2013 年约 17 万 km^2,水稻播种面积下降了 30.65%。播种面积缩减态势显著年份同样集中在 2001～2004 年及 2009～2013 年(表 6.2)。

在 2001～2013 年,虽然水稻种植面积和播种面积分别下降 28.04% 和 30.65%,但不同水稻种植模式(双季稻、水旱轮作、单季稻)种植面积变化幅度差异显著(表 6.2)。其中种植面积变化幅度最大的为双季稻,从 2001 年约 3.2 万 km^2 急剧下降为 2013 年约 1.7 万 km^2,降幅将近 50%(48.13%)。单季稻的种植面积降幅相对较小,2001～2013 年,种植面积从约 8.9 万 km^2 下降为约 7.1 万 km^2,降幅约为 20%(19.85%)。2001 年,双季稻、水旱轮作、单季稻等 3 种水稻种植模式中,水旱轮作的种植面积最大(约 9 万 km^2),但到 2013 年种植面积最大的为单季稻(约 7 万 km^2)。单季稻种植面积的缩减幅度相对较小,与双季稻和水旱轮作变化态势所不同的是,2009～2013 年单季稻种植面积基本保持平衡,维持在 7.1 万 km^2 水平(表 6.2)。2001～2013 年,在 3 种不同的水稻种植模式中,单季稻的比重逐渐提升(从约 41% 增加到 46%),水旱轮作的比重基本持平(43%～44%),双季稻的比重最小并且持续下降(从约 15% 下降为约 11%)。

表6.2　2001～2013年研究区水稻种植面积统计表　　（单位：km^2）

	年份	湖北	安徽	湖南	河南	江西	江苏	浙江	广东	上海	福建	合计
单季稻种植面积	2001	23 397	15 404	14 699	8 855	8 103	7 076	6 388	2 633	1 167	1 231	88 953
	2004	14 133	13 090	15 529	4 822	8 769	4 857	5 180	2 453	1 416	988	71 237
	2006	18 430	11 677	16 733	5 246	10 970	4 300	8 524	3 510	1 375	1 465	82 230
	2009	18 118	11 180	14 138	7 760	7 117	3 212	5 650	2 670	664	988	71 497
	2013	15 898	14 813	13 534	7 421	8 374	3 682	3 265	2 629	701	978	71 295
水旱轮作种植面积	2001	15 754	12 390	5 275	7 299	3 679	30 158	4 793	11 320	1 529	1 558	93 755
	2004	19 745	16 640	5 916	3 269	5 270	25 247	4 566	10 717	922	1 576	93 868
	2006	12 628	19 801	5 893	4 487	2 849	28 467	4 016	11 022	937	1 401	91 501
	2009	11 062	17 106	5 140	5 348	4 124	38 426	3 620	11 241	1 029	1 493	98 589
	2013	11 192	11 341	5 562	2 385	3 251	16 799	3 175	10 938	498	1 475	66 616
双季稻种植面积	2001	1 312	994	10 701	54	10 916	52	1 636	5 187	55	1 157	32 064
	2004	1 351	1 670	6 192	8	6 243	136	1 524	4 239	125	463	21 951
	2006	1 631	1 507	6 481	107	7 576	196	1 264	4 963	85	599	24 409
	2009	1 192	1 439	7 717	60	8 799	182	463	3 681	21	295	23 849
	2013	904	703	3 876	45	5 806	154	1 067	3 593	82	401	16 631
水稻种植面积	2001	40 463	28 788	30 675	16 208	22 698	37 286	12 817	19 140	2 751	3 946	214 772
	2004	35 229	31 400	27 637	8 099	20 282	30 240	11 270	17 409	2 463	3 027	187 056
	2006	32 689	32 985	29 107	9 840	21 395	32 963	13 804	19 495	2 397	3 465	198 140
	2009	30 372	29 725	26 995	13 168	20 040	41 820	9 733	17 592	1 714	2 776	193 935
	2013	27 994	26 857	22 972	9 851	17 431	20 635	7 507	17 160	1 281	2 854	154 542
水稻播种面积	2001	41 775	29 782	41 376	16 262	33 614	37 338	14 453	24 327	2 806	5 103	246 836
	2004	36 580	33 070	33 829	8 107	26 525	30 376	12 794	21 648	2 588	3 490	209 007
	2006	34 320	34 492	35 588	9 947	28 971	33 159	15 068	24 458	2 482	4 064	222 549
	2009	31 564	31 164	34 712	13 228	28 839	42 002	10 196	21 273	1 735	3 071	217 784
	2013	28 898	27 560	26 848	9 896	23 237	20 789	8 574	20 753	1 363	3 255	171 173

　　从分省份统计结果来看，双季稻主要分布在湖南和江西（表6.2）。其中，2001年湖南、江西两省双季稻约占整个研究区双季稻的2/3（67.42%）。湖南、江西两省双季稻均呈大幅缩减态势。2001～2013年，双季稻种植面积下降最多的省份为湖南省，从2001

年的超 1 万 km^2 急剧缩减为 2013 年不足 4000 km^2，降幅超过 60%。湖南省降幅最明显的时段发生在 2001～2004 年，下降了将近 4000 km^2，3 年间降幅达 42%左右。江西省双季稻种植面积也大幅缩减了约 5000 km^2，降幅达 46.81%。其他大部分省份双季稻都呈现出锐减趋势，其中降幅超过 30%的省份还有福建省和浙江省。

水旱轮作主要分布在江苏省、湖北省、安徽省和广东省（表 6.2），这 4 个省份 2001 年水旱轮作种植面积均在 1 万 km^2 以上。其中，2001 年江苏省水旱轮作面积远远高于其他省份，达 3 万 km^2 以上，为排名第二的湖北省的将近 2 倍。水旱轮作面积下降最为明显的省份是江苏省，2013 年面积下降为约 1.7 万 km^2，降幅达 44%，集中发生在 2009～2013 年。

单季稻主要分布在湖北、安徽和湖南 3 个省份（表 6.2）。2001 年，三省单季稻约占研究区单季稻种植面积的 60%，其中湖北省单季稻种植面积遥遥领先。2001～2013 年，单季稻面积下降最多的省份为湖北省，从 2001 年的约 2.3 万 km^2 下降为 2013 年的约 1.6 万 km^2，集中发生在 2001～2004 年。此外，江苏、浙江两省单季稻缩减幅度最为明显，降幅约为 50%（48%～49%），两省单季稻种植面积分别下降超 3000 km^2。

6.5.2　不同海拔区间水稻缩减面积变化特征

为了更深入地理解水稻种植面积持续缩减的空间分布格局，进一步探索水稻种植缩减面积随海拔梯度演变规律。按照区间内水稻种植面积大致等分原则，将研究区划分为 5 个海拔区间：<10 m、10～30 m、30～60 m、60～150 m、>150 m。基于不同海拔区间，依次统计不同研究时段内水稻缩减面积分布情况。研究表明，水稻缩减面积与海拔梯度密切相关。在 4 个不同研究时段内（2001～2004 年、2004～2006 年、2006～2009 年、2009～2013 年），大于 150 m 以上海拔区间水稻缩减面积均明显低于其他较低海拔区间。水稻缩减面积集中发生在 150 m 以下的海拔区间内。尤其是 2009～2013 年，水稻缩减面积与海拔呈现负相关关系：海拔越低的区域，水稻缩减面积越大（图 6.7）。

6.5.3　水稻空间分布重心演变轨迹分析

由于研究区水稻空间分布及其不同种植模式的动态变化，研究区水稻重心轨迹也呈现曲折的变化特征。2001～2013 年，研究区水稻重心位置从江西瑞昌（29°36′N，115°32′E）迁移到江西德安（29°48′N，115.42°E），总体上朝西南方向推进了 23.85 km。研究区水稻重心变化轨迹复杂，2001～2006 年重心逐渐东移，2006～2009 年，水稻重心调整为向东北方向移动，2009～2013 年，水稻重心完全改变方向，急速朝着西南方向折回。由于 2009～2013 年水稻重心变化幅度大，2001～2013 年水稻重心总体朝着西南方向偏移（图 6.8）。

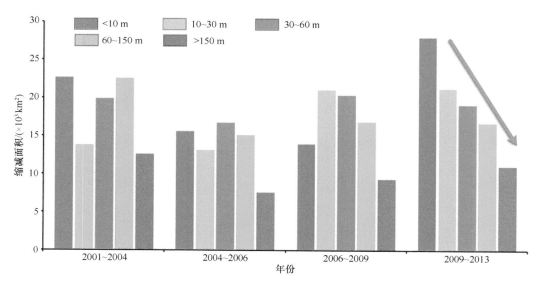

图 6.7　2001～2013 年不同海拔区间水稻缩减面积图

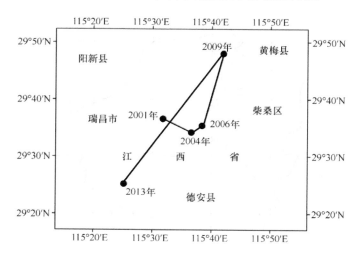

图 6.8　2001～2013 年水稻分布重心轨迹演变图

6.5.4　水稻缩减或扩展变化模式分析

逐像元探索研究区水稻面积缩减-扩张态势，以及研究区不同水稻种植模式（单季稻、水旱轮作、双季稻）之间的变化规律。首先，逐像元探索 2001～2013 年研究区水稻面积缩减-扩张态势。为了涵盖研究区历年水稻种植区域，选取 2001～2013 年历年曾经种植水稻的所有区域，作为分析水稻种植面积扩展或缩减模式分析的基础。在 2001～

2013 年历年曾经种植水稻的区域内，大约 1/3 区域水稻种植强度保持不变（35%，面积为 91 176 km²）；约一半区域水稻种植强度减弱（播种面积缩减）（46%，面积为 117 518 km²）；水稻种植强度增强的区域（水稻播种面积增加）约为 19%，面积为 49 448 km²（图 6.9）。

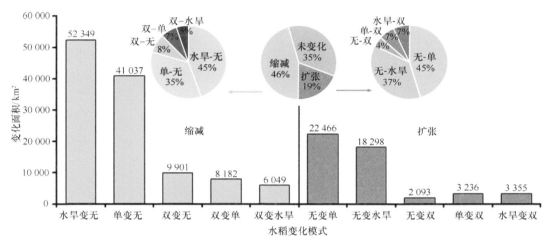

图 6.9　2001～2013 年研究区水稻种植模式变化情况图
无、单、双、水旱分别表示非水稻、单季稻、双季稻、水旱轮作

在水稻缩减区域，主要变化形式为水旱轮作、单季稻变为非水稻，分别各约占水稻缩减面积的 45% 和 35%（图 6.9）。2001 年，52 349 km² 的水旱轮作和 41 037 km² 的单季稻区域到 2013 年已经不再种植水稻。除此之外，水稻缩减形式还包括双季稻变为非水稻、单季稻、水旱轮作，分别约占研究区水稻缩减面积的 8%、7% 以及 5%。在 2013 年，9901 km² 的非水稻、8182 km² 的单季稻和 6049 km² 的水旱轮作由 2001 年的双季稻转换而来。

在水稻扩展区域，主要变化形式为非水稻变为单季稻、水旱轮作，分别各约占水稻扩展面积的 45%、37%。2013 年，22 466 km² 单季稻和 18 298 km² 水旱轮作区域在 2001 年并未种植水稻。除此之外，水稻扩展形式还有水旱轮作变为双季稻、单季稻变为双季稻以及非水稻变为双季稻等，各自约占水稻扩展面积的 7%、7%、4%。

6.6　水稻种植密度与种植强度的演变分析

6.6.1　逐年水稻种植密度与累计种植密度的计算

为了更深入地探讨 21 世纪初期研究区水稻分布范围及其不同水稻种植模式的时空演变规律，分别设计了水稻种植密度和种植强度两个指标。水稻种植密度用于衡量水稻作为农作物在耕地区域覆盖比例情况。水稻种植密度又包括某个年份水稻种植密度和累计种植密度两种情况。某个年份水稻种植密度的计算公式为：水稻种植密度=水稻分布面积/耕地面积×100%。累计种植密度的计算公式为：累计水稻种植密度=历年曾种植水稻分布区域面积/耕地面积×100%。其中，历年曾种植水稻分布区域面积，为2001年、2004年、2006年、2009年和2013年历年曾经有水稻分布所有栅格单元面积汇总。如果某个栅格单元在2001年、2004年、2006年、2009年和2013年存在多个年份种植水稻的情况，面积不重复统计，仅仅统计一次。因此，研究区历年曾种植水稻分布区域面积，有别于历年水稻种植面积汇总。累计水稻种植密度，不是每年水稻种植密度的之和，而是揭示水稻种植区域全集的分布情况。通过计算研究区累计水稻分布密度，能巧妙地追溯研究区水稻分布足迹。同时逐一计算不同年份研究区水稻种植密度，其计算公式与2001~2013年水稻种植密度类似。所不同的是，将历年曾种植水稻分布区域面积，调整为该年份水稻分布区域面积。

6.6.2 水稻种植密度的演变分析

基于研究区市域单元，统计历年种植水稻区域分布情况，计算研究区累计水稻种植密度（图6.10，表6.3）。研究结果表明，2001～2013年，中国东南九省一市一半以上耕地区域（55.20%）曾经种植水稻，面积达321 793 km²。研究区北部的湖北省、安徽省、江苏省三省，累计水稻种植密度非常高，平均达 70.99%。即湖北省、安徽省、江苏省三省2/3以上耕地曾经种植水稻。尤其是江苏省，水稻种植密度大于80%（81.27%），即江苏省4/5以上耕地曾经有水稻分布。此外，湖南省、江西省、浙江省三省和上海市累计水稻种植密度也都在50%以上。广东省累计水稻种植密度也接近50%。在研究区所有省份中，河南省和福建省累计水稻种植密度明显低于平均水平，不足30%。

2001年，研究区1/3左右（36.88%）耕地种植水稻（表6.3）。2001年，不同省份水稻种植密度差异性显著。上海市、江苏省、湖北、湖南、江西5个省（市）中水稻作为主要农作物，约一半耕地种植水稻（47%～56%）。除此之外，2001年浙江省水稻种植密度也大于40%。广东和安徽两个省份略低于研究区平均水平，2001年约1/3耕地种植水稻（33%～37%）。福建和河南两个省份水稻种植密度最低，不足20%耕地（14%～18%）种植水稻。

2013年，研究区仅剩1/4耕地种植水稻，水稻种植密度为26.52%（表6.3）。2013年，不同省份之间水稻种植密度的差异性和2001年相比大幅减少。2013年水稻种植密度除福建和河南小于13%外，其他省份为25%～36%。其中，湖南、江西两省略高于其他省份。2001年水稻种植密度非常高的江苏省，到2013年不足30%耕地种植水稻。2001～2013年，大部分省份水稻种植密度大幅下降，安徽和广东两省水稻种植密度下降幅度相对较小，稳定在31%～37%。

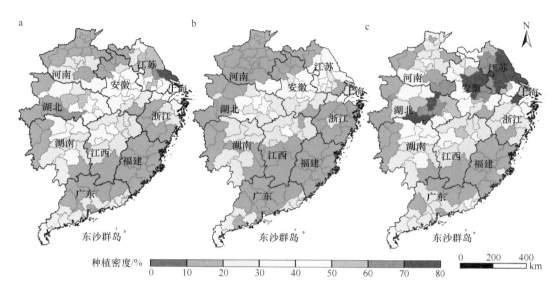

图 6.10　2001 年（a）、2013 年（b）以及历年累计（c）水稻种植密度空间分布图

表 6.3　2001～2013 年研究区水稻种植密度统计表

地区	耕地面积/km²	2001～2013 年累计水稻种植面积/km²	2001～2013 年累计水稻种植密度/%	2001 年水稻种植密度/%	2013 年水稻种植密度/%
研究区	582 974	321 793	55.20	36.88	26.52
鄂皖苏	245 413	174 230	70.99	43.40	30.75
湘赣	112 501	64 665	57.48	47.44	35.91
江苏	75 536	61 385	81.27	49.34	27.31
湖北	83 506	58 724	70.32	48.43	33.51
浙江	29 898	19 173	64.13	43.29	25.11
安徽	86 371	54 122	62.66	33.33	31.09
湖南	63 746	36 774	57.69	48.11	36.03
江西	48 755	27 892	57.21	46.56	35.76
广东	52 162	25 424	48.74	36.86	33.05
河南	115 856	29 382	25.36	14.01	8.51
上海	4 930	3 697	74.98	56.10	26.00
福建	22 214	5 221	23.50	17.94	12.89

6.6.3 水稻种植强度的演变分析

水稻种植强度用于揭示一年内种植水稻的次数。水稻种植强度的计算公式为：水稻种植强度＝（单季稻面积×1+水旱轮作面积×1+双季稻面积×2）/（单季稻面积+水旱轮作面积+双季稻面积）。基于研究区市域单元，计算 2001 年、2004 年、2006 年、2009 年和 2013 年研究区水稻强度，并统计历年研究区平均种植强度。结果表明，2001 年，湘赣两省虽然累计种植密度略低于苏皖鄂三省，但其种植强度远高于其他省份，尤其是在洞庭湖平原和鄱阳湖平原。湘赣两省种植强度高，但研究区时段内其种植强度下降幅度也明显（图 6.11，表 6.4）。除湘赣两省外，闽粤两个省份水稻种植强度略高于其他省份，接近 1.3（1.27～1.29）。但与广东省有所不同的是，2013 年福建省水稻种植强度明显下降。2001～2013 年，广东省水稻种植密度和强度均比较稳定。

6.6.4 不同海拔区间水稻种植密度与种植强度演变规律

基于研究区不同海拔梯度区间水稻种植密度逐年变化图（图 6.12），研究表明，随着海拔梯度上升，水稻种植密度逐渐降低。研究区内，低海拔区间水稻种植密度更高。例如，2001 年，小于 10 m 的低海拔区间水稻种植密度接近 60%；而大于 150 m 以上海拔区间，2001 年水稻种植密度为 22%。2001～2013 年，研究区种植密度呈逐渐下降趋势，其中低海拔区间水稻种植密度下降幅度最大。例如，小于 10 m 的低海拔区间，水稻种植密度缩小约一半，从 58% 下降为 30%，即 2001 年曾经一半以上耕地种植水稻，但到 2013 年仅剩 30% 耕地种植水稻。10～30 m 海拔区间内，水稻种植密度缩减也较为明显，从 2001 年的 44% 缩减为 2013 年的 33%。在大于 30 m 以上海拔区间内，水稻种植密度均小于 40% 并且年际变化也比较小。例如，大于 150m 以上海拔区间，水稻种植密度从 22% 下降为 17%。随着低海拔区间内水稻种植密度明显下降，不同海拔区间内水稻种植密度差异逐渐缩小。由于优势海拔区间水稻种植密度大幅度缩减，水稻种植从最初的聚集分布逐渐变为更加分散分布。到 2013 年，小于 150m 以下的 4 个海拔区间，水稻种植密度并无明显差异，均约为 30%（27%～33%）耕地种植水稻。

与水稻种植密度有所不同的是，水稻种植强度在低海拔区域反而更低。例如，小于 10 m 的海拔区间，水稻种植强度在 2001～2013 年一直都是最低的，不超过 1.07，年际变化不大。2001 年，60～150 m 海拔区间内水稻种植强度最高，达 1.24。2001～2013 年，大部分海拔区间内水稻种植强度逐渐减弱，只有 10～30 m 海拔区间水稻种植强度逐渐略微增强，从 2001 年排名第四上升为 2013 年排名第一，为 1.16。因此，水稻种植强度优势海拔区间从最初的 60～150 m 海拔区间变为 10～30 m 海拔区间。

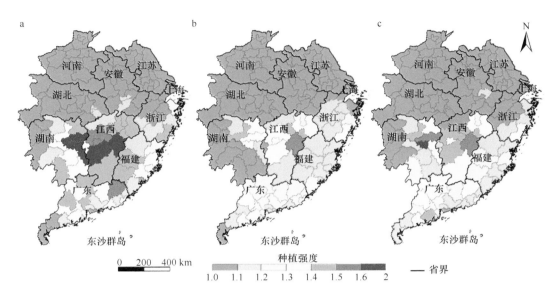

图 6.11　水稻种植强度空间分布图

a. 2001 年；b. 2013 年；c. 历年平均

表 6.4　2001～2013 年研究区水稻种植强度统计表

地区	历年水稻平均种植强度	2001 年水稻种植强度	2013 年水稻种植强度
研究区	1.13	1.15	1.11
鄂皖苏	1.03	1.02	1.02
湘赣	1.31	1.41	1.24
湖南	1.25	1.35	1.17
江西	1.39	1.48	1.33
广东	1.24	1.27	1.21
福建	1.18	1.29	1.14
浙江	1.11	1.13	1.14
安徽	1.04	1.03	1.03
湖北	1.04	1.03	1.03
河南	1.00	1.00	1.00
江苏	1.00	1.00	1.01
上海	1.03	1.02	1.06

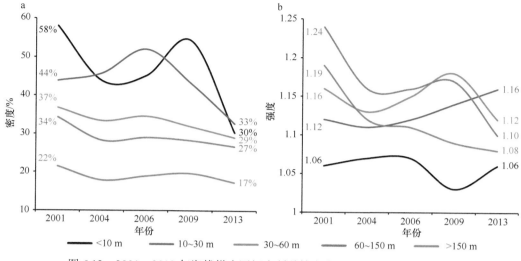

图 6.12　2001～2013 年海拔梯度区间水稻种植密度（a）和种植强度（b）

6.7　结　论

　　本章通过锁定农作物分蘖-抽穗关键物候期，利用水稻田水体指数变化幅度小、植被指数变化幅度大的特征，设计极差比指数，同时考虑到水稻田水体指数持续偏高，进一步设计关键物候期植被指数最小值指标。所设计用于水稻制图的时序遥感指标，综合考虑农作物从分蘖到抽穗关键物候期内植被生长与地表湿度变异性特征，而非某个时刻遥感影像特征，能有效地避免降水、数据噪声以及区域与年际变化带来的不确定性问题。所建立的 CCVS 水稻制图方法，在中国东南九省一市（河南、江苏、安徽、湖北、湖南、江西、浙江、福建、广东、上海）水稻制图研究中获得了大于 90% 的总体精度。

　　研究结果表明，2001～2013 年，中国东南九省一市水稻分布呈现出如下空间格局及其演变规律：①中国东南地区 21 世纪以来水稻播种面积锐减 31%，其中双季稻面积减少了将近一半；②水稻种植面积锐减的年份集中在 2001～2004 年以及 2009～2013 年；③在 3 种水稻种植模式中，单季稻比重最高并且持续提高（41%～46%），水旱轮作比重保持稳定（43%～44%），而双季稻比重最小并且持续下降（11%～15%）；④水稻种植强度与种植密度具有明显的海拔梯度格局，表现为水稻种植强度随着海拔升高而增强，水稻种植密度随着海拔升高而减弱的态势，但这种海拔梯度格局正逐渐减弱。

第 7 章　基于数据可获得性的自适应水稻制图方法

所建立的 CCVS 水稻制图方法，基于 8 天最大化合成的 MODIS 时间序列数据集，在 21 世纪初中国东南九省一市逐年水稻制图中取得了很好的应用效果。但鉴于 MODIS 影像空间分辨率较低，如何进一步拓展应用到中高分辨率时序遥感影像成为关键技术瓶颈问题。遥感影像的时间分辨率和空间分辨率通常难以兼顾，随着空间分辨率的提高，时间分辨率往往下降，导致农作物生长期内遥感影像的有效观测数据减少。同时云干扰、条带问题以及其他原因导致数据缺失，使遥感影像的数据可获得性（data availability）欠佳，给基于植被物候的农作物时序遥感制图方法带来挑战。本章为了应对这一技术瓶颈，建立了一种基于数据可获得性的自适应水稻制图方法（Adaptive paddy Rice Mapping Method，ARMM）。通过分区分层策略，依据数据可获得性将研究区划分为非干扰区和干扰区，在数据可获得性良好的非干扰区，利用基于对象的 CCVS 水稻制图方法提取水稻分布信息，在干扰区，利用 CCVS 水稻制图方法获得非干扰区水稻分布信息，作为机器学习算法的训练数据并自动选取影像特征，用于受干扰区域水稻的自动识别。

7.1　研究背景

目前最具代表性的水稻制图方法是通过评估水稻移栽期的植被指数与水体指数的差异性提出的（Clauss et al.，2017；Xiao et al.，2005）。本书上一章所提出的 CCVS 水稻制图方法，在 MODIS 时序数据集中取得了较好的应用效果（Qiu et al.，2016d）。但鉴于 MODIS 的空间分辨率较低，如何将 CCVS 水稻制图方法推广应用到更高分辨率的时序遥感影像成为拓展应用的关键所在。Landsat 影像不仅数据时间跨度长，而且数据质量可靠并且免费开放获取，在资源环境遥感领域得到了很好的应用。本章将探讨如何将 CCVS 水稻制图方法推广应用到 Landsat 时序遥感影像。为此，需要解决的问题是，中高分辨率时序遥感影像数据可获得性降低，基于植被物候的农作物遥感制图方法如何有效推广应用。

在土地利用/覆盖分类领域，数据处理、集成和解译等耗费大量时间，且分类过程复杂烦琐，急需高精度自动制图方法（Rogan et al.，2008）。随机森林（random forest）等机器学习方法越来越受到重视，得到广泛应用（Belgiu and Drăguţ，2016；Yan and Roy，

2015）。但应用于大尺度制图时，所需的大量训练样本数据通常难以获取（Knorn et al., 2009）。

总之，时序遥感分类方法在应用到中高分辨率遥感影像和多云区域时，通常面临数据可获得性差从而导致时序信号不完整的严峻挑战。人工智能算法在遥感信息提取应用时，无法避免快速自动获取训练数据、影像质量参差不齐等一系列问题。本章所提出的基于数据可获得性的自适应水稻制图方法，有望为新型时序遥感监测技术和人工智能算法的深入应用开拓新思路。

7.2 研究区概况及数据来源

7.2.1 研究区概况

研究区位于 44°58′3.81″N～47°05′10.44″N，124°50′35.24″E～128°04′0.27″E。地处松嫩平原，松花江流经中部，北部有通肯河，南部为阿什河（图 7.1）。分别覆盖黑龙江省哈尔滨市、绥化市、大庆市以及吉林省松原市。东部分布少量林地，城镇主要分布在研究区中东部地区，西部主要为湿地和草地。研究区的平均降水量为 440～550 mm，降水主要集中在 6～9 月。年均温为 4.0℃左右，最冷月平均气温为−18.5℃，极端最低气

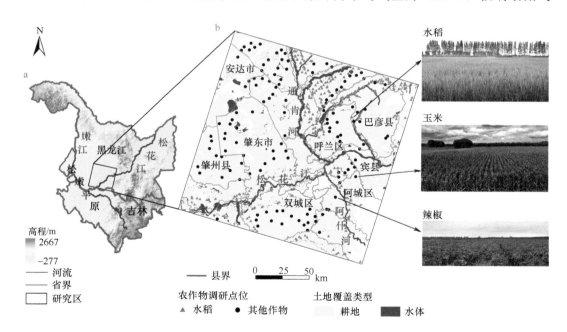

图 7.1 研究区地理位置（a）、研究区耕地和调研点位（b）分布图

温为−39.2℃；最热月平均气温为 23.3℃，极端最高气温达 39.8℃，年无霜期为 120～140
天。土壤类型主要为黑土，土壤养分含量丰富。

7.2.2　数据来源与数据预处理

所采用的时序遥感数据为 2015 年 Landsat 8 时序遥感影像（列/行：118/028），全年
共 23 期。数据下载网址为 http://earthexplorer.usgs.gov/。研究区 Landsat 时序遥感影像，
每景数据云含量情况见图 7.2。针对每景 Landsat 影像，计算 EVI2 指数和 LSWI 指数
（Jiang et al.，2008；Xiao et al.，2005），并利用 WS（Whittaker smoother）平滑（Eilers，
2003）方法，建立平滑的 EVI2 和 LSWI 年内时序曲线。

图 7.2　2015 年研究区 Landsat 影像云量分布图

耕地空间分布数据来自 2010 年 30 m GlobeLand30 土地利用/覆盖数据集（http://
www.globallandcover.com/）。采用 Planet 影像目视解译获得水稻空间分布图，进行方法

精度评估与验证。参考点位数据主要通过农作物分布实地调查获得,同时借助 Google Earth 影像补充居民地、河流等非耕地点位。共收集 2827 个参考点位(部分调研照片见附图),其中水稻点位 1307 个,其他地物点位 1520 个。为了研究需要,将这些农作物点位分成 3 组:第一组用于精度评估(随机选取 473 个点位);第二组用于计算光谱可分离性(随机选取 395 个点位);第三组用于 CCVS 水稻制图方法的适用性评估(1432 个点位)。

7.3 ARMM 方法

本章所建立的 ARMM 方法,具体包括如下步骤(图 7.3):①在不同数据可获得性情景下,CCVS 水稻制图方法的适用性和不确定性评估;②自适应特征选取;③分区和对象提取;④自适应水稻制图;⑤精度评估。首先,采用 Fmask 检测方法,识别研究区 Landsat 影像的云/云阴影。然后,利用 JM 距离评估不同数据可获得性情景下 RCLE 指标的光谱分离度,从而对 CCVS 水稻制图方法适用性和不确定性进行评估,进而逐像元依据其数据可获得性情况对研究区进行分区。针对数据可获得性良好的非干扰区,结合面向像元和对象的 CCVS 水稻制图方法提取水稻分布信息。针对数据可获得性欠佳的干扰区,借助非干扰区水稻分布信息提取成果,利用机器学习方法进行水稻制图。最终实现基于数据可获得性的自适应水稻制图。

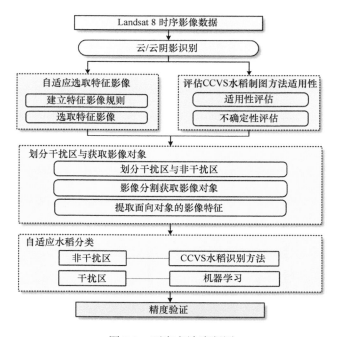

图 7.3 研究方法流程图

7.3.1　CCVS 水稻制图方法适用性和不确定性评估

7.3.1.1　CCVS 水稻制图方法适用性评估

CCVS 水稻制图方法在 8 天 500 m MODIS 时序数据集的应用效果已经得到充分证实（Qiu et al.，2016d）。CCVS 水稻制图方法通过锁定水稻从分蘖到抽穗这段关键物候期，依据关键物候期内水体与植被变化情况设计指标。具体实施策略为：依据植被指数时序曲线峰值日期确定水稻抽穗期，将水稻抽穗期前 40 天确定为水稻分蘖期。所采用的 40 天间隔，刚好与 MODIS 时序影像数据集的时间分辨率（8 天）相匹配。但 40 天间隔和 16 天重复往返的 Landsat 时序遥感影像并不匹配。因此，将与 Landsat 时序影像步长整数倍的 32 天和 48 天同步进行分析评估。

首先直观地评估 CCVS 水稻制图方法中所设计的关键指标之一极差比指数（RCLE），即在分蘖至抽穗期间 LSWI 与 EVI2 的变幅比值。分别选取水稻和玉米这两种大宗农作物，分析不同农作物基于 Landsat 8 时序影像的 EVI2、LSWI 时序曲线图（图7.4）。由图可知，在分蘖期至抽穗期这一关键物候期内，水稻的 RCLE 比玉米数值明显偏低，而且水稻的 $LSWI_{min}$ 明显高于玉米。由此推测，利用 CCVS 水稻制图方法，完全可以开展基于 Landsat 时序数据集的水稻分布信息提取，进而依据随机选取的 1432 个地面参考点位数据，全面评估 CCVS 水稻制图方法的适用性。结果表明，将分蘖期确定为抽穗期前 40 天时，RCLE 指标的光谱分离度最为理想，此时水稻与非水稻的 JM 距离为1.75。即使将分蘖期确定为抽穗期前 32 天或者 48 天，RCLE 指标的光谱分离度也是比较理想的，JM 距离分别为 1.62 和 1.59。

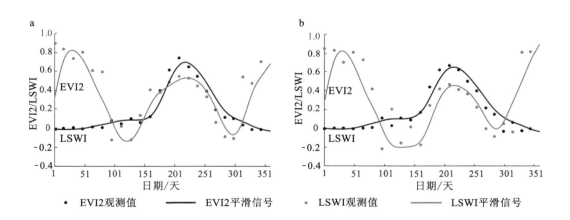

图 7.4　不同农作物 EVI2 和 LSWI 时序曲线

a. 单季稻；b. 单季玉米

7.3.1.2 CCVS 水稻制图方法不确定性评估

对于时间分辨率非常高的遥感影像，如 MODIS 影像，在频繁的云/雪覆盖等干扰情况下，植被指数时序信号也可能会受到严重干扰（Qiu et al., 2013）。对于时间分辨率偏低的 Landsat 影像，由数据缺失（数据可获得性欠佳）所导致的植被指数和水体指数时序信号所受到的影响可能更大。为了更好地评估关键物候期内数据缺失对 CCVS 方法的影响，本部分通过实验模拟不同时间与频率云覆盖对 CCVS 水稻制图方法所设计指标的影响。为了保证数据完整覆盖整个关键物候期，将抽穗期前 64 天以及抽穗期后 16 天总共 6 期的时序遥感影像，作为模拟实验数据源（图 7.5）。

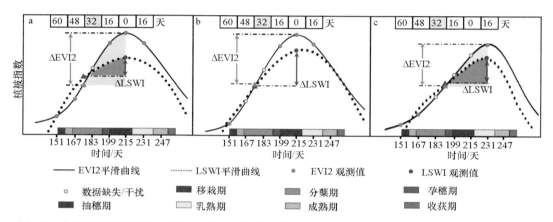

图 7.5 水稻关键物候期内一期、二期、三期数据缺失造成 EVI2 和 LSWI 平滑时序曲线变化示意图
a. 该点经过平滑处理后的 EVI2 和 LSWI 时序曲线，RCLE 数值为 0.42，水体指数最小值为 0.12；b. 模拟第 167 天、第 183 天有云时的 EVI2 和 LSWI 时序曲线；c. 模拟第 199 天、第 215 天有云时的 EVI2 和 LSWI 时序曲线

但很不巧的是，研究区在第 151 天和第 231 天，分别对应抽穗期前 48 天和后 16 天，几乎全部都被云覆盖，因此模拟云实验只能在其间的 4 期影像中开展。研究结果表明，在关键物候期内，如果仅存在一期影像有云缺失的情况，RCLE 指标的分离度依然是理想的：水稻与非水稻的 JM 距离在 1.4 以上。如果出现连续两期影像缺失的情况，水稻与非水稻的 JM 距离下降到 1.4 左右。如果出现连续三期影像缺失的情况，JM 距离下降到 1.2 甚至更低（表 7.1）。

7.3.2 自适应影像特征选取

从 3 个方面选取遥感影像特征：波段反射率、纹理特征以及基于物候的指标。选取影像特征的依据如下：①优先选取光谱可分离性高的影像特征；②选取不同时期的遥感影像，应该覆盖 3 个不同的观测日期；③至少选择 5 幅影像特征；④对于一个像素，所选择

表 7.1 基于 RCLE 指标的水稻与非水稻的 JM 距离

观测日期（DOY-第 N 天）						JM 距离
151	167	183	199	215（抽穗期）	231	
√					√	1.75
√	√				√	1.42
√		√			√	1.68
√			√		√	1.53
√				√	√	1.43
√	√	√			√	1.23
√		√	√		√	1.42
√			√	√	√	0.92
√	√	√	√		√	0.98
√		√	√	√	√	0.43

注：√表示该期有云

的影像特征中至少包含一幅无云的有效观测数据；⑤尽量避免选取高度共线性的影像特征。

采用 JM 距离评估遥感影像的光谱分离度。JM 距离值为 0～2。JM 距离数值越高，代表光谱可分离性越好。当 JM<1 时，表明两种地类的光谱分离度不太理想。当 JM>1.5 时，表示两种地类的光谱分离度比较理想。除了遥感影像的光谱分离度，还需要考虑该期影像的数据可获得性。如果该期影像含云量非常高，有效观测数据太少，也是不太适合选取的。在充分兼顾遥感影像特征的光谱可分离度和数据可获得性的情况下，依据上述规则，最终实现研究区遥感影像特征自适应选取。

7.3.3 分区策略和遥感影像对象特征提取

7.3.3.1 分区策略

根据关键物候期的数据可获得性，对研究区进行分区。依据前面对 CCVS 水稻制图方法的不确定性评估，将关键物候期内连续两期或者以上数据缺失的像元划分为干扰区，其他为非干扰区。在数据可获得性好的非干扰区内，CCVS 水稻制图方法能很好地满足水稻制图需求，因此非干扰区内采用 CCVS 水稻制图方法获得水稻空间分布图。

7.3.3.2 遥感影像分割

基于数据可获得性，将研究区划分为干扰区和非干扰区。对干扰区和非干扰区分别进行遥感影像分割，获得影像对象。实施步骤如下：首先，选取水稻关键物候期或者临近关键物候期数据可获得性理想的 Landsat 影像（如含云量＜10%）。本章选取第 167 天、第 199 天、第 247 天的 3 景 Landsat 影像，采用其绿光、近红外、短波红外 3 个波段，因此有 9 个影像图层。通过主成分方法进行降维，将生成的第一主成分作为影像分割的数据图层。然后，采用 Canny 方法，实现遥感影像分割获得影像对象。将所生成的遥感影像对象，作为自适应水稻制图的研究单元。

7.3.3.3 遥感影像对象特征提取

通过遥感影像分割，获得遥感影像对象单元。为了实现基于遥感影像对象的水稻制图，需要开展遥感影像对象特征提取。分别针对所选取的遥感影像特征，通过计算每个对象的均值，实现遥感影像对象特征提取。基于像元计算的波段、纹理或物候指标，能很好地聚合到遥感影像对象，作为遥感影像对象特征，将基于像元和对象的方法结合起来，实现基于遥感影像对象和时序遥感指标的水稻空间分布制图。

7.3.4 水稻分类流程

7.3.4.1 非干扰区水稻制图

在数据可获得性理想的非干扰区，采用 CCVS 水稻制图方法进行水稻制图。依次计算水稻从分蘖到抽穗期间水体指数与植被指数变化比值指数，即极差比指数 RCLE，以及水体指数的最小值 $LSWI_{min}$。利用这两个指标进行非干扰区水稻制图。其判别规则为：当 $LSWI_{min} > \theta_1$ 且 $RCLE < \theta_2$ 时，该像元为水稻，否则为其他农作物。式中，$LSWI_{min}$ 的阈值 θ_1 为 0.1（Qiu et al.，2015）。考虑到东北单季稻生长期更长，所设定的水稻关键物候期内植被指数变幅比南方水稻略小，因此水稻的极差比指数 RCLE 略高一些，因此将 RCLE 的阈值 θ_2 数值调整为 0.7。

7.3.4.2 干扰区水稻制图

在数据可获得性差的干扰区，采用随机森林算法进行水稻制图。随机森林算法作为一种非参数算法（Ahmed et al.，2015；Du et al.，2016），近年来在遥感分类领域得到广泛应用（Rufin et al.，2015）。随机森林算法中需设置两个参数：决策树的数量（nTree）、内部节点随机选择属性的个数（Mtry）（Belgiu and Drăguţ，2016）。已有研究对这两个参数的敏感性进行了深入研究（Braun and Hochschild，2015）。通常情况下，建议将 nTree 参数设置为 500，将 Mtry 设置为输入变量数量的平方根（Belgiu and Drăguţ，2016）。本章的输入变量有 11 个，因此对随机森林算法的两个参数设置如下：nTree 为 500，Mtry 为 4。本章中将非干扰区基于 CCVS 方法获得的水稻制图结果作为训练数据，将基于影像光谱分离度筛选的影像特征作为输入变量，基于随机森林算法，最终获得干扰区水稻分类结果。

7.3.5 方法精度评估

分别采用实地调研点位数据以及基于 Planet 影像解译结果，开展水稻制图结果的精度评价。为了更好地评价 Landsat 遥感影像数据可获得性对制图精度的影响，分别在 Landsat 时序遥感影像数据可获得性好以及欠佳区域，各自选取一景 Planet 影像进行精度验证。所选取的 Planet 影像分别为：区域 Ⅰ，Planet 影像 ID 20150510_024104_081，该区域 Landsat 8 时序影像的数据可获得性欠佳；区域 Ⅱ，Planet 影像 ID 20150904_231053_0b09，该区域 Landsat 8 时序影像的数据可获得性好（具体位置见图 7.6a）。Planet 影像解译采用支持向量机并结合目视解译进行修正，获得区域 Ⅰ、Ⅱ 两景 Planet 影像的水稻分类结果，作为精度验证数据。通过计算总体精度和 Kappa 系数验证方法精度（Congalton，1991）。

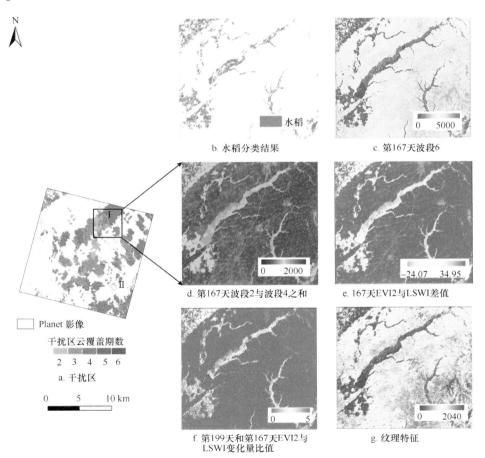

图 7.6　干扰区云覆盖分布图（a）、基于 ARMM 方法的水稻分布图（b）以及所选取的若干影像特征分布图（c～g）

7.4 结果分析

7.4.1 依据数据可获得性进行分区

依据 CCVS 水稻制图方法适用性评估结果,在水稻关键物候期所对应的 6 期 Landsat 遥感影像,如果连续两期出现云干扰导致数据严重缺失,则 RCLE 指标的光谱分离度受到不同程度的影响。因此,将关键物候期内连续两期及更多期遥感数据缺失的像元划分为干扰区;其他为非干扰区。依据该策略,获得研究区干扰/非干扰区分布图(图 7.6a)。干扰区面积为研究区域的 37.96%(图 7.6a)。

7.4.2 遥感影像特征提取

在干扰区,在兼顾光谱分离度以及数据可获得性的情况下,自适应选取若干影像特征。从波段、遥感指数和纹理等方面,共选取了 11 个影像特征。部分影像特征的空间分布图见图 7.6,分别为:第 167 天 Landsat 8 影像的短波红外(波段 6)(图 7.6c)、第 167 天 Landsat 8 影像的蓝光(波段 2)和红光(波段 4)波段之和(图 7.6d)、第 167 天 Landsat 8 影像的 EVI2 和 LSWI 的差值(图 7.6e)、第 199 天和第 167 天 Landsat 8 影像的极差比指数(图 7.6f)、纹理特征(texture)(图 7.6g)。基于 7×7 窗口大小、步长为 1 的 DB4 母小波,经过三级分解获得纹理影像。由图 7.6 可见,所选取的影像特征能很好地区分水稻和非水稻。

除此之外,其他所选取的影像特征依次为:第 135 天 EVI2 与 LSWI 的差值($EVI2_{135\,d}-LSWI_{135\,d}$)、第 151 天 Landsat 8 的短波红外波段(波段 6)、第 151 天 LSWI 指数、第 167~215 天 EVI2 与 LSWI 的变化比值指数[$RCLE_{215\,d-167\,d}$]、第 247 天的绿光波段(波段 3)以及第 135~215 天 LSWI 的最小值($LSWI_{min}$)。相比其他地物,水稻在第 167 天 Landsat 8 影像蓝光、红光以及短波红外波段值,极差比指数,水体与植被指数差值均偏低,而纹理特征值偏高(图 7.6)。计算影像特征的相关性,排除高度相关的影像特征(表 7.2)。结果表明,所有影像特征相关性均在 0.6 以下,特别是 CCVS 水稻制图方法中所设计的物候指标 RCLE 和其他影像特征的相关性均非常小。

遥感影像分割所采用的影像必须要确保影像信息全覆盖,同时兼顾影像的分离度。因此挑选用于影像分割所采用的影像时,应尽量少云,并且所采用的波段的光谱分离度较好。最后确定开展遥感影像分割获得影像对象所选取的影像特征为:第 167 天 Landsat 8 影像的波段 5 和波段 6、第 199 天 Landsat 8 影像的波段 3 和波段 6、第 247 天 Landsat

8 影像的波段 6。通过主成分分析，将包含 82.04%信息的第一主成分（表 7.3）用于研究区影像分割获得影像对象单元。研究区影像分割后共有 12 481 个影像对象，其中干扰区有 6384 个对象。

表 7.2　不同影像特征的相关系数表

	$EVI2_{135d}-$ $LSWI_{135d}$	$B6_{151d}$	$LSWI_{151d}$	$B6_{167d}$	$B2_{167d}+$ $B4_{167d}$	$LSWI_{167d}-$ $EVI2_{167d}$	$RCLE$ $(199d-167d)$	$RCLE$ $(215d-167d)$	$B3_{247d}$	Texture	$LSWI_{min}$
$EVI2_{135d}-LSWI_{135d}$											
$B6_{151d}$	0.321										
$LSWI_{151d}$	−0.288	−0.091									
$B6_{167d}$	0.328	0.254	−0.491								
$B2_{167d}+B4_{167d}$	0.439	0.418	−0.355	0.569							
$LSWI_{167d}-EVI2_{167d}$	−0.445	−0.257	0.318	−0.501	−0.547						
$RCLE_{(199d-167d)}$	−0.134	−0.074	−0.072	−0.005	0.045	0.024					
$RCLE_{(215d-167d)}$	0.043	0.010	0.059	0.033	−0.025	−0.069	−0.002				
$B3_{247d}$	−0.241	−0.124	−0.079	−0.079	0.400	0.305	0.166	−0.047			
Texture	0.316	0.456	−0.305	0.287	0.180	−0.401	0.002	0.072	−0.06		
$LSWI_{min}$	0.112	−0.043	0.520	0.142	0.121	0.21	0.014	0.048	0.144	0.423	

表 7.3　不同主成分层的标准偏差、特征值和所含信息百分比

主成分层	标准偏差	特征值	所含信息百分比/%
PC_1	32 989.75	53.914	82.04
PC_2	2 770.758	21.788 8	8.07
PC_3	1 848.201	14.342	5.68
PC_4	539.402 7	7.898 5	2.28
PC_5	406.809 6	2.056 7	1.94

注：PC_1、PC_2、PC_3、PC_4、PC_5 分别代表第一、第二、第三、第四、第五主成分

7.4.3　水稻空间分布图

为了更好地对比评估，同时展示了 3 种研究策略所获得的水稻空间分布图。其一为基于像元的 CCVS 水稻制图方法获得的研究区水稻空间分布图（图 7.7a）；其二为基于对象的 CCVS 水稻制图方法获得的研究区水稻空间分布图（图 7.7b）；其三为 ARMM 方法获得的研究区水稻空间分布图（图 7.7c）。

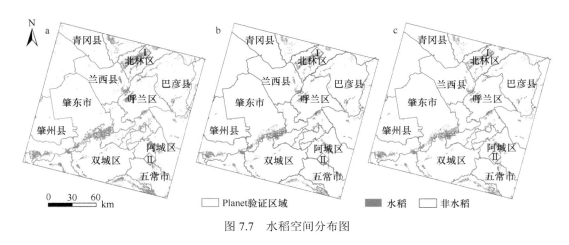

图 7.7　水稻空间分布图

　　水稻主要分布在靠近河流的平坦地带（河流见图 7.1），其他区域略有零星分布（图 7.7）。水稻的空间分布与河流的嵌套格局充分说明充足水源对水稻的重要性。与逐像元分类策略相比，面向对象的分类方法能比较有效地消除椒盐效应。基于面向对象的水稻制图方法所获得的研究区水稻面积明显减少。基于像元、基于对象的 CCVS 水稻制图方法和ARMM 方法估算的研究区水稻面积依次分别为 2045.42 km^2、1275.43 km^2 和1300.29 km^2。

7.4.4　方法精度评估结果

7.4.4.1　基于调研点位数据的精度验证结果

　　分别针对 3 种策略所获得的研究区水稻分布结果，依次采用 473 个地面参考点位数据进行精度验证（表 7.4，表 7.5）。首先，评估基于像元的 CCVS 水稻制图方法的分类精度。数据可获得性良好的非干扰区，基于像元的 CCVS 水稻制图方法的分类精度较高，总体精度为 91.07%，Kappa 系数为 0.809。在数据可获得性欠佳的干扰区内，基于像元的 CCVS 水稻制图方法存在较明显的分类误差。在干扰区内，120 个非水稻点位中有 35个点位被误判为水稻。在干扰区，基于像元的 CCVS 水稻制图方法总体精度为 86.56%，Kappa 系数为 0.7059。基于像元的 CCVS 水稻制图方法在整个研究区总体精度为 88.16%，Kappa 系数为 0.7428。

　　与基于像元的 CCVS 水稻制图方法相比，基于对象的 CCVS 水稻制图方法分类精度明显提高（表 7.4，表 7.5）。在非干扰区，基于对象的 CCVS 水稻制图方法总体精度从原来的 91.07% 提高到 95.83%。在 67 个非水稻农作物点位中，原来有 13 个点位被误判为水稻，现在减少到 5 个。在干扰区，基于对象的 CCVS 水稻制图方法总体精度从原来

表 7.4　基于调研点位数据的非干扰区水稻分类精度评估

	总计/个	基于像元的 CCVS 水稻制图方法			基于对象的 CCVS 水稻制图方法		
		水稻/个	其他/个	生产者精度/%	水稻/个	其他/个	生产者精度/%
水稻	101	99	2	98.02	99	2	98.02
其他	67	13	54	80.60	5	62	92.54
用户精度/%		88.39	96.43		95.19	96.88	
总体精度/%		91.07			95.83		
Kappa 系数		0.809			0.912		

表 7.5　基于调研点位数据的干扰区水稻分类精度评估

	总计/个	基于像元的 CCVS 水稻制图方法			基于对象的 CCVS 水稻制图方法			ARMM 方法		
		水稻/个	其他/个	生产者精度/%	水稻/个	其他/个	生产者精度/%	水稻/个	其他/个	生产者精度/%
水稻	185	179	6	96.76	182	3	98.38	182	3	98.38
其他	120	35	85	70.83	17	103	85.83	10	110	91.67
用户精度/%		83.64	93.41		91.46	97.17		94.79	97.35	
总体精度/%		86.56			93.44			95.74		
Kappa 系数		0.7059			0.8787			0.9107		

注：整个研究区域内，基于像元的 CCVS 水稻制图方法总体精度为 88.16%，Kappa 系数为 0.7428。基于对象的 CCVS 水稻制图方法总体精度为 94.26%，Kappa 系数为 0.8787。ARMM 方法总体精度为 95.77%，Kappa 系数为 0.9107

的 86.56%提高到 93.44%，Kappa 系数从约 0.7 大幅度提升为约 0.86。干扰区内，将其他农作物误判为水稻的点位数从 35 个下降为 17 个。基于对象的 CCVS 水稻制图方法在整个研究区总体精度为 94.26%，Kappa 系数为 0.8787。

本章所提出的基于数据可获得性的自适应水稻制图方法（ARMM），进一步提高了水稻制图精度。在干扰区，将其他农作物误判为水稻的点位数从 17 个继续减少到 10 个。基于数据可获得性的自适应水稻制图方法，研究区总体精度达 95.77%，Kappa 系数为 0.9107。本章所提出的 ARMM 方法，充分考虑数据可获性不足对时序遥感制图方法精度的影响，通过分区分层研究策略，充分利用数据可获得性良好区域的研究成果，并且最大限度地利用数据可获得性欠佳区域的遥感影像，自适应选取影像特征，最终获得整个研究区高精度水稻分布图。

7.4.4.2　基于 Planet 影像的精度评估结果

在基于 Planet 影像的验证区域 I （图 7.8a～图 7.8d），Landsat 8 影像云覆盖情况严重，位于干扰区。从抽穗期前 64 天到抽穗期后 16 天（第 151 天、第 167 天、第 183 天、第 199 天、第 215 天、第 231 天）期间，总计 6 期遥感影像中，至少有 4 期甚至 5 期 Landsat 8 遥感影像由于有云覆盖数据缺失，因此数据可获得性极不理想。通过与 Planet 影像目视解译结果对比分析可见（图 7.8），基于 CCVS 水稻制图方法的水稻分布图与 Planet 影像目视解译结果差别很大，尤其是在区域Ⅰ的右下角位置。区域Ⅰ的右下角处，由于植被指数和水体指数时序信号受到严重干扰，大片区域被误判为水稻。而基于数据可获得性自适应的水稻制图方法（ARMM 方法）有效地消除了这种错分现象。即使在云覆盖严重的干扰区，ARMM 方法也获得了与 Planet 影像目视解译结果相一致的水稻分布图。

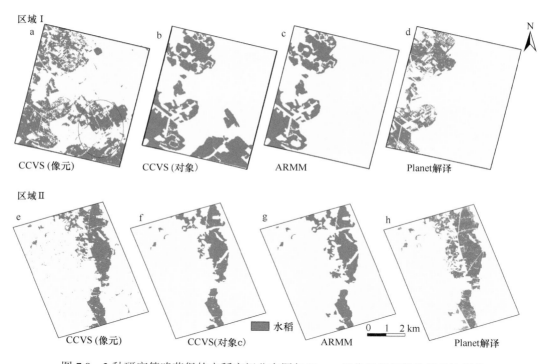

图 7.8　3 种研究策略获得的水稻空间分布图与 Planet 影像目视解译结果对比评估
区域Ⅰ、Ⅱ的位置见图 7.6

　　在基于 Planet 影像的验证区域Ⅱ（图 7.8e～图 7.8h），CCVS 水稻制图方法所获得的水稻分布图与 Planet 影像目视解译结果非常吻合。充分说明了在数据可获得性良好的情况下，CCVS 水稻制图方法在 Landsat 时序遥感影像中的应用效果。

　　为了基于 Planet 影像目视解译结果定量评估水稻制图方法的精度，将 Planet 影像目视解译获得的水稻分布图重采样到 30 m，对基于 Landsat 8 影像水稻分类结果进行精度验证。结果表明，基于像元和基于对象的 CCVS 水稻制图方法的总体精度分别为 89.96%、

94.08%，而基于 ARMM 方法的总体精度提高到 96.03%。Kappa 系数也依次从 0.64、0.77 最终提高到 0.84（表 7.6）。研究结果充分表明，ARMM 方法所提出的分区方案与迁移学习策略能在数据可获得性极不理想的情况下有效地提取水稻分布信息。

表 7.6　基于 Planet 影像目视解译结果的精度评估

	基于像元的 CCVS 水稻制图方法			基于对象的 CCVS 水稻制图方法			ARMM 方法		
	水稻/个	其他/个	生产者精度/%	水稻/个	其他/个	生产者精度/%	水稻/个	其他/个	生产者精度/%
水稻	6 775	1 450	82.37	7 011	1 214	85.24	7 215	1 010	87.72
其他	4 253	44 303	91.24	2 145	46 411	95.58	1 244	47 312	97.44
用户精度/%	61.43	96.83		76.45	97.58		85.29	97.91	
总体精度/%	89.96			94.08			96.03		
Kappa 系数	0.64			0.77			0.84		

7.5　讨论与结论

7.5.1　ARMM 方法的意义和启示

CCVS 水稻制图方法所设计的物候指标 RCLE，即关键物候期极差比指数，具有很好的光谱分离度。该指数的提出，实现了从单一植被指数、水体指数到综合指数的重要突破，有效地拓展了时序遥感分类算法中指标设计的新思路（Dong et al.，2016）。对于时间分辨率较低的 Landsat 8 影像（16 天往返）而言，如果在关键物候期内仅出现一期有云导致数据缺失的情况（数据时间间隔变为 32 天），CCVS 水稻制图方法中所设计的关键物候期极差比指数是非常有效的。

在连续出现两期 Landsat 8 影像有云导致数据缺失的情况下（数据时间间隔变为 48 天），关键物候期极差比指数 RCLE 依然是比较有效的。因此，即使是完全采用 CCVS 水稻制图方法，研究区总体精度仍达 90%。但随着数据缺失越来越严重，极端情况下出现关键物候期内没有任何有效观测数据的情况下，CCVS 水稻制图方法面临严峻挑战。本章所提出的研究策略，充分利用 CCVS 水稻制图方法的优势，同时考虑到数据严重缺失情况下尽可能纳入更多的遥感影像特征，从而提高总体分类精度。

基于数据可获得性的自适应水稻制图方法的自适应策略体现在以下几个方面：其一，依据数据可获得性情况进行分区，实现不同数据可获得性情景的自适应；其二，在数据可获得性欠佳区域内，依据有效观测影像数据情况并考虑其分离度，自适应选取合适的影像特征，确保在影像数据非常有限的情况下依然能找到合适的影像特征用于水稻制图；其三，将数据可获性良好区域的水稻制图成果，迁移学习应用到数据可获得性欠佳区域，作为机器学习方法训练数据，确保在数据可获得性欠佳区域找到合适的影像特征、分类方法和训练样本数据，最终实现整个研究区水稻自适应制图。

7.5.2 时序遥感分类方法面临的挑战与应对策略

随着时序遥感影像应用的不断深入，基于植被物候的遥感分类方法备受关注（Zhang et al.，2015）。与传统方法相比，基于植被物候的遥感分类方法具有很大的优势，但也需要应对以下三方面的挑战：①数据可获得性差异；②如何有效地结合基于对象遥感分类特征；③实现算法自动化以及有效获取可靠的训练样本数据（Knorn et al.，2009；Zhong et al.，2016）。

针对第一方面挑战，本章所提出的方案是：基于数据可获得性情况进行分区，然后分别采用不同的应对策略。对于数据可获得性比较理想的区域，充分利用时序遥感分类算法的优势。对于数据可获得性欠佳区域，充分利用数据可获得性良好区域的分类结果，作为在观测数据非常有限的情况下选取合适的影像特征的评估依据。尽可能充分利用数据可获得性欠佳区域的有效观测遥感影像，依据光谱分离度自适应地选取包括波段、遥感指数以及纹理特征在内的多种影像特征，提高总体分类精度。

目前时序遥感分类方法通常采用基于像元的分类策略，但基于像元的分类策略无法充分利用遥感影像的形状、纹理和语义特征信息，因此在应用到中高分辨率遥感影像时面临挑战（Li and Wan，2015）。如何有效地结合时序遥感算法与基于对象的遥感分类算法的优势，成为时序遥感分类技术需要进一步研究探索的前沿发展方向（Cai et al.，2020；Parent et al.，2015）。

针对第二方面挑战，本章所提出的 ARMM 方法也初步展示了将基于像元的物候指标与基于对象的物候指标结合应用的有益尝试。逐像元获取的物候指标，通过计算均值聚合到影像对象，从而为遥感影像对象提供有效的影像特征。通过尽可能集成多期无云遥感影像进行影像分割，将相邻水稻像元聚合为影像对象，从而有效地缓解该影像对象中一些像元由于关键物候期数据缺失带来的错分问题。从基于像元到基于对象的 CCVS 水稻制图方法最终到本章所提出的 ARMM 方法，总体精度得到明显提升。

机器学习算法及其相关应用方兴未艾，如何高效地获取能适用于多个年份、不同区域和时序遥感影像的大量训练样本数据，成为限制其深度应用的关键瓶颈所在（Zhong et al.，2016）。针对第三方面的挑战，本章通过迁移学习策略，充分利用数据可获性良好区域的信息提取结果，作为数据可获得性欠佳区域的训练数据，自适应地获取合适的影像特征，实现知识的迁移转换（Demir et al.，2013）。

第8章 基于生长期植被指数变化量的
冬小麦制图方法

小麦是我国乃至世界最主要的粮食作物之一，快速准确地掌握其空间分布信息对于确保我国粮食安全至关重要。不同农作物具有各自的生长特征规律，特别是冬小麦物候特征与众不同，这为冬小麦遥感制图带来很好的契机。然而冬小麦物候期通常随着纬度和海拔梯度发生变化，由此给基于农作物物候的时序遥感制图方法带来挑战。本章通过探索冬小麦物候期变化规律，构建冬小麦物候期趋势面模型，设计生长期植被指数变化量指标，凸显冬小麦的生长特性，达到简便高效地提取冬小麦空间分布信息的目的。

8.1 常用冬小麦遥感监测方法

8.1.1 相似性度量法

相似性度量法通过判断未知曲线与已知标准曲线的相似度，进而确定未知曲线的类型（刘懿等，2007）。相似度通常依据曲线的距离进行衡量，距离越近，表示相似度越高。常见的距离衡量方法有欧氏距离（Sun et al.，2012）、动态时间弯曲（dynamic time warping，DTW）（Keogh and Pazzani，2001）、JM距离（Qiu et al.，2014a）。以欧氏距离为例，阐述相似性度量法，流程如下。

（1）基于若干已知样本数据，建立冬小麦标准植被指数时序曲线 A_i。

（2）计算未知像元植被指数时序曲线与标准植被指数时序曲线之间的欧氏距离 $D_{\text{Euclidean}}$，公式为

$$D_{\text{Euclidean}} = \sqrt{\sum_{i=1}^{n}\left(x_i - A_i\right)^2} \qquad (8.1)$$

式中，x_i 为每个像元时序曲线在 i 点的值；A_i 为标准曲线在 i 点的值。

（3）通过欧氏距离判别未知像元所属的农作物类型。当未知像元与冬小麦标准植被指数时序曲线的距离 D 小于某个阈值时（如 $D_{\text{Euclidean}} < 0.6$），将该像元判别为冬小麦，否则为其他农作物。

该方法直观且易于理解，非常适合小区域冬小麦制图。但随着研究区范围扩大，不同位置冬小麦物候发生变化，难以建立有代表性的冬小麦植被指数时序曲线，从而严重制约了相似性度量法的大尺度推广应用。

8.1.2　冬季生长峰判别法

冬小麦物候期非常独特。作为一种越冬生长的农作物，通常会在前一年秋季播种，直到第二年夏季才收割。因此和其他农作物所不同的是，冬小麦通常会有一个冬季生长峰，可以将冬季生长峰作为冬小麦的判别依据（Pan et al.，2012）。如前一年 10 月到后一年 2 月期间出现农作物生长峰，则为冬小麦。冬季生长峰判别法简便易行，但应用的前提条件是冬季生长峰与冬小麦的一一对应关系。如果遇上冬季气温异常变化时冬小麦并没有明显的冬季生长峰，或者其他冬季作物也出现冬季生长峰的情况，将给冬季生长峰判别带来很大干扰。

8.2　农作物植被指数时序曲线分析

8.2.1　冬小麦类内异质性分析

冬小麦生长过程先后经历播种、出苗、分蘖、返青、拔节、抽穗以及成熟收割等物候期。播种期通常在每年 10 月下旬到 11 月上旬，播种之后 10 天左右出苗，出苗后逐渐分蘖生长。翌年四五月，冬小麦开始抽穗，抽穗期是农作物生长最为旺盛的时期，此时植被指数时序曲线通常达到峰值。冬小麦抽穗后，逐渐扬花灌浆成熟，6 月或 7 月初进入成熟收割期。由于气候、地形以及耕作管理措施不同，不同区域农作物物候期存在差异（Hao et al.，2015）。

从南到北选取若干冬小麦分布点位，阐释不同区域冬小麦植被指数异质性特征（图 8.1a）。所选取的点位依次为：湖北省襄阳市南部点位 A（31°43′52″N，111°38′8″E）、安徽省北部亳州市点位 B（33°18′22″N，116°37′12″E）、山东省潍坊市北部点位 C（36°46′16″N，119°13′28″E）、天津与河北香河县交界处的点位 D（39°42′33″N，117°16′51″E）。不同位置冬小麦植被指数时序曲线类内异质性明显（同物异谱）（图 8.1）：冬小麦植被指数时序曲线峰值出现时间及峰值大小存在明显差异，而且冬季生长峰出现时间和幅度也各有差异。具体而言，从南到北冬小麦抽穗期（通常对应峰值期）逐渐推移，冬小麦成熟期也随之逐渐推迟。而冬小麦播种期则刚好相反，冬小麦播种期随着纬度升高而提前，从 11 月中旬逐渐提前到 10 月下旬，由此导致冬小麦生长期从南到北呈现递增趋势。

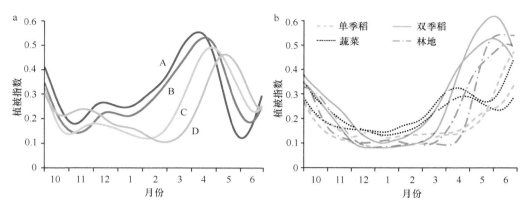

图 8.1　冬小麦（a）和其他植被（b）的植被指数时序曲线图
a. 冬小麦 A～D 点位从南到北依次分布

以抽穗期为界，将农作物整个生长期划分为生长前期和生长后期。其中，农作物生长前期为播种期到抽穗期这段时间，生长后期为抽穗期到成熟期这段时间。冬小麦生长前期的类内异质性可以概括为以下 3 种形式：①生长前期长度不同；②冬季生长峰出现时间和大小不同，而且有些点位冬季生长峰并不明显；③从出现冬季生长峰到翌年返青所需时间存在非常大的差异，导致不同位置冬小麦植被指数时序曲线千差万别（图 8.1a）。冬小麦生长后期的类内异质性集中体现在农作物物候期推移方面；相比生长前期而言，生长后期长度相对稳定。这主要是不同区域气候条件差异导致的，冬小麦生长后期已处于春夏季节，气候条件适宜，冬小麦从南到北依次分蘖后灌浆成熟。在冬小麦生长前期，秋冬季节不同区域、不同年份气候差异显著，从而导致冬季生长峰存在年际变化和区域差异，并且具有一定的随机性，难以有效预测。

8.2.2　冬小麦与其他植被的相似性和差异性分析

从冬小麦与其他植被的植被指数时序曲线图可见，冬小麦与其他植被存在一定的相似性（异物同谱）（图 8.1b）。与冬小麦类似的是，单季稻、双季稻、蔬菜等其他农作物和林地植被指数时序曲线同样存在不同程度的类内异质性。具体表现为：即使是同一种植被类型，不同点位的植被指数时序曲线形状和峰值出现时间均存在差异。对于多数农作物而言，峰值期一般出现在夏季，但蔬菜点位的峰值期有可能出现在春季。除冬小麦外，其他植被类型也有可能出现冬季生长峰，因此仅依据冬季生长峰进行冬小麦制图不是特别可靠。

尽管如此，通过仔细分析植被指数时序曲线，依然能找到冬小麦有别于其他植被类型的差异性特征（图 8.1）：①冬小麦在 10 月中旬到 11 月下旬会出现谷值，对应于冬小麦播种期；②5 月底到 7 月冬小麦会出现明显低谷，对应冬小麦成熟收割期；③冬小麦的生长期明显长于其他农作物。这 3 个方面的冬小麦特征不会随着区域和年份不同而发生变化。因此，可以巧妙地分析利用冬小麦这方面的特征，设计冬小麦制图指标。所设计的制图指标，不仅需要最大限度地扩大冬小麦与其他植被的差异，而且需要合理应对冬小麦物候推移的问题。

8.3　冬小麦制图技术流程

8.3.1　冬小麦关键物候期趋势面模型

基于农作物物候站点的观测数据分析表明，冬小麦物候期与纬度、海拔密切相关（图8.2）。冬小麦物候期与纬度、海拔呈现出很好的线性关系。其中，冬小麦播种期与纬度、海拔呈负相关关系，表现为随着纬度、海拔升高，冬小麦播种期逐步提前。而抽穗期、成熟期等冬小麦物候期均与纬度、海拔呈正相关关系，即随着纬度、海拔升高，冬小麦抽穗期、成熟期逐步推迟。冬小麦生长前期长度也与纬度、海拔呈正相关关系。概括而言，纬度和海拔越高，冬小麦播种期越早，冬小麦抽穗期和成熟期越晚，冬小麦生长前期长度越长。因此，依据纬度和海拔两个变量，可以建立冬小麦关键物候期趋势面模型，估计研究区冬小麦关键物候期变化空间格局。

基于农作物物候站点的观测数据研究表明，冬小麦抽穗期、播种期以及生长前期长度均随着纬度、高程呈现线性变化。抽穗期、播种期以及生长前期长度 3 个农作物物候参数与纬度、高程的相关性均在 0.5 以上。尤其是冬小麦生长前期长度、抽穗期与纬度、高程的关系更为密切（图 8.2）。因此，基于研究区 110 个物候观测站点所获得的冬小麦物候期观测数据，利用纬度和高程两个变量，依次建立研究区冬小麦抽穗期和冬小麦生长前期长度趋势面模型。其公式分别如下：

$$抽穗期：y = 18.5197 + 2.8027 \times 纬度 + 0.0065 \times 高程 \qquad (8.2)$$
$$生长前期长度：y = -76.0539 + 7.3571 \times 纬度 + 0.0222 \times 高程 \qquad (8.3)$$

依据上述公式，所建立的研究区抽穗期趋势面分布图、生长前期长度趋势面分布图分别见图 8.2。基于研究区冬小麦抽穗期和冬小麦生长前期长度趋势面模型，推断获得研究区冬小麦播种期的趋势面模型。实现策略为，对于冬小麦播种期，依据冬小麦抽穗期趋势面模型获得的时间，减去冬小麦生长前期长度趋势面模型估计数值。对于冬小麦成熟期，可以采用同样的策略建立冬小麦成熟期趋势面模型。但考虑到冬小麦生长后期长度较为稳定，采用冬小麦抽穗期来推测冬小麦成熟期，从而确保冬小麦关键物候期趋势面模型预测结果的一致性与可比性。具体策略为：冬小麦成熟期等于冬小麦抽穗期加上生长后期长度。依据物候观测站点数据，确定冬小麦生长后期长度为 48 天，冬小麦抽穗期依据其趋势面模型预测结果确定。

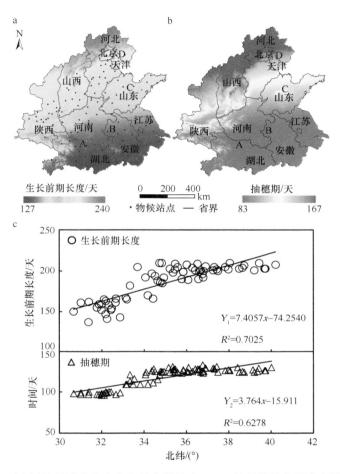

图 8.2　研究区物候站点分布和生长前期长度（a）、抽穗期趋势面分布图（b）、
冬小麦物候期（生长前期长度、抽穗期）与纬度相关性分析图（c）

通过构建冬小麦关键物候趋势面模型，获得研究区每个像元对应的冬小麦播种期、抽穗期和成熟期等关键物候期，与实际观测获得的冬小麦物候期非常吻合，从而很好地消除了冬小麦物候期带来的植被指数类内异质性问题。对于非冬小麦，如水稻、玉米等其他农作物，其实际农作物关键物候期与冬小麦关键物候期趋势面模型估计获得的物候期存在很大差异，因此有助于合理应对冬小麦与其他植被时序曲线存在很大程度相似性（异物同谱）所带来的挑战。

8.3.2 生长期植被指数变化量指标

在通过构建冬小麦关键物候期趋势面模型消除不同区域冬小麦物候期差异的基础上，进一步设计体现冬小麦生长特性的指标，建立基于生长期植被指数变化量的冬小麦制图方法（winter wheat mapping Combining variations Before and After estimated Heading date，CBAH）。研究发现，在冬小麦生长前期，冬小麦经历播种出苗到抽穗期，地表从土壤裸露变为被茂盛农作物覆盖，其生长前期的植被指数增量和变化幅度都非常明显。而其他植被，在估计的冬小麦生长前期范围内，植被指数的增量远不如冬小麦明显。对于冬小麦生长后期，冬小麦植被指数呈现迅速下降趋势，因此以减量为主；此时其他农作物则刚好处于抽穗前的快速生长阶段，植被指数呈增加态势。生长期植被指数变化量指标设计流程包括以下 3 个步骤（图 8.3）。

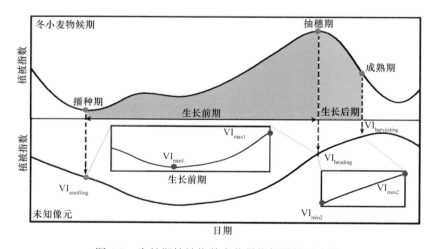

图 8.3　生长期植被指数变化量指标设计示意图

首先，逐像元获取冬小麦关键物候期，获得冬小麦生长前期和生长后期对应时段。依据冬小麦关键物候期趋势面模型，获得冬小麦抽穗期以及生长前期长度。依据抽穗期和生长前期长度，进而获得播种期和成熟期时间。基于冬小麦播种期、抽穗期和成熟期，逐像元分别确定冬小麦生长前期、生长后期所对应的时段。

然后，逐像元提取冬小麦关键物候期内植被指数时序曲线的变异性参数，分别包括所估计的冬小麦播种期、抽穗期、成熟期植被指数（vegetation index，VI）取值，以及生长前期和生长后期植被指数的最值。

最后，依据冬小麦关键物候期内植被指数时序曲线的变异性参数，建立冬小麦生长期变化量指标，分别为冬小麦生长前期变化量、生长后期变化量。从生长前期和生长后期变化量两个方面刻画冬小麦在整个生长期内有别于其他植被的变异性特征，既考虑冬小麦播种、抽穗和成熟 3 个关键物候期的植被指数数值，又考虑整个生长期内植被指数的变化幅度，避免因为某个时期数据噪声带来的信息缺失。

生长前期植被指数变化量指标（the VI variations during the early growth stage，VE）由两部分组成：模型估计的冬小麦播种期到抽穗期 VI 增量（$VI_{heading} - VI_{seedling}$）、生长前期 VI 的变幅（$VI_{max1} - VI_{min1}$）。生长后期植被指数变化量指标（the VI variations during the late growth stage，VL）同样由两部分组成：模型估计的冬小麦抽穗期到成熟期 VI 减量（$VI_{heading} - VI_{harvesting}$）、生长后期 VI 的变幅（$VI_{max2} - VI_{min2}$）。计算公式如下：

$$VE = \left(VI_{heading} - VI_{seedling} \right) + \left(VI_{max1} - VI_{min1} \right) \tag{8.4}$$

$$VL = \left(VI_{heading} - VI_{harvesting} \right) + \left(VI_{max2} - VI_{min2} \right) \tag{8.5}$$

式中，$VI_{seedling}$、$VI_{heading}$、$VI_{harvesting}$ 分别为模型估计的冬小麦播种期、抽穗期和成熟期 VI 取值；VI_{min1}、VI_{max1} 分别为模型估计的冬小麦生长前期 VI 最小值、最大值；VI_{min2}、VI_{max2} 分别为模型估计的冬小麦生长后期 VI 最小值和最大值（图 8.3）。

通过冬小麦关键物候期趋势面模型，结合模型估计获得的冬小麦关键物候期设计冬小麦生长前期和生长后期变化量指标，能巧妙地应对不同区域与年份冬小麦植被指数类内异质性，凸显冬小麦和其他植被的不同之处。冬小麦趋势面模型的建立，能在很大程度上解决冬小麦物候期推移带来的干扰。通过趋势面模型逐像元获取所对应的冬小麦关键物候期，在模型估计的冬小麦关键物候期的基础上设计生长期变化量指标。这种指标设计的优越性和巧妙之处在于，冬小麦在生长期植被指数时序曲线类内异质性（图 8.1a），如冬季有无生长峰、冬季生长峰的大小和出现时间、春季返青时间和返青后生长速度差异等，不会影响到所设计的生长期变化量指标。如果未知像元为冬小麦，其实际物候期与模型估计的物候期大致吻合，则所设计的生长期变化量指标必然比较大。所设计的两个指标，如果仅采用抽穗期和播种期（或成熟期）指标数值差异，也能基本达到刻画冬小麦不同于其他植被的目的。本研究通过添加变幅，进一步凸显冬小麦的特点，因为只有未知像元与模型估计的冬小麦关键物候期一致，公式（8.4）中生长前期植被指数最大值 VI_{max1} 和生长后期植被指数最大值 VI_{max2} 才有可能同时获得高值，并且成熟期植被指数 VI_{min2} 获得低值，由此变幅（$VI_{max2} - VI_{min2}$）获得高数值，凸显冬小麦生长期植被指数变化量。

8.3.3　冬小麦判别标准

针对冬小麦设计的生长期植被指数变化量指标，其他植被类型无法同时获得较高数值的生长前期和生长后期变化量指标（VE 和 VL）。其原因可以从以下三方面进行解释：其一，对于非冬小麦像元，模型估计的冬小麦抽穗期与该像元实际抽穗期并不吻合，因此冬小麦抽穗期对应的 $VI_{heading}$ 数值通常会比较小，远小于该像元实际抽穗期的植被指数取值。其二，对于非冬小麦像元，模型估计的冬小麦生长前期和生长后期植被指数最大值，即 VI_{max1} 和 VI_{max2} 无法同时获得高值。如果该像元对应的植被峰值期在估计的冬小麦抽穗期之前，则仅生长前期植被指数最大值 VI_{max1} 获得高值；如果该像元对应植被峰值期在模型估计的冬小麦抽穗期之后，生长后期植被指数最大值有可能会获得高值，前提是该像元对应植被峰值期落在模型估计的冬小麦生长后期内；如果该像元对应的植被峰值期没有落在模型估计的冬小麦生长期内，或者该像元对应的为非植被，则 VI_{max1} 和 VI_{max2} 均无法获得高值。其三，对于非冬小麦像元，$VI_{seedling}$ 和 $VI_{harvesting}$ 无法同时获得低值。尤其是 VL，非冬小麦像元通常数值很小，接近或者等于零。冬小麦生长后期发生在春末夏初或盛夏季节，对于其他农作物而言，通常正是植被旺盛生长时期，在此期间植被指数迅速增加，VL 的第一部分 $\left(VI_{heading} - VI_{harvesting}\right)$ 为负值，基本抵消了第二部分 $\left(VI_{max2} - VI_{min2}\right)$ 的数值，VL 总体在零附近。

对于森林或草地而言，同样的道理，其生长后期变化量指标 VL 数值通常接近为零。因为在模型估计的冬小麦生长后期（春末夏初或盛夏季节），正处于树林植被旺盛生长时期，VL 的第一部分 $\left(VI_{heading} - VI_{harvesting}\right)$ 为负值。对于稀疏植被或者非植被而言，其植被指数时序曲线数值总体偏低、变幅小，在模型估计的冬小麦生长前期或生长后期变化量都小，VE 和 VL 数值均偏低。

如果未知像元为冬小麦，其实际发生的物候期与模型估计的物候期基本吻合。本研究所设计的两个指标，生长前期变化量和生长后期变化量（VE 和 VL）均将取得高值。通过以上分析发现，仅当未知像元为冬小麦时，可同时满足 VE 和 VL 均获得高值的条件。因此，冬小麦判别标准如下：

$$当\ VE \geqslant \theta_1\ 且\ VL \geqslant \theta_2\ 时，该像元为冬小麦，否则为其他地物 \qquad (8.6)$$

式中，θ_1 和 θ_2 为常数。由于林地、草地、稀疏植被或非植被均不满足此条件，因此本研究所设计的冬小麦制图方法不需要借助土地利用分布数据获得耕地分布范围进行掩膜，避免由于土地利用数据分类误差带来的不确定性。

8.4 研究区概况与数据来源

8.4.1 研究区概况

我国栽培小麦历史悠久并且分布广泛。按照播种时间，小麦可以分为冬小麦和春小麦。我国一般以长城为界，长城以北为春小麦，以南为冬小麦。在我国小麦种植以冬小麦为主，在华北平原广泛分布，对于提高耕地复种指数发挥着重要作用。本研究选取冬小麦主产区为研究区，包括山西、陕西、河北、山东、河南、江苏、安徽、湖北、北京、天津十个省（直辖市）（图 8.4）。研究区位于 29.08°N～42.67°N、105.18°E～122.70°E，覆盖了整个华北平原。耕地总面积约为 456 960 km²。研究区东部为华北平原，西部为黄土高原和秦岭山脉，南部为丘陵区。海拔梯度大，海拔自东向西逐渐升高，从 0 m 逐渐升高到将近 4000 m。

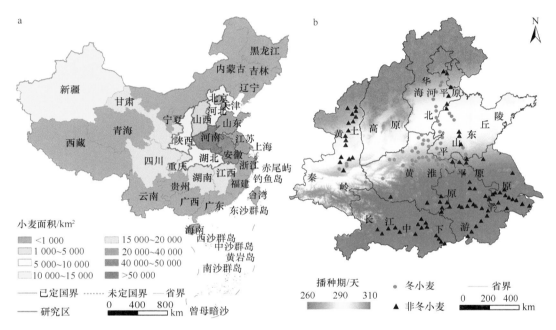

图 8.4　全国小麦面积分布图（a）、研究区农作物调研点位分布与冬小麦生长前期长度趋势面分布图（b）
全国小麦面积数据源自 2013 年统计年鉴数据

8.4.2　数据来源

冬小麦时序遥感制图数据来源于研究区 2001～2013 年 250 m 8 天最大化合成 MODIS EVI2 时序数据集。所建立的基于生长期植被指数变化量的冬小麦制图方法不需要耕地掩膜数据，但为了计算冬小麦占耕地区域分布比例，采用 2010 年全球 GlobeLand30 土地利用/覆盖现状分布数据（http://www.globallandcover.com/）。该土地利用/覆盖数据集的总体精度为 80.3%（Chen et al.，2015b）。为了与 MODIS 数据分辨率保持一致，将 30 m 土地利用/覆盖数据重采样为 250 m。

为了构建冬小麦趋势面模型，采用历年全国农作物物候观测站点数据，来自中国气象数据网（http://data.cma.cn/）。经收集整理共获得研究区 110 个冬小麦物候期站点观测数据（位置分布，见图 8.2）。每个物候期站点观测数据分别记录了历年冬小麦播种、出苗、返青、分蘖、拔节、抽穗、乳熟以及成熟等多个物候期发生的实际日期。用于精度验证的数据，包括地面调研点位数据和 Landsat 影像监督分类结果。在研究区选取 6 个不同区域（位置见图 8.5），针对每个区域尽可能分别选取冬季、晚春季、夏秋季 3 个时期的 Landsat 影像（表 8.1）。

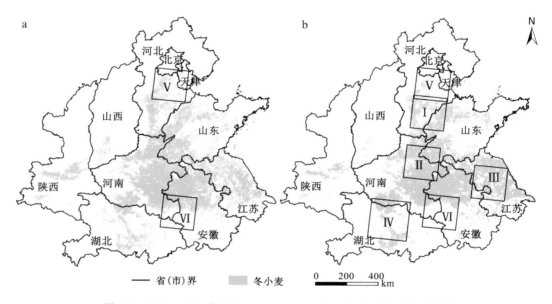

图 8.5　2001～2002 年（a）、2012～2013 年（b）冬小麦空间分布图

表 8.1　冬小麦制图方法验证所采用的 Landsat 影像数据列表

区域	行/列	影像日期（年月日）
Ⅰ	034/123	20131206，20140429，20140904
Ⅱ	036/123	20140123，20140429，20130613
Ⅲ	037/120	20140424，20140611，20141001
Ⅳ	038/124	20131010，20140404，20140506
Ⅴ	033/123	20020319，20020522，20021013，20140429，20140819，20141202
Ⅵ	038/122	20020413，20020531，20021209，20150103，20150425，20141005

基于 Landsat 遥感影像提取冬小麦分布信息流程简述如下：首先，利用夏秋季节的 Landsat 影像获取林地和非植被分布信息，此时林地影像特征明显：近红外波段（NIR）高值、短波红外波段（SWIR1）数值偏低，仅高于非植被像元、蓝光波段低值。夏秋季节

的非植被 NIR 和 SWIR1 均为低值。因此，利用春秋季节的 Landsat 影像可以剔除林地和非植被。然后，利用冬季 Landsat 影像获得冬季农作物分布信息。冬季 Landsat 影像中，冬季农作物通常具有如下特征：NIR 高值，SWIR1 略高于水体但低于其他地物，蓝光波段低值。水体具有非常低的 NIR 值，可用于剔除水体。最后，利用晚春季节 Landsat 影像获得冬小麦分布信息。晚春季节，冬小麦表现出植被的光谱特征，与冬季农作物在冬季的影像特征一致。利用支持向量机法进行监督分类，并结合目视解译进一步提升分类精度。

为了获得翔实的地面调研参考点位数据，分批次多次前往研究区进行冬小麦分布情况实地调查。野外考察时间分别为 2012 年 8 月初、2013 年 2 月上旬、2013 年 4 月下旬和 2013 年 7 月下旬以及 2014 年 1 月中旬和 2014 年 8 月。共收集到研究区 1082 个实地调研点位数据，其中冬小麦点位 475 个、非冬小麦点位 607 个（图 8.4）。在非冬小麦点位中，包括 289 个农作物点位（水稻、玉米、蔬菜等）、276 个林地或草地点位（116 个落叶林、99 个针叶林点位）以及 42 个非植被点位。野外考察点位广泛分布于研究区各个省份（图 8.4）。

其他相关数据还包括来自国家统计年鉴的以地级市为统计单元的冬小麦面积分布数据（http://www.stats.gov.cn/）、用于构建冬小麦趋势面的海拔数据。所采用的海拔数据为 90 m 航天飞机雷达地形测图计划（Shuttle Radar Topograph Mission，SRTM）的高程数据（见图 4.6）。

8.5 2012～2013 年华北十省（直辖市）冬小麦空间分布图

随机选取 429 个参考点位数据，用于冬小麦判别标准中阈值的确定：常数 θ_1 和 θ_2[公式（8.6）]分别确定为 0.3 和 0.12。依据基于生长期植被指数变化量的冬小麦制图方法，获得研究区 2012～2013 年（2012 年播种、2013 年成熟收割）冬小麦分布图（图 8.5）。由图可见，冬小麦在研究区广泛分布，尤其是在河南、安徽、江苏、山东 4 个省份大面积聚集分布。此外，其他省份如河北南部、山东西部、陕西中部以及湖北中部和北部均大面积种植冬小麦。

2012～2013 年，研究区冬小麦种植面积为 198 451 km^2，约 1/3 耕地（32.25%）种植冬小麦。冬小麦种植面积排名靠前的 4 个省份依次为河南、山东、江苏、安徽，冬小麦种植面积分别为 59 119 km^2、37 897 km^2、28 798 km^2、25 793 km^2。冬小麦作为名副其实的大宗农作物，在我国江苏、河南和安徽等粮食大省中，冬小麦种植面积占耕地面积的一半以上。其中，江苏省和河南省冬小麦种植面积均超过了耕地面积的 60%，江苏省约 2/3 耕地（68.61%）种植冬小麦。

8.6 方法精度评估验证

8.6.1 基于统计数据的精度验证

分别基于省域和市域单元，统计基于生长期植被指数变化量的冬小麦制图方法（CBAH）所获得的冬小麦面积分布结果。结果表明，本研究设计方法所提取的 2012～2013 年研究区冬小麦面积与统计年鉴公布的数据总体一致，略高于统计年鉴公布的冬小麦面积（189 573 km²）。基于省份的研究结果揭示，本研究采用 CBAH 获得的研究区冬小麦面积与统计年鉴公布的数据总体吻合，两者同时表明：研究区冬小麦面积最多的省份为河南省，其次为山东省，再次为江苏省和安徽省，最少的为北京市（表 8.2）。基于省份的冬小麦面积排序，CBAH 结果与统计年鉴公布数据完全一致。两者的冬小麦面积差异在于：在冬小麦分布面积大的省份，CBAH 结果高于统计年鉴数据；而在冬小麦零星分布的省（直辖市），CBAH 结果略低于统计年鉴数据。进一步将两者基于市域单元的冬小麦面积进行相关性分析，R^2 为 0.84，均方根误差（root mean square error，RMSE）为 1.847（图 8.6）。说明本研究所设计的冬小麦制图方法获得的结果与统计年鉴数据相关性较强，结果可靠。

表 8.2 2012～2013 年采用 CBAH 估算冬小麦面积与统计年鉴数据对比（单位：km²）

	北京	天津	山西	陕西	湖北	河北	安徽	江苏	山东	河南	总面积
CBAH	179	415	2 187	9 297	13 795	20 971	25 793	28 798	37 897	59 119	198 451
统计年鉴	522	1 051	6 885	11 276	10 655	24 044	24 155	21 326	36 259	53 400	189 573

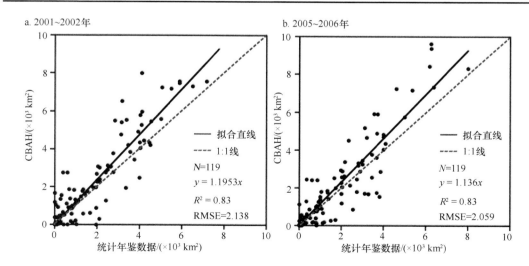

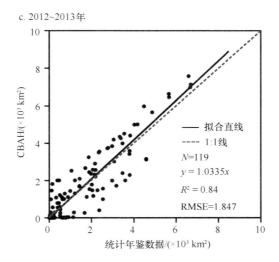

图 8.6　基于市域统计年鉴数据的冬小麦制图方法精度评估

8.6.2　基于农作物调研点位的精度验证

基于 653 个地面调查参考点位数据，对 2012~2013 年冬小麦制图结果进行精度评估验证。在 297 个冬小麦调研点位数据中，有 266 个被 CBAH 正确判别为冬小麦，冬小麦的产品精度达 89.56%。在 356 个非冬小麦调研点位中，有 336 个被 CBAH 正确判别为非冬小麦，非冬小麦的产品精度达 94.38%。基于地面调研点位验证结果表明，CBAH 总体精度达 92.19%（表 8.3），Kappa 系数为 0.8420。基于地面调研点位数据（部分调研照片见附图）的精度验证结果表明，CBAH 能有效地应用于大尺度冬小麦制图。

表 8.3　基于调研点位数据的精度验证表

	点位数/个	CBAH			欧氏距离法			冬季生长峰判别法		
		冬小麦/个	非冬小麦/个	产品精度/%	冬小麦/个	非冬小麦/个	产品精度/%	冬小麦/个	非冬小麦/个	产品精度/%
冬小麦	297	266	31	89.56	203	94	68.35	208	89	70.03
非冬小麦	356	20	336	94.38	139	217	60.96	136	220	61.80
用户精度/%		93.01	91.55		59.36	69.77		60.47	71.20	
总体精度/%		92.19			64.32			65.54		
Kappa 系数		0.8420			0.2894			0.3142		

8.6.3 基于 Landsat 影像解译结果的精度验证

基于 Landsat 影像解译结果，进一步对研究区 2012～2013 年冬小麦分布图进行精度验证。从基于 MODIS 和 Landsat 影像解译的冬小麦空间分布图来看，冬小麦空间分布格局总体一致（图 8.7）。为了定量地进行精度验证，将 Landsat 影像解译结果重采样到 250 m，对利用 CBAH 制图结果（基于 MODIS 时序影像）进行逐像元对比评估。基于 Landsat 影像解译结果的总体精度达 88.85%，其中用户精度和产品精度分别为 83.26% 和 92.92%。Kappa 系数为 0.7792（表 8.4）。基于 Landsat 影像解译结果的精度验证进一步表明，CBAH 能非常有效地提取冬小麦空间分布信息，获得较为理想的分类精度。

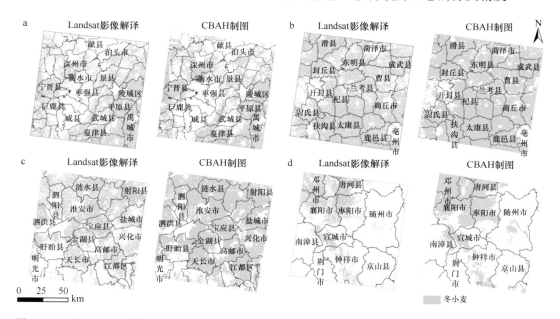

图 8.7　2012～2013 年区域 Ⅰ（a）、Ⅱ（b）、Ⅲ（c）、Ⅳ（d）的 Landsat 影像解译和 CBAH 制图获得的冬小麦空间分布图

区域 Ⅰ、Ⅱ、Ⅲ、Ⅳ 的地理位置见图 8.5

8.6.4 与其他方法对比评估

分别利用欧氏距离法和冬季生长峰判别法，同样基于 MODIS 时序数据集，开展研究区冬小麦制图。在缺乏耕地掩膜处理的情况下，采用欧氏距离法所获得的研究区 2012～2013 年冬小麦面积为 359 381 km^2。尽管欧氏距离法在通过研究区耕地掩膜后冬小麦种植面积缩减为 278 029 km^2，依然比统计年鉴数据超出了将近一半（超 46.69%）。同样地，在未执行耕地掩膜处理的情况下，采用冬季生长峰判别法所获得的研究区 2012～

2013 年冬小麦面积为 463 937 km²。通过耕地掩膜处理后，冬季生长峰判别法所获得的研究区 2012～2013 年冬小麦面积缩减为 296 313 km²，比统计年鉴数据超出一半以上（超56.31%）。利用欧氏距离法和冬季生长峰判别法均在很大程度上高估了冬小麦面积。

基于地面调研点位数据的精度验证结果表明，欧氏距离法和冬季生长峰判别法的总体精度在 70%左右。其中，欧氏距离法的总体精度为 69.61%，而冬季生长峰判别法的总体精度为 70.26%。欧氏距离法和冬季生长峰判别法的 Kappa 系数均约为 0.41（表 8.4）。研究区十省（直辖市）冬小麦制图研究结果表明，欧氏距离法和冬季生长峰判别法不太适合大范围大尺度冬小麦制图。其原因在于，不同区域不同年份冬小麦植被指数时序曲线类内变异性非常大，依据曲线形态的方法（欧氏距离法）和依据冬季生长峰的方法难以应对气候、地形以及耕作管理条件差异带来的冬小麦生长变异性。

表 8.4　2012～2013 年基于 Landsat 影像解译结果的精度验证表

Landsat 分类	MODIS 识别结果								
	CBAH			欧式距离法			冬季生长峰判别法		
	冬小麦/个	非冬小麦/个	产品精度/%	冬小麦/个	非冬小麦/个	产品精度/%	冬小麦/个	非冬小麦/个	产品精度/%
冬小麦	13 613 259	1 030 870	92.96	12 932 607	1 711 522	88.31	11 614 482	3 029 647	79.31
非冬小麦	2 740 653	16 464 118	85.73	8 535 662	10 669 109	55.55	7 017 886	12 186 885	63.46
用户精度/%	83.24	94.11		60.24	86.18		62.33	80.09	
总体精度/%	88.86			69.73			70.32		
Kappa 系数	0.7793			0.4207			0.4146		

8.7　冬小麦制图方法的跨年代推广应用

8.7.1　2001 年以来华北十省（直辖市）冬小麦遥感制图

为了进一步验证 CBAH 的鲁棒性，利用该方法获得 2001～2013 年研究区冬小麦空间分布图。考虑到冬小麦物候期趋势面的重要性，首先需要评估所建立的趋势面模型在不同年份的适用性。农作物物候观测站点数据分析表明，相邻年份冬小麦抽穗期差距在1.3 天以内。冬小麦关键物候期，如播种期、抽穗期和收割期，在 10 年间物候差异小于3 天以内（Xiao et al.，2013）。农作物物候观测站点数据分析表明，冬小麦生长前期长度在研究时段内保持稳定。因此，将所构建的 2012～2013 年生长期长度趋势面模型应用于整个研究时段。对于冬小麦抽穗期，将所构建的 2012～2013 年抽穗期趋势面模型应用于 2008～2013 年；同时基于物候观测站点数据构建 2006～2007 年的冬小麦抽穗期趋势面模型，将其应用于 2001～2007 年冬小麦制图。依据生长期变化量指标，进行 2001～2013 年研究区逐年冬小麦制图。其中，2001～2002 年、2005～2006 年研究区冬小麦空间分布图见图 8.8。

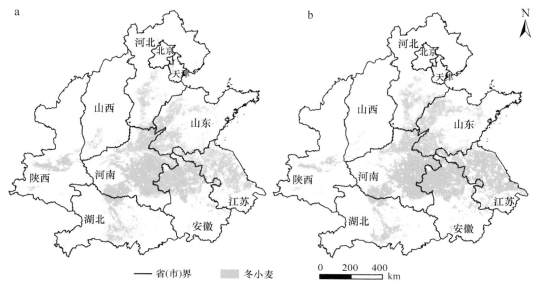

图 8.8　2001～2002 年（a）、2005～2006 年（b）研究区冬小麦空间分布图

8.7.2　方法精度评估验证

2001～2013 年，研究区冬小麦空间分布总体保持一致。不同年份，在研究区南部的湖北省和北部的河北省，冬小麦分布年际变化比较明显。因此，进一步在研究区北部选取一景 Landsat 影像（区域 V，位置见图 8.5），研究区南部选取一景 Landsat 影像（区域 VI，位置见图 8.5），对冬小麦遥感制图方法进行精度评估验证。

Landsat 验证区域 V 位于河北省中部与北京、天津交接处。基于 Landsat 影像解译结果（图 8.9）表明，2001～2002 年，区域 V 曾经大面积种植冬小麦。2001～2002 年，冬小麦在研究区曾经广泛分布，如易县、清苑县、任丘市、河间市、永清县、河间市、天津市等研究区多数县（市）大面积种植冬小麦。但到 2012～2013 年，除了清苑县、易县等少数县（市）冬小麦分布较多外，区域 V 其他很多县（市）已经很少种植冬小麦。例如，研究区中部的河间市、永清县等县（市），已经很少有冬小麦分布区域。

Landsat 验证区域 VI（图 8.5）位于河南南部与安徽、湖北交界处。基于 Landsat 影像解译结果（图 8.10）表明，2001～2002 年，区域 VI 北部和中部曾经大面积种植冬小麦。例如，2001～2002 年，研究区北部的潢川县、固始县、霍邱县耕地大面积种植冬小麦，而六安市东北部也有大面积冬小麦分布。但到 2012～2013 年，六安市已经几乎没有冬小麦分布，潢川县、固始县、霍邱县等县（市）冬小麦面积大幅缩减，这些县（市）仅剩北部区域依然种植冬小麦。

在 Landsat 验证区域Ⅴ和区域Ⅵ，基于 MODIS 时序遥感制图的结果与 Landsat 影像解译结果空间格局非常吻合。基于 Landsat 影像解译结果（区域Ⅴ和区域Ⅵ）（图 8.9）的精度验证结果表明，2001～2002 年、2005～2006 年 CBAH 制图结果总体精度分别为88.76%和89.51%（表 8.5）。其中，2001～2002 年，冬小麦用户精度和产品精度分别为84.82%和82.98%，Kappa 系数为 0.7939。2005～2006 年，冬小麦用户精度和产品精度分别为81.49%和82.77%，Kappa 系数为 0.8208。基于 Landsat 影像解译结果，不同年份冬小麦制图结果精度验证表明，所建立的 CBAH 能有效地适用于跨年代冬小麦空间分布信息提取。

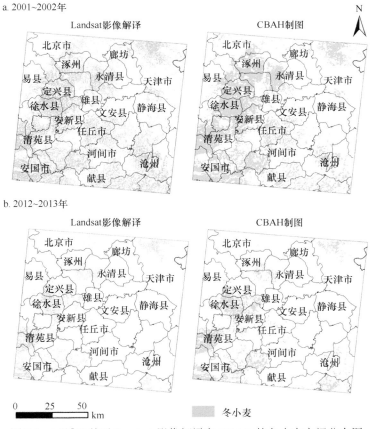

图 8.9　区域Ⅴ基于 Landsat 影像解译和 CBAH 的冬小麦空间分布图

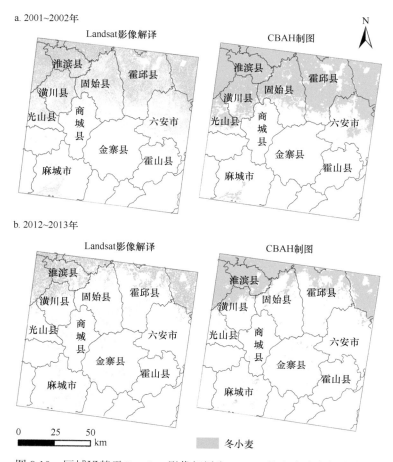

图 8.10　区域Ⅵ基于 Landsat 影像解译和 CBAH 的冬小麦空间分布图

表 8.5　基于区域Ⅴ和Ⅵ Landsat 影像解译结果的 2001～2002 年、2012～2013 年精度验证表

| Landsat 分类 | MODIS 识别结果（CBAH） | | | | | |
| | 2001～2002 年 | | | 2012～2013 年 | | |
	冬小麦/个	非冬小麦/个	产品精度/%	冬小麦/个	非冬小麦/个	产品精度/%
冬小麦	5 247 158	1 076 170	82.98	4 317 658	899 071	82.77
非冬小麦	939 342	10 661 780	91.90	980 897	11 726 824	92.28
用户精度/%	84.82	90.83		81.49	92.88	
总体精度/%	88.76			89.51		
Kappa 系数	0.793 9			0.820 8		

注：面积统计单位为栅格个数，栅格单元大小为 250 m×250 m

历年研究区冬小麦空间分布结果表明，研究区冬小麦分布格局历年保持总体一致。其中 2001～2002 年、2005～2006 年研究区冬小麦面积分别为 196 775 km^2 和 182 475 km^2。基于 CBAH 获得的冬小麦种植面积略高于统计年鉴数据（2001～2002 年、2005～2006 年依次为 177 611 km^2 和 171 926 km^2）。基于地市级单元的对比结果表明，CBAH 制图结果与统计年鉴数据的相关性均在 0.82 以上（图 8.6）。

8.8　结　　论

本章创建了冬小麦大尺度跨年代连续快速制图技术。所创建的基于生长期植被指数变化量的冬小麦制图技术方法，通过构建冬小麦抽穗期、生长前期长度的趋势面模型，逐像元推算冬小麦播种期、抽穗期以及成熟期，确定冬小麦生长前期和生长后期，设计冬小麦生长前期以及生长后期的植被指数变化量指标，依据冬小麦有别于其他农作物的生长前期和生长后期植被增量变化特征，建立冬小麦信息提取模型。技术方法的优势在于，通过趋势面模型动态确定冬小麦物候期（抽穗期、生长前期长度），进一步动态推断冬小麦播种期和成熟期，能有效地避免不同区域冬小麦物候期差异带来的干扰。通过设计冬小麦生长前期和生长后期变化量指标，聚焦冬小麦在播种、抽穗、成熟期等关键物候期植被指数数值分布以及生长期内最值变化幅度，而不是直接比较生长期植被指数时序曲线形状特征。不仅能有效地避免冬小麦生长期内植被指数时序曲线局部变化带来的干扰（如冬小麦冬季生长峰大小、返青速度等），而且能有效地凸显冬小麦的独特之处，因为冬小麦生长后期（通常为春末夏初）植被指数变化趋势（下降）与其他农作物截然不同（明显上升），并且冬小麦生长前期变化量明显大于其他农作物。

所建立的冬小麦制图技术，不需要耕地掩膜数据，而相关辅助数据如海拔、纬度等数据客观性强，易于获取，因此方法的可操作性强。利用所建立的冬小麦制图技术，开展我国冬小麦主产区华北十省跨年代冬小麦多年连续制图研究。基于农作物分布调研点位数据的验证结果表明，方法总体精度达 92.19%，Kappa 系数为 0.8420。在研究区内选取 6 期区域 Landsat 影像，采用冬季、晚春季、夏秋季多期影像解译获得冬小麦分布图，验证结果表明该方法历年总体精度均达 88% 以上。

第 9 章　基于生长盛期 NMDI 增减比值指数的玉米制图方法

　　玉米作为中国主要农作物，在全国分布非常广泛。自从我国取消农业税以及相继实施粮食保护价收购以来，玉米面积与产量剧增，特别是近年来玉米库存高企。及时准确掌握玉米种植分布信息，对于引导农业供给侧改革、确保国家粮食安全至关重要。由于玉米种植范围广、种植模式复杂，不同区域与年份以及不同种植模式情景下玉米植被指数时序曲线存在很大的变异性。因此，给基于植被指数时序曲线构建大尺度玉米制图技术带来严峻挑战。本章通过锁定玉米关键物候期——生长盛期，引入归一化多波段干旱指数（normalized multi-band drought index，NMDI），分析探索关键物候期内玉米湿度变异性特征，建立了一种基于生长盛期 NMDI 增减比值指数（the Ratio of Cumulative Positive slope to Negative slope，RCPN）的玉米制图方法。在此基础上，采用 MODIS 时序遥感影像，通过玉米分布时空连续遥感制图，揭示了 2005～2015 年 10 年间全国玉米种植面积实际增加三成以上，近年来随着"镰刀弯"政策的实施，全国玉米种植面积总体呈缩减态势。

9.1　研　究　背　景

　　玉米作为 C_4 植物，被认为是全球人类和牲畜最重要的粮食之一（Tan et al.，2014）。实时准确获取每年玉米实际种植分布信息，对于确保供需平衡以及粮食安全非常重要。基于植被物候的农作物遥感制图方法需要克服两方面的挑战：同一种农作物植被指数时序曲线的类内异质性，不同农作物植被指数时序曲线的类间相似性（Lunetta et al.，2010；Wardlow et al.，2007）。针对第 1 章绪论部分所提到的植被指数时序曲线类内异质性挑战，研究学者从以下 4 个方面提出了研究对策：①依据农作物物候历，推算估计随不同区域推移的动态标准化植被指数时序曲线（Zhang et al.，2014）；②结合降水和温度等辅助数据，增加判断规则（Howard et al.，2012；Zhang et al.，2015）；③充分分析不同农作物物候特征，探寻其特定的时间与频率特征，构建时序指数（Qiu et al.，2017a；Zhong et al.，2016）；④纳入其他遥感指数，将其与植被指数时序曲线结合（Dong et al.，2015；Xiao et al.，2005）。

　　以上种种研究策略在农作物制图中取得了很好的应用效果。特别是对上述 4 个方面研究策略的综合应用，如锁定水稻关键物候期，将植被指数和水体指数相结合，用于水稻制图（Dong et al.，2015；Xiao et al.，2005）。通过分析关键物候期多种遥感指数变异性特征，建立农作物制图方法，取得了很好的应用成效。但目前相关研究仍集中在综合利用植被指数与水体指数开展水稻制图方面，鲜见其他遥感指数的集成应用。其原因在于，水稻移栽期具有需要漫灌的特征，可用于水稻识别，而玉米、大豆、花生等不同旱作农作物没有明显的独特之处，因此难以依据其耕作管理或生长发育特征建立有效的物候指标从而开展遥感制图。另外，玉米种植范围广泛，种植模式异常复杂，这也给建立鲁棒性强的大尺度玉米制图方法带来极大挑战。因此，目前玉米时序遥感制图研究范围多侧重在省域尺度，全国大尺度玉米种植时空连续分布信息依然匮乏（Tan et al.，2014）。本章通过引入 NMDI，探索玉米生长盛期叶片湿度变异性特征，基于生长盛期 NMDI 增减比值指数构建一种能适用于大尺度的玉米制图方法（Maize mapping algorithm by Exploring Leaf moisture variation during flowering Stage，MELS），试图填补全国范围长时序大尺度玉米分布数据匮乏的空白。

9.2　研究区概况与数据来源

9.2.1　研究区概况

玉米在全国范围广泛分布，尤其是东北区和黄淮海区（图 9.1）。玉米种植模式复杂，有单季玉米以及和冬小麦轮作双季种植玉米等多种形式（Zhang et al.，2014）。按照播种时间，大致又可以分为春玉米、夏玉米、春夏播玉米。春玉米一般在春季 4 月下旬至 5 月上旬播种，通常为单季农作物。夏玉米一般在 6 月上旬至 7 月中旬播种，通常是双季轮作中的第二季农作物。我国玉米种植区主要有北方春玉米区、黄淮海平原春夏播玉米区、西南山地丘陵玉米区、西北内陆玉米区等。

9.2.2　数据来源

1）MODIS EVI2 和 NMDI 时间序列数据集

研究采用 2005～2017 年 8 天最大化合成、空间分辨率为 500 m 的 MOD09A1 地表反射率数据，分别计算两波段的增强型植被指数（EVI2）（Jiang et al.，2008）、归一化多波段干旱指数（NMDI），公式如下：

$$\text{NMDI} = \frac{\rho_{\text{NIR}} - (\rho_{\text{SWIR6}} - \rho_{\text{SWIR7}})}{\rho_{\text{NIR}} + (\rho_{\text{SWIR6}} - \rho_{\text{SWIR7}})} \tag{9.1}$$

式中，ρ_{NIR}、ρ_{SWIR6} 和 ρ_{SWIR7} 分别代表近红外波段（841～875 nm）、短波红外波段 6（1628～1652 nm）以及短波红外波段 7（2105～2155 nm）的反射率。

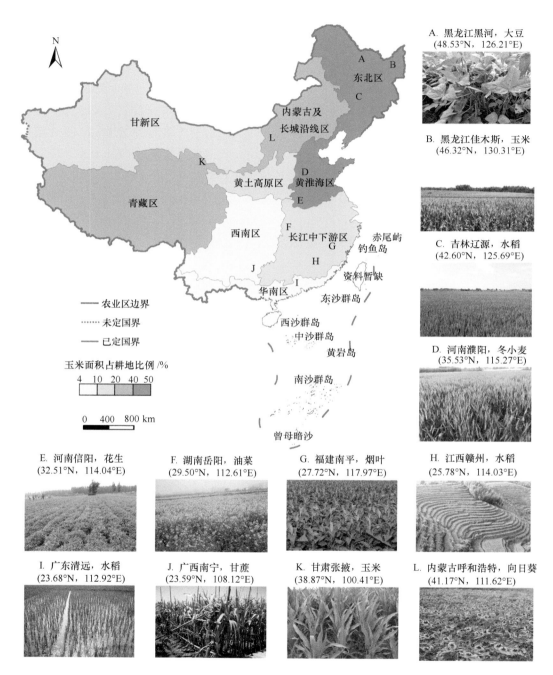

图 9.1　2015 年全国玉米面积占耕地比例以及部分调研点位采集的农作物照片

玉米面积占耕地比例采用 2015 年遥感监测数据

NMDI 对土壤和植被含水量均非常敏感。对于裸地或弱植被区，NMDI 能很好地指示土壤含水量的变化：随着土壤含水量的增加，NMDI 数值下降。对于植被茂密区域，NMDI 能有效地表征植被含水量变化：NMDI 数值几乎随着植被含水量的增大而线性增大（Wang and Qu，2007）。在土壤与植被混合的区域，NMDI 同时反映了土壤与植被的水分状况（Wang and Qu，2007）。

2）实地调研农作物分布数据以及其他相关数据集

农作物分布实地调查工作从 2012 年暑期开始，调研人员先后抵达全国除西藏、青海和台湾以外的省份，特别是详细考察了华北平原、长江中下游平原、东北平原等全国主要农业区。重点调查收集了农作物分布及农作物物候等农情信息，截至 2017 年 9 月，共收集到分布于全国各地的 2536 个旱作农作物地面调研点位（部分点位见图 9.1）。这些调研点位中，包括 1646 个玉米点位（单季玉米或玉米与其他作物轮作点位）、565 个大豆点位、69 个向日葵点位、44 个花生点位、39 个土豆以及若干其他旱作农作物调研点位。

分别采用第 5 章和第 6 章提出的研究方法，基于 8 天 500 m MODIS 时序数据集，建立 2005～2018 年全国耕地复种指数和水稻空间分布数据库，用于辅助开展 2005～2018 年玉米时空演变格局分析及探讨玉米扩展来源和缩减去向。其他相关数据集，包括农业统计数据、农作物物候数据和耕地空间分布数据。农业统计数据源自国家统计局（http://www.stats.gov.cn）。农作物物候数据从国家气象局网站获取。耕地空间分布数据源自 2010 年全球 GlobeLand30 土地利用/覆盖现状分布数据（http://www.globalandcover.com/）。GlobeLand30 土地利用/覆盖数据集的总体精度为 80.3%（Chen et al.，2015b）。为了与 MODIS 数据分辨率保持一致，将 30 m 耕地空间分布栅格数据重采样到 500 m。

9.3　玉米制图方法

9.3.1　农作物生长盛期 NMDI 时序曲线变化特征

与植被指数时序曲线不同的是，NMDI 时序曲线的峰值与农作物生长期之间并无对应关系（图 9.2）。在很多情况下，NMDI 时序曲线的极大值出现在农作物生长期以外。例如，在农作物生长期即将开始前有一个明显的低谷和高峰（图 9.2）。由于 NMDI 与土壤水分和植被含水量呈相反的响应关系，当土壤与植被混合时，难以直观地阐释 NMDI 的变化含义（Wang and Qu，2007）。因此，本部分聚焦农作物开花期（生长盛期），此时农作物生长茂盛，地表几乎完全为植被所覆盖，NMDI 集中体现了农作物含水量的变异性特征。

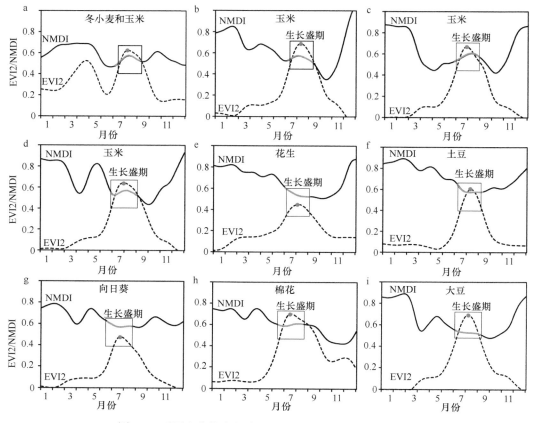

图 9.2　不同农作物生长盛期 EVI2、NMDI 时序变化特征

不同农作物开花期 NMDI 变化特征主要表现为 3 种模式。第一种为平稳模式，表现为 NMDI 指数在生长盛期内数值保持平稳，变异性非常小。例如，土豆、向日葵和棉花等农作物生长盛期 NMDI 指数时序曲线就属于第一种平稳模式（图 9.2f～图 9.2h）。第二种为下降模式，表现为在生长盛期农作物 NMDI 指数略微下降。例如，大豆和花生等农作物生长盛期 NMDI 时序曲线就属于第二种下降模式（图 9.2e，图 9.2i）。第三种为先升后降模式，表现为在生长盛期农作物 NMDI 指数首先上升然后略有下降，因此 NMDI 指数时序曲线在生长盛期内出现明显峰值。玉米生长盛期 NMDI 时序曲线就属于第三种先升后降模式（图 9.2a～图 9.2d）。

依据 EVI2 和 NMDI 峰值出现的相对次序，又可以将玉米生长盛期 NMDI 时序曲线划分为以下 3 种情况：第一种情况，VI 和 NMDI 峰值出现时间刚好吻合（图 9.2a）；第二种情况，NMDI 峰值出现在 EVI2 峰值前（图 9.2b）；第三种情况，NMDI 峰值出现在 EVI2 峰值后（图 9.2c，图 9.2d）。总之，玉米生长盛期 NMDI 时序曲线峰值可能与植被指数峰值刚好吻合或者出现在其前后等。但这 3 种情况下，玉米生长盛期 NMDI 时序曲线均表现出先升后降的变化模式。

9.3.2 生长盛期 NMDI 增减比值指数

生长盛期 NMDI 增减比值指数设计概念图见图 9.3。首先，依据植被指数时序曲线确定农作物生长盛期。针对每种农作物生长期，依据植被指数极大值确定每种农作物生长期所对应的生长峰值期。依据农作物峰值期确定农作物生长盛期。以农作物峰值期为中心，将农作物峰值期前后 20 天共 40 天时间定义为农作物生长盛期。所定义的农作物生长盛期通常涵盖了农作物抽穗扬花期。为了表述方便，将生长盛期进一步划分为开花前期（峰值期前 20 天）、开花后期（峰值期后 20 天）（图 9.3）。

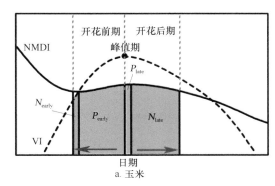
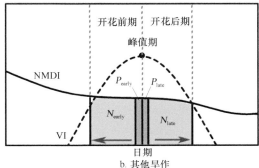

图 9.3　生长盛期 NMDI 增减比值指数设计概念图

在动态确定农作物开花前期和开花后期的基础上，分别设计 NMDI 指数的增量和减量指标。NMDI 指数增量和减量指标的计算步骤为：在农作物开花前期，从第一天开始逐日计算每日 NMDI 的变化量，如果 NMDI 变化量为正值，将该数值累加到 NMDI 增量指标；如果 NMDI 变化量为负值，将该数值累加到 NMDI 减量指标，按照上述步骤，逐日连续统计直到生长峰值期结束，获得开花前期 NMDI 增量（图 9.3 中的 P_{early}）和NMDI 减量指标（图 9.3 中 N_{early}）。参照上述流程，获得开花后期 NMDI 增量（图 9.3中 P_{late}）和 NMDI 减量指标（图 9.3 中 N_{late}）。

在建立开花前期和开花后期 NMDI 增量与 NMDI 减量指标的基础上，设计农作物生长盛期 NMDI 增减比值指数。其计算公式为

$$\text{RCPN} = \left(P_{\text{early}} + P_{\text{late}} \right) \times N_{\text{late}} / \left(N_{\text{early}} + N_{\text{late}} + \sigma \right) \times 100 \tag{9.2}$$

式中，P_{early} 和 P_{late} 分别表示开花前期 NMDI 增量、开花后期 NMDI 增量；N_{early} 和 N_{late}分别表示开花前期 NMDI 减量、开花后期 NMDI 减量。上述公式中，$(P_{\text{early}}+P_{\text{late}})$ /$(N_{\text{early}}+N_{\text{late}}+\sigma)$ 为生长盛期 NMDI 增量和减量的比值。为了避免出现分母为零的特殊情

况，增加了常数变量 σ，将 σ 的值设为 0.002。为了凸显玉米 NMDI 减量主要出现在开花后期，在指标中进一步增加了 N_{late}。

生长盛期 NMDI 增减比值指数（RCPN）的设计目标是，尽可能凸显玉米有别于其他农作物的特点，并且能有助于消除不同区域玉米的内部差异性。对于第一种 NMDI 平稳模式，RCPN 指数中（$P_{early}+P_{late}$）/（$N_{early}+N_{late}+\sigma$）和 N_{late} 都非常小，因此 RCPN 指标数值很小。对于第二种 NMDI 下降模式，（$P_{early}+P_{late}$）为零或接近零，N_{late}/（$N_{early}+N_{late}+\sigma$）数值相对较小，因此 RCPN 指标数值很小。对于第三种 NMDI 先升后降模式，所设计的 RCPN 指标数值较大，其原因有两方面：①NMDI 在生长盛期以增量为主，因此（$P_{early}+P_{late}$）数值相对较大；②在生长盛期 NMDI 减量集中在开花后期，因此 N_{late}/（$N_{early}+N_{late}+\sigma$）数值也相对较大。

9.3.3 玉米判别标准

首先，依据土地利用/覆盖数据获得耕地分布区域。然后，基于小波谱顶点的耕地复种指数遥感监测方法，获得全国耕地复种指数数据集。在此基础上，利用极差比指数（RCPN）对水稻进行识别，最终获得研究区水稻分布图。最后，逐像元逐生长期针对非水稻研究单元，利用所设计的生长盛期 NMDI 增减比值指数，获得玉米空间分布图。玉米判别规则为：当 RCPN>θ 时，该像元为玉米，否则为其他农作物。

将生长盛期 NMDI 增减比值指数（RCPN）数值大于阈值 θ 的像元判别为玉米，否则为其他农作物。阈值 θ 可以依据农作物实地调研点位数据而定。

9.4   全国玉米空间分布图

从地面调查参考点位中随机选取了 516 个样点，用于确定玉米判别准则中常数 θ 的取值。依据参考点位数据，最终将生长盛期 NMDI 增减比值指数大于 0.35 的像元判别为玉米。基于所确定的阈值，采用所建立的玉米制图方法，获得全国 2005～2018 年玉米空间分布图。其中，2015 年全国玉米分布图见图 9.4。由图可见，玉米集中分布在东北区和黄淮海区，并且在全国九大农业区都有分布。全国两个最大的玉米农业区为东北区和黄淮海区，2005～2018 年玉米空间分布图见图 9.5。

2015 年，全国玉米面积为 401 763 km^2，大约相当于 4 个浙江省面积，可见玉米面积分布之广（图 9.4）。九大农业区中，东北区玉米种植面积最大，2015 年达 138 057 km^2，约占全国玉米面积的 34.36%。黄淮海区玉米种植面积紧跟其后，约占全国玉米种植面积的 32.74%，2015 年玉米种植面积为 131 522 km^2。其次为长江中下游区，2015 年玉米种植面积为 47 375 km²，约占全国玉米面积的 11.79%。再次为内蒙古及长城沿线区，2015年玉米种植面积约占全国玉米面积的 7.6%（图 9.5）。

图 9.4　2015 年全国玉米空间分布图

2015 年，全国平均约四分之一（24.91%）耕地种植玉米（图 9.1）。玉米分布面积占耕地比例区域差异明显，总体呈现北高南低的分布格局（图 9.5）。东北区和黄淮海区作为全国玉米种植最重要的主产区，40%以上耕地种植玉米（图 9.6）。其中，黄淮海区大约一半（48.51%）耕地种植玉米，可见玉米作为大宗农作物在东北区和黄淮海区的重要地位。除我国东北和黄淮海这两个重要农业区外，青藏区和内蒙古及长城沿线区玉米种植面积占耕地比例也略高于全国平均水平，分别为区域内耕地面积的 27.01%、33.10%。西南区和华南区玉米种植面积占耕地比例均远远低于全国平均水平，在 10%以下。其中，西南区玉米种植面积占耕地比例最小，不足 5%（4.53%），华南区也仅为 7.13%。长江中下游区、黄土高原区和甘新区，虽然玉米种植面积差距很大，但玉米种植面积占耕地的比例非常接近，为14%～17%。

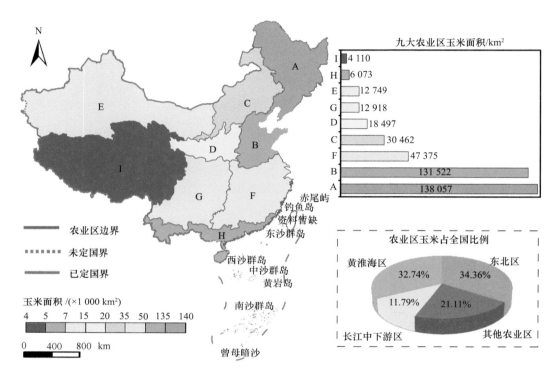

图9.5　2015年九大农业区玉米面积

农业区 A～J 依次分别对应为：东北区、黄淮海区、内蒙古及长城沿线区、黄土高原区、甘新区、长江中下游区、西南区、华南区、青藏区

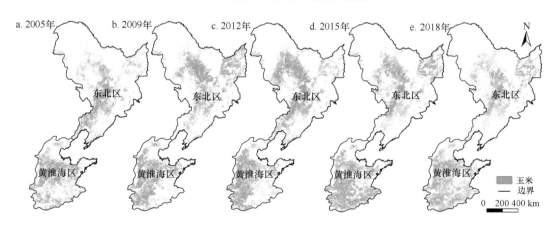

图9.6　2005～2018年东北区和黄淮海区玉米空间分布图

9.5　方法精度评价

9.5.1　基于农业统计年鉴数据的精度评估

利用 MELS 玉米制图方法得到的 2015 年玉米总面积约为 400 000 km²。农业统计数据中玉米总面积约为 45×10⁴ km²。相比之下，基于 MODIS 影像估算的玉米总面积略偏少。基于省域尺度的对比评估表明，大多数省份吻合较好，如内蒙古、吉林等地玉米遥感估算面积和统计年鉴数据差距很小。2005 年、2007 年、2009 年、2015 年，玉米遥感估算面积与统计年鉴数据线型模型的决定系数均在 0.8 以上（图 9.7）。

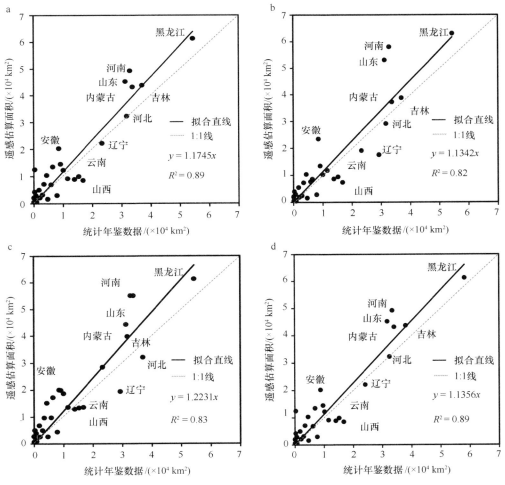

图 9.7　基于统计年鉴数据的玉米制图方法精度验证

a. 2005 年；b. 2007 年；c. 2009 年；d. 2015 年

其中,2005 年玉米遥感估算面积与统计年鉴数据相关度最高,模型决定系数接近 0.9。由此说明,基于生长盛期 NMDI 增减比值指数的玉米制图结果与统计年鉴数据具有较好的一致性,采用所提出的 MELS 玉米制图方法能有效地获取全国连续多年玉米空间分布信息。

值得关注的是,在玉米种植大省中,河南、山东等少数省份的估算值略微高于农业统计数据(图 9.7)。在国家甚至洲际尺度上应用该方法时,应考虑气候多样性引入的遥感影像的异质性(Waldner et al.,2015)。例如,在湿润半湿润区,作物开花期叶片水分变化要比暴雨引起的地表变化小得多(Qiu et al.,2015)。基于生长盛期 NMDI 增减比值指数的玉米制图方法,对半湿润区玉米面积的高估可能与潮湿地区频繁降雨引起的复杂地表含水量变化有关。

9.5.2 基于农作物分布调研点位数据的精度验证

基于全国农作物分布调研点位数据,对全国历年玉米分布图进行精度验证。所采用的全国农作物分布调研点位覆盖全国除青藏区以外的八大农业区,时间跨度为 2012~2017 年。考虑到全国玉米分布区域的年际变异性,基于全国农作物分布调研点位数据开展精度验证时,严格采用对应年份的农作物调研点位分布与玉米空间分布对比分析评估。随机选取的 2012~2017 年 2020 个农作物分布调研点位情况见表 9.1。

表 9.1　全国农作物分布调研点位情况　　　　　　　(单位:个)

地面调研作物	2012 年	2013 年	2014 年	2015 年	2016 年	2017 年	总计
玉米	81	119	240	309	403	218	1370
大豆	6	17	26	148	152	49	398
向日葵	6	8	10	14	21	10	69
花生	0	0	0	6	10	5	21
土豆	0	1	12	7	10	9	39
棉花	3	8	2	6	0	0	19
油菜	1	0	4	3	1	0	9
植被	3	2	0	2	4	3	14
其他农作物	10	10	17	19	25	0	81
总计	110	165	311	514	626	294	2020

基于全国农作物分布调研点位数据，精度验证结果见表 9.2。在 1370 个玉米调研点位中，1267 个点位被正确判别为玉米，生产者精度达 92.48%。在 650 个非玉米调研点位中，有 581 个点位被正确标识为其他农作物，生产者精度为 89.38%。总体精度达 91.49%，Kappa 系数为 0.8076。因此，基于全国农作物分布调研点位数据的验证结果表明，采用所提出的玉米制图方法能有效地获取全国大尺度连续多年玉米空间分布信息，玉米制图方法精度达 90%以上。

表 9.2　基于农作物分布调研点位数据的精度验证表

地面调研点位	点位数/个	玉米/个	其他农作物/个	生产者精度/%
玉米	1370	1267	103	92.48
其他农作物	650	69	581	89.38
用户精度/%		94.84	84.94	
总体精度/%		91.49		
Kappa 系数	0.8076			

9.5.3　基于 Landsat 影像解译结果的精度验证

在东北区和黄淮海区，分别选取三景 Landsat 影像，在监督分类结果的基础上结合目视解译，获得区域Ⅰ、Ⅱ、Ⅲ玉米分布图（图 9.8）。对比 Landsat 影像解译结果与基于 MELS 玉米制图方法获得的玉米空间分布图，从视觉效果上来看非常吻合。例如，区域Ⅰ处于河南和山东交界处，研究区内遍地种植玉米，耕地区域几乎全部种植玉米。区域Ⅱ位于黑龙江，与区域Ⅰ类似，耕地区域内主要种植玉米，玉米广泛分布。区域Ⅲ位于吉林省北部与黑龙江交界处，区域内除西北部部分县市外（如扶余市）耕地区域玉米广泛分布。

将区域Ⅰ、Ⅱ、Ⅲ基于 Landsat 影像解译获得的玉米空间分布图重采样到 500 m，对 MODIS 时序影像制图结果进行精度评估，精度验证结果见表 9.3。基于 Landsat 影像解译玉米分布数据验证结果表明，所提出的 MELS 玉米制图方法，总体精度为 87.91%，Kappa 系数为 0.8577。其中，玉米制图结果的生产者精度和用户精度，分别达 89.32%和 93.89%。基于 Landsat 影像解译结果，进一步验证了 MELS 玉米制图方法具有较好的分类精度。

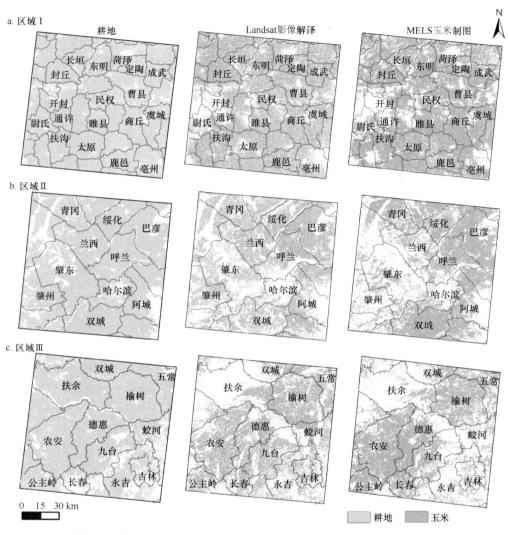

图 9.8　耕地分布图、Landsat 影像解译以及 MELS 玉米制图对比评估

区域 I、II、III 位置见图 9.4

表 9.3　基于 Landsat 影像解译结果的方法精度验证

Landsat 验证	MELS 制图		
	玉米/个	其他作物/个	生产者精度/%
玉米	10 581 749	1 265 506	89.32
其他作物	688 533	3 627 253	84.05
用户精度/%	93.89	74.13	
总体精度/%	87.91		
Kappa 系数	0.8577		

注：表内数据以像元数统计

9.6　2005～2015 年全国玉米种植面积扩展态势分析

9.6.1　2005～2015 年全国玉米种植面积剧增

2005～2015 年，全国玉米种植面积增幅超过三成（33.20%）（表 9.4）。全国玉米种植面积从 2005 年的 301 634 km^2 增加到 2015 年的 401 764 km^2（表 9.4）。2005～2015 年，全国玉米面积净增加约 10 万 km^2。2005～2015 年，我国玉米种植面积持续增加态势明显。2005 年，全国不足 20%（18.81%）耕地种植玉米，到 2015 年约 25%（24.91%）耕地种植玉米（表 9.4）。

表 9.4　2005 年、2015 年全国和九大农业区玉米面积及其变化情况

农业区	2005 年面积/km^2	2015 年面积/km^2	2015 年占耕地比例*/%	2005～2015 年净增加/km^2	净增加占全国净增加比例/%	2005～2015 年增幅/%
东北区	114 916	138 057	41.65	**23 142**	23.11	20.14
黄淮海区	101 810	131 522	48.51	**29 712**	29.67	29.18
长江中下游区	27 207	47 375	15.02	**20 168**	20.14	**74.13**
内蒙古及长城沿线区	19 832	30 462	27.01	**10 630**	10.62	**53.60**
黄土高原区	9 566	18 497	16.41	8 931	8.92	**93.36**
西南区	10 183	12 918	4.53	2 735	2.73	26.86
甘新区	10 807	12 749	14.83	1 942	1.94	17.97
华南区	3 743	6 073	7.13	2 330	2.33	**62.25**
青藏区	3 570	4 110	33.10	540	0.54	15.13
全国	301 634	401 764	24.91	100 130	100	33.20

*表示分别占各农业区耕地面积

注：表内加粗字体表示玉米净增加种植面积或者增幅明显。全国面积是直接统计的，不是每个区的加和

九大农业区玉米种植面积均有所增加。玉米种植面积增加排名前三的农业区依次为黄淮海区、东北区、长江中下游区（图 9.9，表 9.4）。这 3 个农业区 2005～2015 年玉米增加面积均在 2 万 km^2 以上。其中，黄淮海区 2005～2015 年玉米增加面积接近 3 万 km^2（29 712 km^2）。2005～2015 年全国约 30%玉米拓展区域来源于黄淮海区（图 9.9）。东北区 2005～2015 年玉米增加面积为 23 142 km^2。长江中下游区 2005～2015 年玉米增加面积虽然略低于黄淮海区以及东北区，但和 2005 年相比增加超七成，增幅达 74.13%。

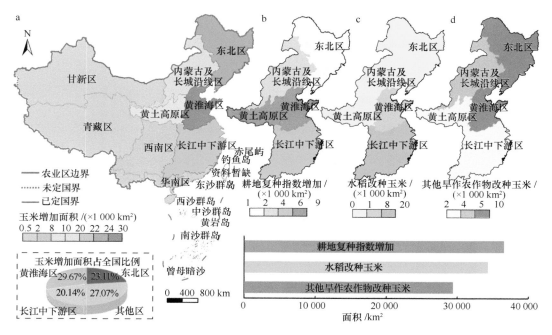

图 9.9　2005～2015 年全国玉米增加面积分布（a）以及玉米增加来源分布图（b～d）

　　除长江中下游区外，2005～2015 年玉米种植面积增幅超过五成以上的农业区还有内蒙古及长城沿线区、黄土高原区以及华南区（表 9.4）。内蒙古及长城沿线区、黄土高原区玉米种植面积分别增加了 10 630 km²、8931 km²，增幅分别为 53.60%和 93.36%。即黄土高原区 2005～2015 年玉米种植面积几乎翻倍。华南区从 2005 年的不足 4000 km²增加到 6000 km²以上，增幅为 62.25%（表 9.4）。西南区、甘新区、青藏区 3 个农业区玉米种植面积相对较少，每年玉米的种植面积均占全国玉米面积的 3%以下，2005～2015年玉米面积增幅也低于全国平均水平，为 15%～27%（表 9.4）。

9.6.2　2005～2015 年全国玉米扩张导致农业结构失衡

　　按照玉米种植面积扩张原因，可以归结为以下 3 种方式：第一种玉米扩张方式是通过增加耕地复种指数实现的。例如，通过增加种植玉米，将单熟制改为双熟制（玉米+其他农作物）。第一种通过增加耕地复种指数实现玉米扩张的方式占全国玉米扩张面积的36.48%。全国有 36 536 km² 单季种植耕地区域通过增加播种一季玉米变为双季种植（图 9.9，表 9.5）。通过增加复种指数实现玉米扩张的方式主要分布在黄土高原区、黄淮海区以及长江中下游区，全国除青藏区以外农业区均有分布。第一种玉米扩张方式不会对水稻、其他旱作农作物种植面积产生影响，并且有助于稳步提高全国耕地复种指数。

　　第二种玉米扩张方式是通过将原来种植水稻的耕地改种玉米，即水改旱。水改旱的玉米扩张方式约占全国玉米增加面积的 34.22%（图 9.9，表 9.5）。2005～2015 年，全国有 34 266 km² 耕地从原来种植水稻改种玉米。通过水改旱的玉米扩张方式，全国有一半以上分布在长江中下游区（57.9%），19.54% 分布在黄淮海区。长江中下游区和黄淮海区从原来实施冬小麦和水稻双季轮作改为冬小麦和玉米双季轮作，或者原来单季稻改种单季玉米。第二种玉米扩张方式的耕地复种指数保持不变，但将直接导致水稻种植面积缩减。

第三种玉米扩张形式是通过挤占其他旱作农作物，即将其他旱作农作物改种玉米。第三种玉米扩张方式约占玉米扩展面积的 29.29%（图 9.9，表 9.5）。2005～2015 年，全国有 29 328 km² 其他旱作农作物改为种植玉米。通过挤占其他旱作农作物的玉米扩张方式将近 80%（79.6%）分布在黄淮海区、东北区以及内蒙古及长城沿线区。第三种玉米扩张方式将直接导致其他旱作农作物种植面积减少。国家统计年鉴数据表明，2005～2015 年，豆类、马铃薯、棉花、烟草等旱作农作物播种面积急剧下降。2005～2015 年，全国玉米扩张导致农业结构失衡。

对于全国整体而言，全国玉米扩张的三方面来源分别占全国玉米扩张面积的比例相差不大（图 9.9，表 9.5）。对于不同的农业区而言，不同玉米扩张形式所占比例差别很大。全国九大农业区中，仅黄淮海区 3 种玉米扩张方式面积基本相当。黄淮海区 3 种玉米扩张方式引起玉米种植面积增幅基本持平，其中通过挤占其他旱作农作物的玉米扩张面积略高。全国有两个农业区的玉米种植面积扩张以其中两种扩张方式为主。这两个农业区分别为：内蒙古及长城沿线区，玉米扩张以挤占其他旱作农作物和提高耕地复种指数为主；华南区，以提高耕地复种指数和水稻改种玉米为主。全国有 6 个农业区玉米种

表 9.5　2005～2015 年全国和九大农业区玉米扩张面积来源　（单位：km²）

农业区	水稻改种玉米	提高耕地复种指数	挤占其他旱作农作物
东北区	643	1 902	**9 322**
黄淮海区	6 696	7 516	**9 982**
长江中下游区	**19 840**	5 559	2 352
黄土高原区	337	**8 430**	2 792
内蒙古及长城沿线区	0	3 170	4 040
甘新区	0	4 899	452
西南区	4 266	2 369	0
华南区	2 316	2 691	126
青藏区	168	0	262
全国	34 266	36 536	29 328

注：表内加粗字体表示变化明显区域

植面积扩张以某一种玉米扩展方式为主，60%以上玉米扩张面积源于此。例如，东北区以挤占其他旱作农作物为主，占区域玉米扩展面积的78.55%，仅有5.42%玉米扩张面积是通过水稻改种玉米方式实现。长江中下游区大部分（71.49%）玉米扩张面积是通过将水稻改种玉米获得的。黄土高原区和甘新区主要是通过提高耕地复种指数实现的。西南区和长江中下游区类似，主要是通过将水稻改种玉米实现的。

玉米种植面积急剧扩张是多方面因素共同导致的。玉米耕作机械化程度高、产量稳定并且管理方便，因此深受农民欢迎。随着国家一系列惠农政策的实施，特别是粮食保护价收购和种粮补贴制度的落实，越来越多的农民青睐种植玉米。玉米种植面积和产量持续攀升，对于稳定我国粮食生产发挥着重要作用。全国尺度上，耕地复种指数上升区域一半是通过增加玉米种植面积实现的。由此可见，玉米在稳定并适度提升耕地复种指数中起到关键性作用。但是除了增加耕地复种指数外，全国约2/3玉米扩张面积是通过挤占水稻或其他旱作农作物实现的。2005～2015年，全国玉米大面积扩张，引发农业供需结构失衡，出现了全国玉米供过于求，大豆、油菜严重依赖进口等一系列农业供给侧结构性问题。

9.7 2015～2018年全国玉米空间分布格局演变分析

9.7.1 全国玉米分布呈现东减西增、总体缩减态势

2015～2018年，全国玉米种植面积略有下降，从2015年的401 764 km^{2}下降为2018年的376 272 km^2，玉米种植面积净减少了25 492 km^2（表9.6，图9.10）。和2015年相比，2018年全国种植玉米降幅为6.35%。2015～2018年，虽然全国玉米种植面积总体明显减少，但和2005～2015年有所不同的是，在九大农业区中，玉米种植面积有增有减。其中，玉米种植面积减少的有4个农业区，按照玉米缩减面积降序依次为东北区、黄淮海区、内蒙古及长城沿线区以及长江中下游区，玉米种植面积分别减少了22 459 km^2、13 078 km^2、6854 km^2、5077 km^2。2015～2018年，玉米集中分布的四大农业区种植面积缩减了47 468 km^2，玉米种植面积总体降幅达14%（13.66%）。其中，内蒙古及长城沿线区降幅最高，达22.5%，东北区为16.27%，而黄淮海区、长江中下游区降幅约为10%。

2015～2018年，全国玉米种植面积呈西增东减的变化格局。玉米集中分布的4个农业区，即东北区、黄淮海区、长江中下游区和内蒙古及长城沿线区，种植面积缩减。而其余5个农业区，即黄土高原区、甘新区、西南区、青藏区和华南区，玉米种植面积均有所增加，平均增幅达30%。其中，黄土高原区和甘新农业区增幅均超过50%。黄土高

原区玉米种植面积从 2015 年的 18 497 km² 增加到 2018 年的 28 405 km²，净增加 9908 km²，增幅为 53.57%（表 9.6）。甘新区玉米种植面积 2015～2018 年净增加了 7565 km²，增幅为 59.34%。西南区 2015～2018 年玉米种植面积也明显增加，增幅达 30.76%。

表 9.6 2015～2018 年全国玉米种植面积及其变化情况

统计单元	2015 年面积 /km²	2018 年面积 /km²	2015～2018 年净变化 /km²	2015～2018 年变化幅度 /%
东北区	138 057	115 598	**−22 459**	**−16.27**
黄淮海区	131 522	118 444	**−13 078**	**−9.94**
长江中下游区	47 375	42 298	**−5 077**	**−10.72**
内蒙古及长城沿线区	30 462	23 608	**−6 854**	**−22.50**
黄土高原区	18 497	28 405	9 908	53.57
甘新区	12 749	20 314	7 565	59.34
西南区	12 918	16 892	3 974	30.76
华南区	6 073	6 192	119	1.98
青藏区	4 110	4 519	409	9.95
"镰刀弯" 地区	209 083	199 005	**−10 078**	**−4.82**
非 "镰刀弯" 地区	192 681	177 267	**−15 414**	**−8.00**
全国	401 764	376 272	**−25 492**	**−6.35**

注：负数表示和 2015 年相比玉米种植面积减少。加粗字体表示玉米种植面积净下降区域、下降面积或降幅。全国面积源于直接统计而非各个区的加和

9.7.2 东部改种其他旱作农作物缩减玉米面积而中西部提高复种实现玉米扩展

2015～2018 年，全国玉米种植面积总体下降，降幅为 6.35%。2015～2018 年，全国玉米种植面积缩减区域可能发生如下变化：玉米改种水稻、玉米改种其他旱作农作物或者耕地复种指数下降。其中，耕地复种指数下降用休耕来表述。此处的休耕，不一定是全年休耕，而是原先的玉米生长季内休耕。例如，原先冬小麦和玉米双季轮作，改为单熟制，仅种植冬小麦。为了简便起见，将原来的玉米生长季内实施休耕称为季节性休耕，简称为休耕。由于不同农业区可能存在玉米—其他旱作农作物的双向变化，为简便起见，在统计九大农业区玉米与水稻、休耕、其他旱作农作物相互变化的基础上，汇总统计全国净变化（表 9.7）。

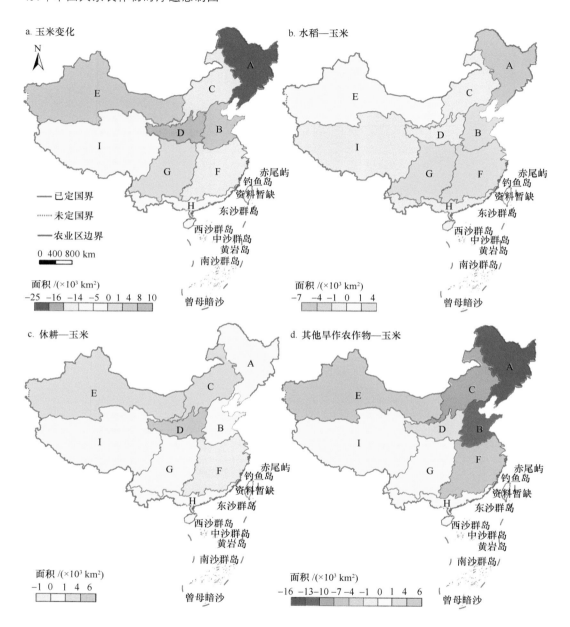

图9.10　2015~2018年九大农业区玉米面积变化分布图（a）以及3种玉米扩展来源分布图（b~d）
农业区A~I依次分别对应为：东北区、黄淮海区、内蒙古及长城沿线区、黄土高原区、甘新区、长江中下游区、西南区、华南区、青藏区；面积为正值或负值分别表示玉米面积增加或减少

对于全国整体而言，2015～2018年，玉米改为种植其他旱作农作物的净变化面积为36 013 km²，远远超过其他两种形式的净变化（表9.7，图9.10）。玉米改种水稻的净变化面积仅为648 km²。因此，2015～2018年玉米改为种植其他旱作农作物的净变化为全

表 9.7　2015～2018 年全国和农业区玉米面积变化原因分析　（单位：km²）

农业区	水稻—玉米	休耕—玉米	其他旱作农作物—玉米
东北区	**−4 562**	200	**−15 499**
黄淮海区	1 153	111	**−13 459**
长江中下游区	1 966	**−38**	**−6 611**
内蒙古及长城沿线区	**−346**	3 511	**−9 072**
黄土高原区	**−108**	5 496	2 416
西南区	1 626	262	1 177
甘新区	166	1 213	4 599
华南区	**−416**	53	387
青藏区	**−127**	362	49
"镰刀弯"地区	**−4 667**	10 625	**−16 584**
非"镰刀弯"地区	4 019	544	**−19 429**
全国	**−648**	11 169	**−36 013**

注：正数表示和 2015 年相比玉米面积增加；负数表示和 2015 年相比玉米种植面积减少。加粗字体表示玉米种植面积净下降区域或面积

国玉米面积净减少的最重要去向。2015～2018 年，全国玉米面积缩减去向主要为改种其他旱作农作物。通过将玉米改为大豆、油菜等其他旱作农作物，有助于确保我国农作物供需结构平衡，降低农产品的对外依存度。

另外，2015～2018 年，全国玉米面积总体缩减并没有导致耕地复种指数下降。相反，对于全国整体而言，有相当可观的耕地面积（11 169 km²）从休耕变为播种玉米。这也是中西部农业区，如黄土高原区和甘新区等农业区玉米种植面积净增加的主要原因。2015～2018 年，全国耕地从休耕改种玉米的面积远远大于相反方向的变化。2015～2018 年，通过改种其他旱作农作物实现玉米面积总体缩减，而不在玉米生长季休耕，对于稳定粮食生产、确保农业结构合理发挥着重要作用。

从全国整体来看，与 2005～2015 年玉米增加来源三方面基本持平相比，2015～2018 年，玉米缩减去向迥然不同：缩减玉米面积绝大部分变为改种其他旱作农作物（表 9.7，图 9.10）。其主要原因在于，玉米种植面积净减少的 4 个农业区（东北区、黄淮海区、内蒙古及长城沿线区以及长江中下游区）中，均有 6000 km² 以上耕地从种植玉米改为其他旱作农作物。其中，东北区和黄淮海区，分别有 13 000～16 000 km² 耕地从种植玉米

变为改种其他旱作农作物。玉米种植面积净减少的 4 个农业区,从玉米变为改种其他旱作农作物的耕地面积远远超出了从种植玉米变为改种水稻或者休耕面积。

从玉米—水稻之间相互关系来看,发生玉米—水稻相互变化的耕地面积远远小于玉米—其他旱作农作物之间相互变化面积(表 9.7,图 9.10)。不过值得关注的是,玉米—水稻相互变化的空间格局更为复杂。虽然东北区从玉米改种水稻的耕地面积达 4562 km^2,但被其他农业区从水稻改种玉米的面积基本抵消了。例如,2015~2018 年玉米种植面积净增加的西南区,以及玉米种植面积净减少的长江中下游区和黄淮海区。特别是长江中下游区,作为 2015~2018 年玉米种植面积净减少的农业区,仍有 1966 km^2 水稻改种玉米。由于玉米-水稻相互之间变化,水稻呈现北增南减的空间变化格局。

从玉米—休耕之间相互关系来看,在全国九大农业区,除了长江中下游区有少量耕地从玉米变为休耕外,其他所有农业区均有不少耕地从休耕变为种植玉米(表 9.7,图 9.10)。全国整体而言,2015~2018 年,从休耕变为种植玉米的耕地面积,达 11 169 km^2。主要分布在黄土高原区和内蒙古及长城沿线区,分别为 5496 km^2 和 3511 km^2。2015~2018,5 个玉米净增加的农业区,玉米增加的主要来源为从其他旱作农作物或者休耕地转变过来,这两方面的玉米扩张来源面积基本持平;从水稻改种玉米,占玉米扩展面积比例很小(西南区除外,西南区玉米扩展主要来源于水稻面积缩减)。

9.7.3 "镰刀弯"政策效果评估

2005~2015 年,全国玉米种植面积迅速扩张,归功于国家取消农业税并且实施大宗农作物保护价收购(玉米临储政策)等一系列惠农政策,玉米播种面积多年持续增长,对于稳定我国粮食生产起到了关键作用。然而,2005~2015 年,随着玉米面积持续扩张,供需平衡被打破,供过于求的局面日益显著,导致玉米库存高企的尴尬局面(Huang and Yang,2017)。同时,玉米种植面积剧增从而挤占其他农作物,引发农业结构失衡,大豆、油菜等农作物自给率持续走低等一系列供给侧结构性问题。为此,我国政府于 2015 年及时提出在"镰刀弯"地区取消临时收储政策。所谓"镰刀弯"地区,大致包括东北区、内蒙古及长城沿线区、黄土高原区、甘新区以及西南区南部和华南区西部地区。而非"镰刀弯"地区,包括黄淮海区、长江中下游区、青藏区以及西南区北部和华南区东部。

2015 年,"镰刀弯"地区和非"镰刀弯"地区分别约占全国玉米种植面积的 52%、48%,玉米种植面积分别为 209 083 km^2、192 681 km^2(表 9.6)。2015~2018 年,"镰刀弯"地区和非"镰刀弯"地区玉米种植面积均有不同程度的缩减。其中,"镰刀弯"地区 2018 年玉米种植面积缩减 199 005 km^2,缩减幅度为 4.82%。相比而言,非"镰刀弯"地区玉米种植面积在 2015~2018 年缩减幅度更大,2018 年缩减为 177 267 km^2,缩减幅度达 8%(表 9.6)。

　　非"镰刀弯"地区玉米种植面积缩减幅度大于"镰刀弯"地区，其原因在于："镰刀弯"地区的东西两侧不同农业区，玉米种植面积分别有增有减（图 9.10）。位于"镰刀弯"地区东部的东北区和内蒙古及长城沿线区，玉米种植面积缩减幅度远远大于其他农业区，但由于位于"镰刀弯"地区西部的甘新区和黄土高原区玉米种植面积大幅上升，最终导致"镰刀弯"地区玉米种植面积总体缩减幅度不如非"镰刀弯"地区。在非"镰刀弯"地区，黄淮海区和内蒙古及长城沿线区玉米种植面积均约有 10%的降幅，虽然西南区和青藏区玉米种植面积有所增加，但玉米种植面积增加幅度远不及甘新区和黄土高原区。2015～2018 年，全国玉米缩减面积 40%分布在"镰刀弯"地区，60%分布在非"镰刀弯"地区。

　　从玉米面积缩减去向来看，"镰刀弯"地区和非"镰刀弯"地区相同之处在于，玉米种植面积缩减后绝大部分均变为改种其他旱作农作物（表 9.7）。但不同之处在于，"镰刀弯"地区有 4667 km² 玉米种植面积缩减后改为种植水稻，而非"镰刀弯"地区有几乎与此相当的面积（4019 km²）从水稻改种玉米，一定程度上抵消了玉米种植面积的缩减幅度。另外，"镰刀弯"地区，从休耕改种玉米的耕地面积非常可观（10 625 km²），抵消了大约一半的玉米缩减面积（包括玉米改种水稻或其他旱作农作物）；相比之下，非"镰刀弯"地区通过提高耕地复种指数增加玉米播种面积微乎其微，仅为"镰刀弯"地区的 1/20 左右。

　　自我国政府及时提出在"镰刀弯"地区取消临时收储政策以来，"镰刀弯"地区玉米种植面积从持续快速增长转为略微缩减，由此说明 "镰刀弯"政策初显成效。值得关注的是，2015～2018 年，非"镰刀弯"地区玉米缩减幅度远远超过"镰刀弯"地区（图 9.11）。由此进一步说明，玉米种植面积缩减不仅与"镰刀弯"政策密切相关，可能还与玉米市场供求关系变化、市场价格等诸多因素密切相关。玉米市场收购价格自 2005 年以来呈逐年递增态势，2014 年达到最高值后逐年迅速回落。虽然玉米市场收购价格 2018 年止跌并略有回升，但市场价格依然不及 2011～2015 年的水平，未达到 2 元/kg 的标准。随着人力和化肥成本的攀升，玉米市场收购价格的持续低迷，种植玉米的利润空间不断缩小。因此，农民主动缩减玉米种植面积，改种其他旱作农作物，以换取更多的收入。关于选择种植玉米或水稻，我国东北区和长江中下游区呈现截然相反的变化，这和大众的消费需求喜好有着密切联系。近年来人们对东北米偏好的需求不断增加，这也是东北玉米面积缩减、水稻面积持续扩张的主要原因之一。

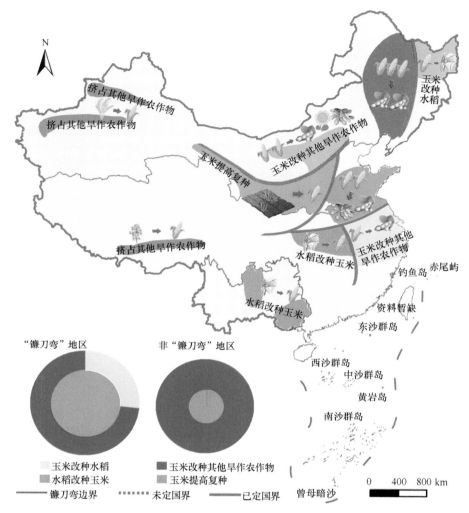

图 9.11 2015~2018 年我国"镰刀弯"地区和非"镰刀弯"地区玉米面积缩减与扩张动态演变格局

地图左下角的两个饼图，分别表示"镰刀弯"地区和"非镰刀弯"地区玉米种植面积变化情况。每个饼图由内圈层和外圈层组合而成，其中外层蓝色表示玉米减少面积，内层红色或紫色表示玉米增加面积。玉米种植面积减少，可能由于改种水稻或其他旱作农作物，分别用不同深浅颜色表示；玉米种植面积增加，可能由于水稻改种玉米或增加耕地复种指数，分别用粉色或红色表示

9.8 结　　论

21 世纪以来我国玉米种植面积与产量剧增，构建大尺度玉米精准制图技术从而快速准确获得玉米种植分布信息非常重要。由于玉米种植区分布范围广、种植模式复杂多样，给构建基于时序遥感数据的大范围玉米制图方法带来挑战。本章通过分析玉米生长盛期

独特的水分变化特征，通过设计生长盛期 NMDI 增减比值指数，建立了能适用于全国大尺度多年连续玉米制图技术。基于全国 2000 多个调研点位的验证结果表明，总体精度大于 90%。

全国玉米遥感监测研究表明，2005～2015 年，全国玉米播种面积连续大幅增加超三成（增幅 33.20%），净增加约 10 万 km²。全国九大农业区玉米种植面积均有所增加，其中黄淮海区、东北区和长江中下游区玉米种植面积净增加均超 2 万 km²，其中黄淮海区约 3 万 km²；和 2005 年相比，黄土高原区和长江中下游区增幅远远高于全国平均水平，增幅超过 74%。玉米面积扩张来源主要归功于通过提高耕地复种指数、水改旱（水稻改种玉米）以及挤占其他旱作农作物，依次分别占玉米扩展面积的 36.48%、34.22%、29.29%。

自 2015 以来，全国玉米种植面积实现逆转，从持续快速增长转为总体缩减态势，"镰刀弯"政策初显成效。研究结果表明，2015～2018 年玉米播种面积下降幅度为 6.35%，减少约 254.92 万 hm²，其中 40%分布在"镰刀弯"地区。和 2005～2015 年相比，2015～2018 年全国九大农业区玉米种植面积增减不一，并且玉米种植面积缩减去向和扩张来源差异显著。与 2005～2015 年全国九大农业区玉米种植面积均大幅扩张有所不同的是，2015～2018 年我国玉米种植面积呈现东减西增、总体缩减的变化态势。虽然近年来全国玉米呈现整体缩减态势，但黄土高原区、甘新区、西南区、青藏区和华南区玉米种植面积均有所增加，平均增幅超过 30%。和 2005～2015 年玉米扩张三方面来源几乎等分有所不同的是，2015～2018 年玉米缩减去向主要是转换为其他旱作农作物，玉米扩张来源主要通过挤占其他旱作农作物或者提高耕地复种指数。2015～2018 年，从种植玉米与种植水稻之间相互关系来看，东北区玉米改种水稻的面积几乎全部被长江中下游区、黄淮海区和西南区水稻改种玉米面积相抵，因此从全国整体来看，玉米—水稻之间的总体净变化面积很小。

第 10 章　基于哨兵 2 号色素指数的大尺度花生自动制图

随着时序遥感数据的不断丰富，特别是哨兵 2 号多光谱传感器兼具高时空分辨率以及免费开放共享等诸多优点，给农业遥感带来了前所未有的机遇。然而，目前能适用于大尺度的中高分辨率农作物遥感制图方法及其数据产品依然相对匮乏，特别是对于花生、向日葵这些特色经济作物关注较少（吴文斌等，2020）。基于物候的时序遥感制图方法，依据领域专家知识探索农作物生长规律，设计物候特征指标并建立简单判别规则，有望实现大尺度农作物自动制图。本章通过分析研究花生生长发育的独特之处，建立了一种基于哨兵 2 号色素指数的花生时序遥感制图方法。花生地上开花、地下结果，具有营养生长和生殖生长重叠时间长的生长特性，在三大植被色素（叶绿素、类胡萝卜素和花青素）含量水平与变异性方面表现出与众不同的规律。通过探索花生生长期色素含量与变幅特征，设计了能有效区分花生与其他农作物的花生指数，分别为农作物生长前期叶绿素增量（叶绿素增量）、生长前期花青素减量（花青素减量）、生长期类胡萝卜素含量（类胡萝卜素含量）。花生具有叶绿素增量指标和花青素减量指标数值低，而类胡萝卜素含量指标数值高的特点，因此通过简单判别规则，建立一种基于哨兵 2 号色素指数的大尺度花生自动制图方法，并绘制出首张覆盖我国东北三省的 20 m 花生空间分布图。

10.1　研　究　背　景

随着全球气候变化及其所带来的生态环境问题的加剧，农业可持续发展和食品质量安全面临着严峻挑战（Weiss et al.，2020）。花生作为一种环境友好型豆科植物，可以有效减少农田碳排放，提高农业可持续生产能力。同时，花生营养价值丰富，在帮助实现消除饥饿和改善营养等联合国可持续发展目标中发挥着重要作用。因此，适当鼓励扩大花生等环境友好型经济作物的种植，调整农业种植结构，已经成为全球农业产业发展趋势（Graesser et al.，2018；Zhang et al.，2021）。大尺度高精度农作物分布数据，对于促进农业结构调整与生产方式转型非常重要（Piedelobo et al.，2019；Weiss et al.，2020）。然而，世界上多数地区，农作物分布数据依然匮乏，特别是花生这种特色经济作物（Gil，2020；Jin et al.，2019）。加强农作物制图算法设计以及相关数据产品构建，对于确保粮食安全和农业可持续发展意义重大（Im，2020；Yeom et al.，2021）。

传统农作物遥感制图通常采用监督分类方法，其不足之处在于需要依赖大量翔实的地面调查样本数据（Zhang et al.，2020）。基于领域知识设计农作物指数，设置农作物判别规则，建立具有大尺度多年份应用推广能力的自动分类算法，成为农业遥感领域的热点研究方向（Ashourloo et al.，2020；Duarte et al.，2018；Liu et al.，2020a）。目前，相关研究者所采用的时序遥感数据集主要基于常规植被指数或者进一步结合水体指数时序数据（Dong and Xiao，2016）。不同区域和年份差异等引起的植被指数类内异质性，使得采用单一常规植被指数难以实现大尺度农作物自动制图（Luo et al.，2020；Zhang et al.，2020），特别是对于花生这种特色经济作物。近年来，随着哨兵 2 号多光谱传感器数据的免费开放共享，其特有的红边波段以及在此基础上构建的新型光谱指数，如色素指数，备受关注（Gamon et al.，2016；Wong et al.，2019）。

叶绿素、类胡萝卜素和花青素三大植被色素在植被的生长发育过程中发挥着重要作用（Chen et al.，2007；Wong et al.，2019）。叶绿素是植被光合作用能力和生长发育阶段的指示器（Daughtry et al.，2000；刘良云，2014）。类胡萝卜素作为植被叶绿体第二大色素，具有吸收传递光能和光保护功能。花青素作为第三类重要的植被色素，植被呈色物质大部分与之相关。近年来，红边波段和基于红边的色素指数在农作物生长发育过程监测的应用研究中开始受到关注（He et al.，2020；Liu et al.，2020b；Sharifi，2020），但迄今为止，基于植被色素等的新型光谱指数在农作物识别研究方面的应用潜力，尚未得到充分挖掘与证实。花生作为一种很重要的环境友好型经济作物，尚未见大尺度自动分类算法及其应用案例。少数基于监督分类算法的小尺度探索性案例研究，目前依然难以满足花生遥感制图业务化运行需求（Haerani et al.，2018；Schultz et al.，2015）。本章旨在构建一种综合考虑植被物候和色素变化的花生自动制图方法（peanut mapping algorithm with a combined consideration of crop phenology and pigment content variations，PAPP），并以我国东北三省为研究区，开展算法应用与校验，绘制出首张我国东北三省 20 m 花生空间分布图。

10.2　研究区概况与数据来源

10.2.1　研究区概况

研究区为东北地区，包含黑龙江、吉林和辽宁 3 个省份，属于我国最重要的农业生产基地（图 10.1）。根据 2018 年农业统计数据，东北地区耕地面积为 24.96 万 km^2，约占全国耕地面积的 15%。东北地区地处温带气候区，以种植单季农作物为主。东北地区农作物类型主要有水稻、玉米和大豆等，分别占全国产量的 17%、32% 和 47%。除此之外，还有不少经济作物，如花生、向日葵等。

10.2.2 数据来源

1）哨兵 2 号多光谱传感器时序数据集

相比 MODIS、Landsat 等常用的时序遥感数据，哨兵 2 号多光谱传感器数据具有更好的时空谱（时间分辨率、空间分辨率、光谱分辨率）优势，其特有的 3 个红边波段能有效地监测植被生长状况。其 10 m（可见光及近红外波段）或 20 m（红边波段）空间分辨率以及 5 天重访周期，为大尺度农作物分布制图提供了前所未有的机遇。本章所采用的时序遥感影像为 2018 年研究区所有的哨兵 2 号 A/B 大气顶层（top-of-atmosphere，TOA）反射率数据。虽然哨兵 2 号 A/B 大气顶层反射率数据产品存在一定的局限性，但依然能区分不同农作物的光谱差异并被广泛采用（Jin et al.，2019；Wang et al.，2020）。我国东北地区总共收集到 21 614 景 2018 年的哨兵 2 号多光谱传感器影像。由于数据庞大，哨兵 2 号多光谱传感器时序影像分析处理均在谷歌地球引擎（Google Earth Engine，GEE）云平台的支撑下完成。

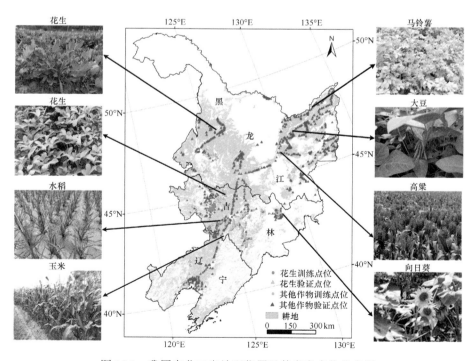

图 10.1　我国东北三省地理位置及其参考点位分布图

2）实地调研农作物分布参考数据以及其他相关数据集

我国东北面积辽阔，农作物分布野外调研工作量巨大。课题组多次前往研究区，开展农作物类型分布与农作物物候考察工作，并通过多种途径获取众源地理数据，以适当补充农作物分布参考点位数据。总共收集到研究区 1820 个农作物分布参考点位数据（图10.1），其中包括 564 个玉米点位、415 个水稻点位、415 个花生点位、302 个大豆点位以及马铃薯（52 个）、向日葵（44 个）和高粱（28 个）等其他作物点位（表 10.1）。这些参考点位数据中有约 40%（39.5%）点位（718 个）用于花生判别规则中阈值敏感性评估与阈值确定，其余约 60%（60.5%）点位（1102 个）用于算法精度验证。

各省农业统计年鉴提供了花生分布面积统计数据，可与遥感估算面积进行对比评估验证，但目前只有《2019 年辽宁统计年鉴》公布了 2018 年辽宁省各地市花生种植面积，而吉林和黑龙江两个省份仅提供了总油料作物以及不包括花生在内的其他少数油料作物的种植面积。因此，本章只能采用辽宁省统计年鉴数据，开展基于地市级统计数据的算法验证。此外，研究所采用的耕地分布数据源于 2010 年全球 GlobeLand30 中国区域土地利用/覆盖现状分布数据。

表 10.1　东北地区农作物分布调研点位信息

作物类型	训练点位/个	验证点位/个	参考点位/个	占所有点位的百分比/%
花生	77	338	415	22.80
水稻	176	239	415	22.80
玉米	241	323	564	30.99
大豆	171	131	302	16.59
向日葵	18	26	44	2.42
马铃薯	25	27	52	2.86
高粱	10	18	28	1.54
总计	718	1102	1820	100

农作物物候历数据源于中国气象局，并通过实地考察补充了不同农作物物候期的照片资料。农作物物候历数据记录了农作物播种发芽、分蘖、抽穗、乳熟以及成熟等不同物候阶段（图 10.2a）。例如，花生通常在 4 月底或 5 月初播种，9 月收获。参考农作物物候历，基于植被指数年最大值，将农作物生长期进一步分为生长前期和生长后期（图10.2b）。对于大多数农作物而言，生长前期主要是作物枝干和茎叶快速生长发育的营养生长阶段，而生长后期则是种子发育成熟的生殖生长阶段。虽然大多数农作物均存在一

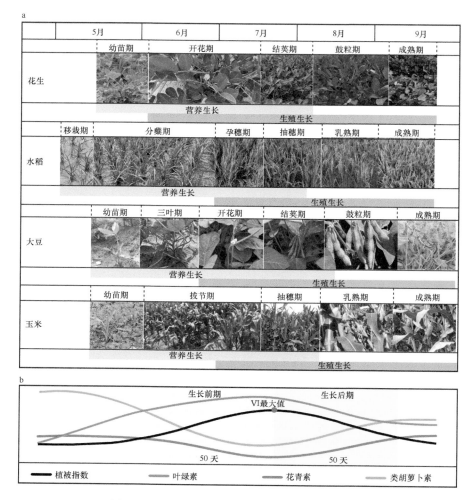

图 10.2　农作物物候历及其生长期光谱指数变化
a. 农作物物候历；b. 农作物生长期植被指数（VI）与色素指数时序变化

定的营养生长和生殖生长并进时期，但两者重叠的时间相对较短。然而，对于地上开花、地下结果的花生，营养生长和生殖生长几乎是齐头并进的。相比其他农作物，花生的开花期更早并且花期更长（Ono，1979）。花生在播种后一个月左右就开始开花，随着花生植株不断长大，花生不断开花、下针和结荚，花期可能会持续超过两个月以上，因此花生具有营养生长和生殖生长混合交错时间更长的特点（Liew et al.，2021）。随着农作物生长发育，叶绿素、花青素和类胡萝卜素三大色素含量分别呈现出周期性变化规律，叶绿素含量呈现出先增加后降低的特点，而花青素和类胡萝卜素则与此相反，在农作物幼苗期和成熟期含量较高（图 10.2b）。

10.3　花生制图方法

10.3.1　光谱指数计算

哨兵 2 号多光谱传感器时序遥感影像的预处理与光谱指数计算包括以下步骤：①基于 QA60 波段数据，剔除云覆盖或者云阴影的无效观测数据；②为了与红边波段保持一致，将所用到的所有波段数据重采样到 20 m 分辨率；③对于剔除后的缺失数据进行线性插值，生成 10 天合成的哨兵 2 号不同波段时序数据集；④分别基于不同波段时序数据集，依据相应的公式依次计算 4 种不同的光谱指数，包括植被指数和三大色素指数；⑤针对不同光谱指数，逐像元分别利用 WS 平滑方法（平滑系数 lambda = 10，迭代系数 order = 2），生成 10 天合成的研究区光谱指数时序数据集。上述数据分析处理过程均在谷歌搜索引擎云平台的支撑下实施（Kong et al.，2019）。

所计算的 4 种光谱指数分别为增强型植被指数-2（enhanced vegetation index-2，EVI2）、叶绿素指数（canopy chlorophyll content index，CCCI）（El-Shikha et al.，2008）、类胡萝卜素指数（carotenoid index，CARI）（Zhou et al.，2017）及花青素指数（anthocyanin reflectance index，ARI）（Gitelson et al.，2001）。所对应的公式如下：

$$\text{EVI2} = 2.5 \times \left(\rho_{\text{NIR}} - \rho_{\text{Red}} \right) / \left(\rho_{\text{NIR}} + 2.4 \times \rho_{\text{Red}} + 1 \right) \tag{10.1}$$

$$\text{CCCI} = \left(\frac{\rho_{\text{NIR}} - \rho_{\text{VRE1}}}{\rho_{\text{NIR}} + \rho_{\text{VRE1}}} \right) \bigg/ \left(\frac{\rho_{\text{NIR}} - \rho_{\text{Red}}}{\rho_{\text{NIR}} + \rho_{\text{Red}}} \right) \tag{10.2}$$

$$\text{CARI} = \frac{\rho_{720}}{\rho_{521}} - 1 = \frac{\rho_{\text{VRE1}}}{\rho_{\text{Blue}}} - 1 \tag{10.3}$$

$$\text{ARI} = \frac{1}{\rho_{\text{Green}}} - \frac{1}{\rho_{\text{VRE1}}} \tag{10.4}$$

式中，ρ_{NIR}、ρ_{Red}、ρ_{Green}、ρ_{Blue} 和 ρ_{VRE1} 分别表示哨兵 2 号在大气顶层反射率数据中近红外、红光、绿光、蓝光以及第一个红边波段（vegetation red edge 1，VRE1）的数值；ρ_{720} 和 ρ_{521} 分别表示大气顶层反射率数据在 720 nm、521 nm 处的数值。

植被指数和三大色素指数在农作物生长期内呈现出有规律性的时序变化特征。随着农作物播种发芽并逐渐生长，植被指数和叶绿素指数数值快速增加，在生长盛期达到峰值，随后逐渐下降，在农作物成熟收割后重新回到低谷。植被指数和叶绿素指数时序曲线在农作物生长期内呈现为倒 "U" 形变化特征。与此相反的是，花青素指数和类胡萝卜素指数在农作物生长期内呈现出"U"形变化特征，即在生长初期和成熟期内，花青素和类胡萝卜素含量较高，而在农作物生长盛期含量较低，出现明显谷值。三大植被色素在不同农作物物候期内呈现出的规律性变化特征与其对应的功能和作用密切相关。叶绿素是植被进行光合作用的必要元素，在生长盛期达到最高值；而类胡萝卜素和花青素对于幼年期植被具有保护作用，同时作为重要的呈色物质，随着农作物成熟叶绿素含量水平下降而花青素和类胡萝卜素含量迅速升高（Daughtry et al.，2000；刘良云，2014）。

分析不同农作物的植被指数时序曲线，研究表明花生和大豆、向日葵等其他农作物的植被指数时序曲线并无明显差异，即不同农作物植被指数时序曲线的类间相似性问题非常严重。因此，难以单纯依据植被指数时序曲线特征有效地区分花生和其他农作物。进一步分析农作物生长期色素指数时序曲线，研究表明：花生彰显出有别于其他农作物的特征。具体表现为：花生在生长前期叶绿素和花青素的变异性非常小，而类胡萝卜素在整个生长期内总体数值偏高（图10.3）。

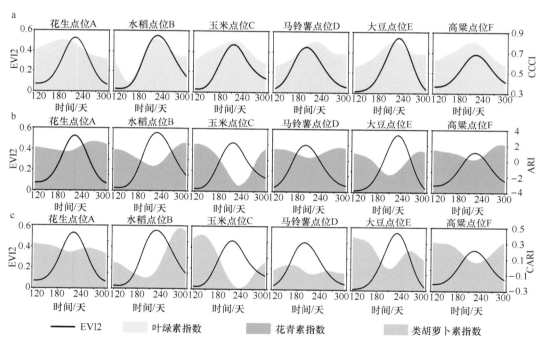

图 10.3　不同农作物光谱指数时序曲线

a. 叶绿素指数（CCCI）；b. 花青素指数（ARI）；c. 类胡萝卜素指数（CARI）

花生点位 A：44°34′31″N，124°20′39″E；水稻点位 B：43°18′19″N，125°9′37″E；玉米点位 C：43°32′14″N，128°21′46″E；马铃薯点位 D：43°45′18″N，125°1′52″E；大豆点位 E：44°29′40″N，124°16′36″E；高粱点位 F：44°45′32″N，123°5′38″E

10.3.2　基于色素指数的花生制图算法

1）基于色素指数的时序指标设计

本章基于三大色素指数时序曲线，分别从农作物生长期色素含量与变幅方面设计时序指标。首先，逐像元动态确定农作物物候期。以往研究表明，基于植被指数时序曲线特征，可以有效地提取植被物候期信息（Qiu et al.，2017d；Sakamoto et al.，2006）。例如，植被指数年最大值通常对应农作物生长盛期（Sakamoto et al.，2006）。本章农作物物候期信息获取方法为：在耕地区域内，逐像元基于植被指数 EVI2 时序曲线年最大值，确定农作物生长盛期，然后在生长盛期的基础上依次确定农作物生长前期和生长后期。具体实施策略为：综合考虑不同农作物物候历，将生长盛期前 50 天到生长盛期这段时间确定为生长前期；将生长盛期到生长盛期后 50 天确定为生长后期（图 10.2）。整个农作物生长期包括农作物生长前期和生长后期两个阶段。

依据花生在生长期内三大色素含量与变化规律，分别设计了 3 个时序指标（图 10.4）：第一个指标基于叶绿素指数时序数据设计，为生长前期叶绿素指数的累积正斜率（accumulated positive slope of CCCI during early stage，ACCE）；第二个指标基于花青素指数时序数据设计，体现生长前期花青素指数的变化幅度（change magnitudes of ARI during the early growing stage，CAES）；第三个指标基于类胡萝卜素指数时序数据设计，体现生长期内类胡萝卜素的含量，用生长期类胡萝卜素含量均值（mean concentration of CARI during the whole growing period，MCCW）表示。所设计的 3 个时序指标分别表示农作物生长前期叶绿素增量、生长前期花青素减量、生长期类胡萝卜素含量。计算公式如下：

$$ACCE = \sum CCCI_{p\text{-slope}} \tag{10.5}$$

$$CAES = (ARI_{max} - ARI_{min}) \times ARI_{std} \times \sum ARI_{n\text{-slope}} \tag{10.6}$$

$$MCCW = \overline{CARI}_{Whole} \tag{10.7}$$

式中，$CCCI_{p\text{-slope}}$ 表示农作物生长初期叶绿素指数 CCCI 时序曲线的正斜率；ARI_{max}、ARI_{min} 和 ARI_{std} 分别表示农作物生长前期花青素指数 ARI 时序曲线的最大值、最小值和标准差；$ARI_{n\text{-slope}}$ 表示农作物生长前期 ARI 时序曲线的负斜率；$\overline{CARI}_{Whole}$ 表示整个农作物生长期内类胡萝卜素指数 CARI 时序曲线的平均值。

2）花生判别规则

对于所有农作物而言，虽然三大色素指数时序曲线在农作物生长期内总体上变化规

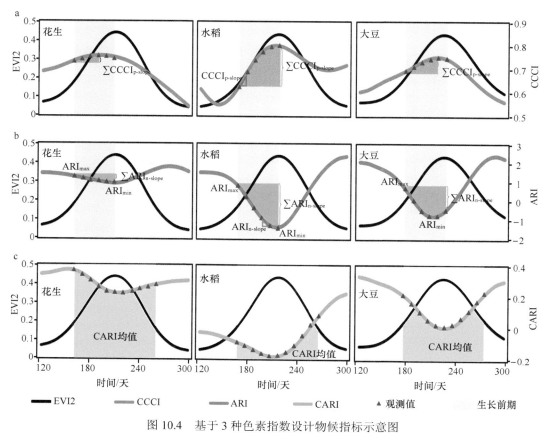

图 10.4　基于 3 种色素指数设计物候指标示意图
a. 叶绿素指标；b. 花青素指标；c. 类胡萝卜素指标
EVI2、CCCI、ARI 和 CARI 分别为增强型植被指数、叶绿素指数、花青素指数和类胡萝卜素指数

律是一致的，但花生的色素指数时序变异性程度或含量水平呈现出有别于其他农作物的特征。具体表现为：①虽然花生和其他农作物的叶绿素指数时序曲线均在生长前期呈现出一定的上升趋势，但花生的上升幅度明显比其他农作物小；②虽然花生和其他农作物花青素指数时序曲线在生长前期均呈现出一定的下降趋势，但花生的下降幅度远远不及其他农作物，下降幅度甚微；③花生在生长期内类胡萝卜素含量水平总体比其他作物偏高，尤其是在农作物生长盛期。因此，花生具有农作物生长前期叶绿素增量和生长前期花青素减量这两个指标数值低（ACCE 和 CAES 指标数值低），而生长期类胡萝卜素含量数值高（MCCW 指标数值高）的特点。通过建立简单的判别规则，可以设计一种基于哨兵 2 号色素指数的大尺度花生自动制图方法。具体判断规则为：如果同时满足 ACCE<θ_1、CAES<θ_2、MCCW>θ_3，则该像元为花生，否则为其他农作物。其中 θ_1、θ_2 和 θ_3 为常数，通过一定的策略确定上述判断规则中的阈值大小，阈值一旦确定后可适用于整个研究区，不需要再依据地域条件进行调

整，从而达到大尺度自动制图的目的。

10.3.3　阈值敏感性分析

阈值敏感性分析是为了测试花生判别规则中常数项数值变化对分类精度的影响，达到科学合理确定参数阈值的目的，同时也为了更好地理解确定所设计的 3 个时序指标如何有效地区分花生和其他农作物。特别是对 3 个时序指标分别设置不同的参数阈值取值区间，探讨其分类精度随参数阈值的调整如何发生变化，确定哪些阈值取值区间是比较敏感的，哪些阈值取值区间是不敏感的；一旦确定某个时序指标阈值取值后，其他两个时序指标阈值取值变化是否会给分类精度带来很大的影响。预期理想情况是，参数阈值设置在一定的取值区间内，可以获得比较理想的分类精度；或者一旦某个时序指标确定了一个合理的取值区间，其他时序指标的阈值可以在较大的区间内变化，同时能保持较好的分类精度。总之，期望不会因为阈值设置的微小变化而严重影响到最终的分类精度。

阈值敏感性分析的实施策略为：在研究区时序指标数值分布范围内，基于一定的步长，采用逐步搜索方法（Xian et al.，2009），对所设计的 3 个时序指标分别设置不同阈值，基于训练样本数据确定其所对应的分类精度。依据研究区三大色素时序指标 ACCE、CAES 和 MCCW 数值分布直方图（图 10.5），初步确定测试的阈值取值范围区间分别为[0, 0.6]、[0, 3]和[-0.2, 0.3]，步长设置为 0.01。对于不同阈值取值情况，逐一计算相应的分类精度，其中包括 Kappa 系数、错分误差（commission error）和漏分误差（omission error）等。对于所设计的 3 个时序指标，首先测试叶绿素和类胡萝卜素时序指标 ACCE 和 MCCW 的组合情况，然后在分析确定叶绿素时序指标 ACCE 合理取值区间的基础上，加入花青素时序指标 CAES，进一步分析算法中分类精度随 MCCW 和 CAES 阈值变化的敏感性。

10.3.4　精度评估

本章算法精度验证主要采用农作物野外实地调研点位数据，并同时采用《2019 年辽宁省统计年鉴》数据进行验证。基于农作物调研点位数据的验证，分别计算用户精度、生产者精度、总体精度、Kappa 系数以及 F1 分数（Hripcsak and Rothschild，2005；Olofsson et al.，2014）。基于地面调研点位数据，能很好地验证基于花生制图算法获得的花生分布图与农作物调研点位数据的空间一致性。基于统计年鉴数据的验证，能评估所获得的花生遥感估算结果在市域尺度上与农业统计数据的总体吻合情况，判断是否存在明显高估或低估的情况。

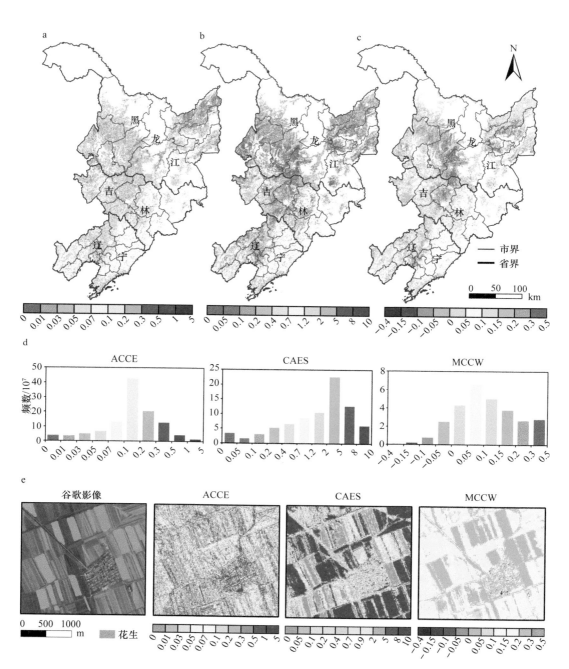

图 10.5　研究区时序指标空间分布图

a. ACCE；b. CAES；c. MCCW；d. 所对应的直方图；e. 吉林省松原市乾安县后训字村指标分布示意图

10.4　东北地区 20 m 花生空间分布图

为了验证基于某个区域参考点位数据确定阈值的泛化推广能力，仅选取吉林省部分农作物调研点位数据，用于确定整个研究区花生判别规则中参数的阈值。随机选取位于吉林省的 718 个参考点位数据，最终确定了花生判别规则中 3 个参数阈值的取值：θ_1、θ_2、θ_3 分别为 0.9、0.07 和 0.1。三大色素时序指标空间分布图表明，我国黑龙江省大部分耕地区域叶绿素时序指标 ACCE 和花青素时序指标 CAES 数值偏高，而类胡萝卜素时序指标 MCCW 数值偏低（蓝色色调为主），有别于花生数值分布特点（图 10.5）。而研究区西南部，即吉林省和辽宁省西部一些地市，三大色素时序指标符合花生数值分布特点（ACCE、CAES 数值偏低，且 MCCW 数值偏高，棕色色调为主）。研究区三大色素时序指标直方图（图 10.5）表明，花生在东北地区属于小宗特色经济作物，东北三省大部分区域均不满足花生判别规则要求。基于小区域的指标分布示意图（位于吉林乾安县）进一步表明，所设计的三大色素时序指标能很好地凸显花生空间分布特征。

基于所设计的花生制图算法，获得了我国东北地区首张 20 m 花生空间分布图（图 10.6）。从图中可以看出，东北地区花生主要分布在吉林和辽宁两个省份，特别是吉林、

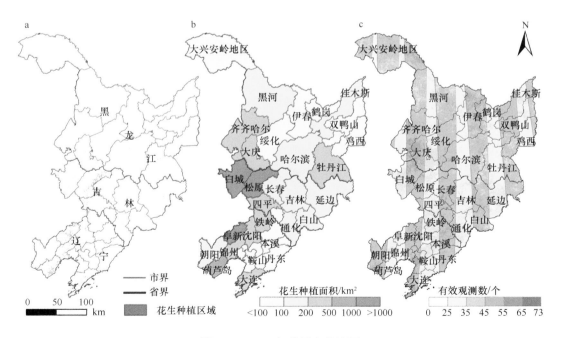

图 10.6　2018 年我国东北地区
a. 20 m 花生分布图；b. 地市级花生播种面积；c. 哨兵 2 号多光谱传感器影像有效观测数

辽宁两省的西部部分地市。将所获得的 2018 年东北地区 20 m 花生空间分布数据汇总到地市级或省级行政单元。结果表明，整个东北地区 2018 年花生播种面积为 8371 km²。从不同省份来看，黑龙江省花生种植面积偏少，吉林省和辽宁省不相上下。2018 年吉林省、辽宁省和黑龙江省的花生种植面积分别约占整个东北地区花生种植面积的 40.72%、40.34% 及 18.93%（表 10.2）。吉林省、辽宁省和黑龙江省花生种植面积分别为 3409 km²、3377 km² 和 1585 km²，即吉林和辽宁两个省份的花生面积超过研究区花生面积的八成。吉林省花生面积集中分布在白城、松原等西部地市；而辽宁省花生面积同样集中分布在阜新市和葫芦岛等西部地市。

表 10.2　2018 年我国东北地区花生识别面积及其占耕地比例

遥感估算结果	东北地区	辽宁省	吉林省	黑龙江省
花生识别面积/km²	8371	3377	3409	1585
花生面积占研究区面积比例/%		40.34	40.72	18.93
花生占耕地面积比例/%	3.35	8.03	5.61	1.08

整个东北地区，花生种植面积约占总耕地面积的 3.35%。从不同省份来看，各省花生种植面积占耕地面积的比例，辽宁省最高，达 8.03%；其次为吉林省，占耕地面积的 5.61%；而黑龙江省最低，仅为省内耕地面积的 1% 左右（1.08%）（表 10.2）。这可能由于黑龙江省和吉林省花生播种面积占耕地面积比例偏低，东北三省仅有辽宁省统计年鉴提供了基于不同地市级行政单元的花生播种面积数据。本部分通过构建基于哨兵 2 号色素指数的花生制图方法，绘制了首张我国东北地区中高分辨率花生分布图（图 10.6）。为了方便读者查阅，本部分给出了我国 3 个省份各地市级行政单元的花生播种面积表（表 10.3），其中黑龙江省和吉林省不同地市花生播种面积尚未见报道。为了更好地发挥农作物时空分布数据的价值，将本部分建立的东北地区花生分布数据公开发布共享，详情见 https://doi.org/ 10.6084/m9.figshare.16620589。

表 10.3　2018 年东北三省花生遥感估算面积与农业统计数据比较

辽宁省			黑龙江省		吉林省	
地市	统计面积/km²	制图面积/km²	地市	制图面积/km²	地市	制图面积/km²
阜新市	1015	1135	大庆市	349	松原市	1257
葫芦岛市	567	570	齐齐哈尔市	291	白城市	997
锦州市	504	516	牡丹江市	235	四平市	356
大连市	121	304	黑河市	171	延边朝鲜族自治州	193

续表

辽宁省			黑龙江省		吉林省	
地市	统计面积/km²	制图面积/km²	地市	制图面积/km²	地市	制图面积/km²
铁岭市	223	130	佳木斯市	116	通化市	172
沈阳市	312	229	哈尔滨市	114	吉林市	156
朝阳市	8	215	鸡西市	86	长春市	147
丹东市	30	80	鹤岗市	72	白山市	103
鞍山市	46	76	绥化市	62	辽源市	28
抚顺市	4	22	双鸭山市	27		
本溪市	3	14	七台河市	27		
营口市	1	32	大兴安岭地区	20		
辽阳市	19	22	伊春市	14		
盘锦市	8	33				

10.5　方法精度评价

10.5.1　基于农业统计年鉴数据的精度评估

利用辽宁省农业统计年鉴中基于地市级行政单元的花生播种面积数据，对本章中获得的研究区花生分布图进行精度评估。将基于 PAPP 算法估算的花生种植面积与农业统计年鉴数据进行比较（图 10.7，表 10.3）。花生种植面积遥感估算结果与农业统计数据在地市级水平上极显著相关（$P<0.01$），相关系数为 0.91。辽宁省 14 个地市遥感估算的花生面积与农业统计数据的 RMSE 为 85.57。两者的拟合线接近于预期的 1∶1 线，斜率为 0.91。上述结果表明，基于哨兵 2 号多光谱传感器遥感估算结果与农业统计数据基本相符。和统计数据相比，基于哨兵 2 号多光谱传感器遥感估算结果总体上略微高估了花生种植面积。在辽宁省 14 个地市中，仅沈阳市和铁岭市两地市与农业统计数据相比呈现出低估现象。在花生种植面积较大的地市，两种方式获得的花生种植面积比较一致，如葫芦岛市和锦州市（表 10.3）。与农业统计年鉴数据相比，偏差比较大的地市有朝阳市和大连市等。朝阳市花生种植面积占耕地面积比例非常小，而大连市哨兵 2 号多光谱传感器时序遥感数据可获得性欠佳，即一年内哨兵 2 号多光谱传感器有效观测数偏少，一定程度上影响到该方法的分类精度。

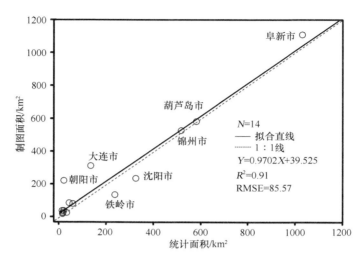

图 10.7　基哨兵 2 号多光谱传感器的花生遥感估算面积与地市级农业统计数据的回归分析

10.5.2　基于农作物分布调研点位数据的精度验证

由于花生种植面积占耕地面积比例偏小，在农业抽样普查过程中可能存在一定的误差，同时市级花生种植面积数据样本量小，因此本章进一步采用农作物分布实地调研点位数据，对基于哨兵 2 号多光谱传感器时序影像获得的东北地区花生分布图进行空间一致性验证。基于东北地区 1102 个农作物分布点位数据，对研究成果进行精度验证，验证结果见表 10.4。由表 10.4 可见，所设计的基于色素指数的花生制图方法，用户精度和生产者精度两者均在 90%左右，分别为 90.80%和 90.53%。而花生制图分类总体精度达94.28%，Kappa 系数为 0.87。其中，在 338 个花生参考点位中，306 个被正确识别；在764 个其他农作物参考点位中，733 个被正确判别，其他农作物生产者精度达 95.94%。基于农作物分布参考点位数据验证结果表明，所设计的基于色素指数的花生制图方法能达到大尺度农作物精准制图需求。所获得的首张 20 m 东北地区花生分布图具有较好的分类精度，预期能满足农业管理行业应用需求。

表 10.4　基于农作物分布调研点位数据的精度验证表

	总计/个	花生/个	非花生/个	生产者精度/%	F1 分数
花生	338	306	32	90.53	0.91
非花生	764	31	733	95.94	
总计	1102	337	765		
用户精度/%		90.80	95.82		
总体精度/%		94.28			
Kappa 系数		0.87			

10.5.3　指标有效性与阈值敏感性评估

为了更好地理解所设计的 3 个时序指标，如何有效地区分花生和各种不同农作物，基于 718 个随机选取的训练样本数据，依次绘制了相应的箱线图（boxplot）和散点图（图 10.8a）。通过分析不同农作物 3 个时序指标（ACCE、CAES、MCCW）的箱线图，表明所设计的时序指标能有效地区分不同的农作物类型。类胡萝卜素时序指标 MCCW 能合理地区分水稻和玉米等大宗农作物，但还无法完全分离向日葵、高粱以及部分大豆点位，而叶绿素时序指标 ACCE 可以有效地弥补其不足。在叶绿素时序指标 ACCE 中，向日葵、高粱和大豆明显高于花生。在此基础上，进一步结合花青素时序指标 CAES 排除少量被误分的玉米点位，因此玉米的花青素时序指标总体上远高于其他农作物（图 10.8a）。

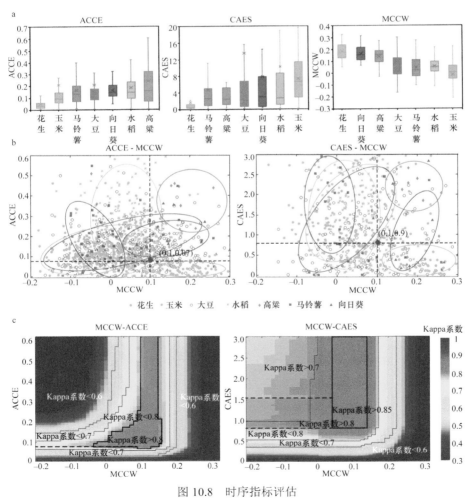

图 10.8　时序指标评估

a. 农作物时序指标分布箱线图；b. 时序指标分布散点图；c. 分类精度随时序指标阈值设置变化分布图

由于类胡萝卜素时序指标 MCCW 能很有效地区分水稻和玉米等大宗农作物,在合理确定 MCCW 取值区间的情况下,即使其他两个时序指标 ACCE 和 CAES 在较大的值域范围内变动,花生制图算法也能保持较高的分类精度。首先仅考虑 MCCW 和 ACCE 两个时序指标开展花生制图,然后结合 MCCW 和 CAES 进一步分析,获得不同阈值组合设置下分类精度敏感性分析图(图 10.8b)。在仅考虑类胡萝卜素(MCCW)和叶绿素时序指标(ACCE)的情况下,当 MCCW 的参数阈值在[0.09, 0.14]区间内,ACCE 可以在高于 0.07 的数值区间内变动,此时就可以获得比较理想的分类精度(Kappa 系数>0.8)(图 10.8b)。当进一步结合花青素时序指标 CAES 时,只要满足 CAES>0.8 的条件,CAES 在很大范围的阈值区间内变化,均可以获得更为理想的分类精度(Kappa 系数>0.85)。因此,3 个时序指标 MCCW、ACCE 和 CAES 推荐的阈值设置区间分别为[0.09, 0.14]、[0.07, 0.15]和[0.8, 1.6]。当所设置的阈值严重偏离所推荐阈值区间时,特别是叶绿素时序指标 ACCE 和花青素时序指标 CAES 远低于推荐的阈值区间时,花生制图分类结果中的漏分误差将会明显增加。但在叶绿素时序指标 ACCE 和花青素时序指标 CAES 远高于推荐阈值时,花生制图分类结果中的错分误差不会显著增加(图 10.9)。

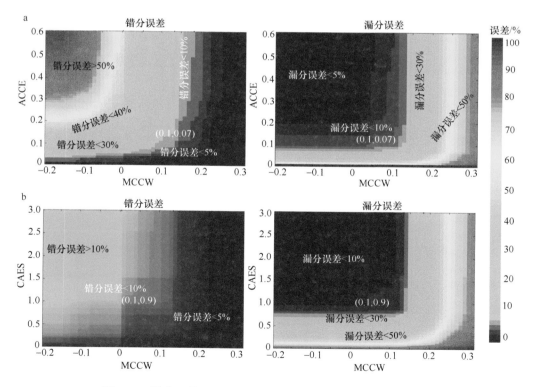

图 10.9　错分误差和漏分误差随时序指标阈值设置变化分布图

a. ACCE-MCCW;b. CAES-MCCW

10.6　讨论与结论

大尺度中高分辨率农作物制图是一项非常富有挑战性的任务（Weiss et al.，2020）。通过深入分析农作物生长发育特征，特别是农作物生长期内水分含量以及色素变化等多方面的时序特征，结合多维度光谱指数，针对不同农作物设计能有效地凸显其生长发育特征的时序指标，具有很好的应用前景。基于植被物候的农作物制图方法以及农作物指数的设计，多数基于常规植被指数或者进一步结合水体指数等相关时序数据集（Ashourloo et al.，2019）。本章所建立的花生自动制图方法，开创性地将植被色素指数成功引入农作物遥感制图领域。本章研究表明，叶绿素、花青素和类胡萝卜素三大色素在不同农作物生长期内的含量水平以及时序特征可以用于构建作物指数。叶绿素、花青素和类胡萝卜素三大植被色素与农作物生长发育过程密切相关。叶绿素作为植被光合作用的重要色素，在农作物生长发育过程中至关重要。类胡萝卜素也是植被进行光合作用的主要色素，同时和花青素一样，在保护植物免受强烈阳光伤害以及抵御其他环境胁迫中发挥重要作用（Gitelson et al.，2001；Young，1991）。和叶绿素有所不同的是，花青素和类胡萝卜素在植被幼年期及成熟期内含量丰富（Merzlyak et al.，2008）。因此，三大植被色素在农作物生长期内分别呈现独特的倒"U"形或"U"形时序变化特征，在以往相关研究中很少关注。

最近研究报道，红边波段能用于揭示叶面积和营养元素含量等变化信息（He et al.，2020；Liu et al.，2020b；Sharifi，2020）。哨兵 2 号多光谱传感器数据的第一和第三红边波段分别与叶绿素含量和叶片结构变化密切相关（Zarco-Tejada et al.，2018）。哨兵 2 号多光谱传感器特有的红边波段近年来在农作物制图中应用广泛（Jin et al.，2019）。红边或基于红边的色素指数，对于监测植被物候变化非常有效（Macintyre et al.，2020）（Wong et al.，2019，2020）。本章进一步证实了基于哨兵 2 号红边波段的色素指数在农作物制图方面的应用潜力。本章利用色素指数在农作物生长期内含量与时序变异性，从叶绿素增量、花青素减量以及类胡萝卜素含量三方面，设计了能适用于大尺度花生自动制图的作物指数。本章的研究方法与思路可推广应用于建立大豆、油菜、高粱、向日葵等农作物指数，实现涵盖多种作物类型的大尺度粮油作物制图。在谷歌搜索引擎云平台的支持下，利用哨兵 2 号多光谱传感器时序遥感影像数据集，以及基于红边的光谱指数时序数据集，为实现大尺度农作物自动制图提供了很好的应用前景（Hao et al.，2020；da Silva et al.，2020）。

中国是世界上最大的花生生产国（FAOSTAT，2019）。自 20 世纪 70 年代末以来，我国政府实施了一系列促进农业生产从而确保粮食安全的改革举措（Lohmar et al.，

2009）。农业粮食补贴和保护价收购使玉米和水稻等大宗粮食作物种植面积显著扩张（Qiu et al.，2018a；Zhang et al.，2015）。大宗农作物播种面积的大幅度增加，可能会给农业可持续发展带来挑战（Yin et al.，2018）。维持农作物品种的多样性，有助于稳定粮食产量并且合理规避农业病虫害，确保农业生产的可持续性（Renard and Tilman，2019）。设计能应用于大尺度的特色经济作物自动制图方法，及时获取各种农作物分布信息，对于确保农业结构均衡合理从而促进农业可持续发展意义重大。基于知识领域的自动分类算法，所采用的变量具有明确的物理含义，能有效地避免机器学习算法中的过拟合问题（Zhong et al.，2016）。基于农学领域知识建立的农作物识别规则，具有不需要调整便能自动应用于大区域农作物识别的能力（Massey et al.，2017）。基于知识领域的农作物自动制图方法，其关键在于：①基于农作物生长发育的领域知识，构建能凸显某种农作物类型的农作物指数；②基于农作物指数，通过一定的规则并合理设置阈值，达到识别农作物的目的。

在作物指数设计方面，关键在于找到该农作物的生长特性。相比水稻、玉米等大宗农作物，特色经济作物制图具有很大的挑战性（Gil，2020；Jin et al.，2019）。与水稻需要移栽等特性相比，不同旱作农作物的生长特性仍有待进一步探索。本章依据花生营养生长和生殖生长几乎齐头并进的特点，分别利用叶绿素、花青素和类胡萝卜素指数设计了能凸显花生特点的花生指数，构建了一种基于色素指数的花生自动制图方法，并成功获得了我国东北地区 20 m 花生分布图。基于知识的农作物自动制图方法中，判别规则中的阈值设置是一个很值得关注的问题。本章中判别规则阈值的设置采用吉林省农作物调研点位作为参考依据。然而，由于农作物野外调研数据收集获取是一个需要耗费大量时间、人力、物力的艰巨任务，很多情况下难以获取到足够的调研样本数据用于确定阈值。

针对此类问题，本章提出了一种基于农业统计数据大致确定判别规则中阈值设置的研究策略。鉴于类胡萝卜素时序指标 MCCW 能很好地区分花生和玉米、水稻等大宗农作物，可以依据玉米和水稻这两种大宗农作物在所有农作物播种面积中的比例进行空间配置。依据农业统计年鉴数据，2018 年我国东北地区玉米和水稻占农作物播种面积的73%。由于花生的类胡萝卜素时序指标 MCCW 远低于玉米和水稻等大宗农作物，因此判别规则中花生的类胡萝卜素时序指标 MCCW 最好低于研究区 MCCW 第73百分位数，略微保守一点，取第75百分位数（图 10.10）。而叶绿素和花青素时序指标 ACCE 和CAES，由于花生的数值低于其他农作物，因此这两个指标取值应该是分别低于研究区各自对应的第25百分（100–75=25）位数。采用该策略所确定的三大时序指标 MCCW、ACCE 和 CAES 阈值分别设置为 0.12、0.09 和 1.19（图 10.10）。依据该阈值所确定的分类方案总体精度达 93.65%，Kappa 系数为 0.85（表 10.5）。上述阈值设置策略

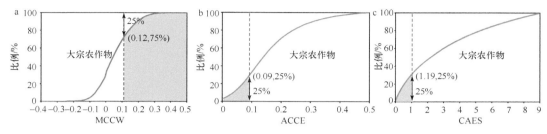

图 10.10 基于农业统计数据动态确定时序指标阈值示意图
a. MCCW；b. ACCE；c. CAES

表 10.5 基于农业统计年鉴数据动态确定阈值的精度验证表

	总计/个	花生/个	非花生/个	生产者精度/%	F1 分数
花生	338	305	33	90.24	0.90
非花生	764	37	727	95.16	0.95
用户精度/%		89.18	95.66		
总体精度/%		93.65			
Kappa 系数		0.85			

借鉴了作物分配模型等降尺度方法思想（You et al.，2014）。由于所设计的作物指数通常在该农作物区域内获得最小值或最大值，因此可以借助不同农作物分布比例统计数据和研究区作物指数直方图确定农作物判别规则中的阈值取值，从而达到摆脱参考样本数据从而实现大尺度农作物自动制图的目的。

本章利用哨兵 2 号多光谱传感器时序遥感数据，提出了一种基于色素指数的花生制图算法 PAPP，有望推动基于红边波段的光谱指数在农业遥感中的深入应用。除哨兵 2 号多光谱传感器影像外，还有其他具有红边波段的时序遥感影像数据可以充分利用，如低空间分辨率的 300 m ENVISAT MERIS 影像，以及高分辨率的 WorldView-2 影像和中国高分系列卫星数据 GF6 等。日益丰富的红边波段影像数据，必将开启基于红边波段的大尺度中高分辨率农作物遥感制图的新时代。值得指出的是，和其他基于物候的农作物制图算法一样，在时序遥感数据可获得性欠佳的情况下，算法精度受到严重干扰。如图 10.11 所示，在生长期时序遥感数据缺失较多的情况下，叶绿素和花青素的时序变异性显著下降，即使是水稻和玉米等其他农作物也可能表现出花生的时序变化特征。在多云多雨区域，农作物生长期内有效观测数不足的情况非常常见，可以通过多源遥感数据融合的研究策略予以解决，如结合 GF6。由于常用的 MODIS、Landsat 影像缺乏红边波段，后续研究可以进一步开展基于红边和非红边波段色素指数对比分析与应用评估，达到综合利用多源数据提高分类精度的目的。

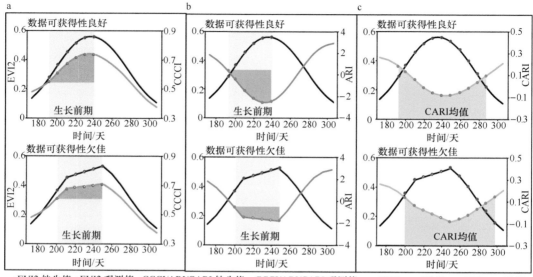

图 10.11 哨兵 2 号多光谱传感器数据缺失给时序指标带来干扰的示意图

基于色素指数建立的作物指数，其研究基础是农作物生长发育过程中色素变化相关规律的农学知识。但值得关注的是，除了不同农作物类型以及农作物生长阶段外，植被色素还和环境条件密切相关。例如，农作物色素含量在高温干旱等环境胁迫条件下发生明显变化（Jaleel et al.，2009）。可以通过结合气候条件和其他辅助数据，排除环境胁迫引起的色素异常变化的干扰（Dong and Xiao，2016；Weiss et al.，2020）。此外，农作物物候期在不同区域与年份很有可能发生变化，尤其是在纬度跨度大的情况下。本章中，为了简便起见，将生长盛期前后 50 天确定的时间段分别对应为生长前期和生长后期。后续研究可以通过色素指数含量与时序变化特征更准确地估计农作物物候期。总之，综合考虑不同农作物种植模式带来的时空异质性，在动态确定农作物生长期的基础上，依据本章所设计的基于色素的花生指数，有望实现全国乃至全球尺度花生自动制图。

第 11 章　弃耕开垦与复种变化信息提取方法

弃耕退耕、耕地开垦和复种变化关乎粮食播种面积与产量。准确快速获取弃耕、开垦与复种指数变化信息，对于保障粮食安全和应对全球气候变化具有重要意义。相对于城市化和森林砍伐等土地覆盖变化，弃耕退耕、耕地开垦或复种指数变化更加细微复杂，信息提取难度更大。弃耕退耕、耕地开垦可能涉及农作物、稀疏植被或自然植被等不同植被类型的相互转换；复种指数变化则关系到单季与多季农作物等不同种植制度的转变。目前时序遥感变化检测技术多集中在城市化和森林干扰等土地覆盖变化类型，采用先检测变化后分类的方式获取变化类型信息，能同时检测多种变化类型的技术方法相对匮乏。本章建立了一种弃耕开垦与复种变化信息提取方法，能有效地区分多种植被类型变化（AMMC 算法）。AMMC 算法基于植被指数时序曲线设计能够体现不同植被类型的时序指标，进而通过探索这些时序指标的年际变化趋势与空间显著性水平，建立了一套能有效区分单季农作物、多季农作物、稀疏植被以及自然植被之间相互变化的判别准则，在我国中东部 13 个省（直辖市）取得了很好的应用成效（Qiu et al.，2018b）。研究发现，虽然在"退耕还林政策"的推动下，我国中东部 13 个省（直辖市）弃耕现象明显，但耕地开垦面积更大，甚至发生在比还林地区自然条件更差的区域。

11.1　研　究　背　景

消除饥饿和改善营养状况，实现粮食安全，已成为联合国可持续发展目标（sustainable development goal，SDG）的重要内容之一（Yang et al.，2020）。为此，我们通过采取有效措施稳步提高粮食产量：一方面，通过耕地扩展（cropland expansion）增加耕地面积；另一方面，提高耕地利用强度（Wu et al.，2014b）。耕地开垦作为最原始的增产方式，很可能导致森林被砍伐从而对陆地生态系统造成破坏。提高耕地利用强度，可以通过提高复种指数，或者采取增加施肥或灌溉等耕作管理措施，提高农作物单位面积产量（Mueller et al.，2012）。复种在增加粮食产量中发挥着重要作用。例如，在 1961～2007 年约半个世纪期间，通过提高复种指数，贡献了全球粮食 9%的增量（Waha et al.，2020）。除耕地开垦和复种变化外，农田抛荒弃耕现象在世界各地非常普遍，并且引起了有关学者的高度关注（Estel et al.，2015；Löw et al.，2018；Qiu et al.，2020b；Yin et al.，2018b）。开展弃耕休耕、耕地开垦和复种变化遥感监测研究，对于实现联合国可持续发展目标以及提升陆地生态系统固碳能力都具有重要意义。

土地覆盖变化是全球环境变化的主要驱动因素（Foley et al.，2005）。及时准确地更新土地覆盖变化信息，属于土地变化科学领域的重要研究内容（Gómez et al.，2016；刘纪远等，2018；吴炳方，2017）。遥感技术已经被广泛地应用于土地覆盖及其变化研究，并取得了一系列丰硕的研究成果，特别是基于时序遥感数据开展的城市化和森林砍伐等土地覆盖变化研究方面（Hirschmugla et al.，2017；Santos et al.，2017；Schmidt et al.，2015）。尽管如此，创建大尺度土地覆盖制图产品依然是一项艰巨的任务（Gómez et al.，2016），特别是在植被覆盖及其变化制图领域（Iizumi and Ramankutty，2015；Thyagharajan and Vignesh，2017）。植被及其变化遥感制图，通常基于机器学习或基于知识的研究方法实现。基于知识的研究方法，通过设计变量，建立规则，算法简单明了，具有很好的解释能力并且较少地依赖大量训练样本数据，在土地覆盖及其变化监测中取得了很好的应用效果（Lambert et al.，2016；Mahyou et al.，2016；Qiu et al.，2021）。例如，基于耕地区域农作物播种和收割等措施导致植被指数时序变异性幅度大等特点，建立 5 个时序指标用于耕地制图，具有可以推广应用于不同区域和年份且无须校准的成效（Waldner et al.，2015）。

与城市化和森林砍伐等相比，关于不同植被类型之间的变化研究相对较少（Cohen et al.，2018；Esch et al.，2017）。鉴于不同植被类型之间变化的复杂性，目前植被变化监测通常基于逐年遥感分类后获取变化信息，尤其是对于单季、多季等不同复种指数之间的复杂细微变化。目前为止，能同时有效地涵盖弃耕休耕、耕地开垦、复种指数变化的时序遥感监测方法未见报道。本章旨在填补这一空白，建立一种弃耕开垦与复种变化信息提取方法，并以我国中东部 13 个省（直辖市）为例，评估和验证其应用效果。

11.2　研究区概况与数据来源

11.2.1　研究区概况

研究区覆盖我国中东部 13 个省（直辖市），包括 9 个省（山西、陕西、河北、山东、安徽、江苏、河南、河北和浙江）和 4 个直辖市（北京市、上海市、天津市和重庆市）（图 11.1）。研究区地处我国最具生产力的黄淮海平原和长江中下游平原，为我国重要的农业生产基地，冬小麦—玉米和早稻—晚稻等双季轮作占主导地位。近年来，区域内耕地复种指数变化频繁发生。一方面，随着劳动力的转移和农业结构调整，耕地复种指数下降甚至弃耕；另一方面，国家实施了包括粮食保护价收购和种粮补贴等一系列惠农政策，对于稳步提高耕地复种指数起到积极作用。同时，研究区处于世界上最大的生态工程实施区域（如"三北"防护林工程）以及作为政治、经济中心的京津冀地区。归功于退耕还林或植树造林等生态工程的实施，从耕地或稀疏植被变为森林植被的现象非常普遍，尤其是"三北"工程实施区域。近年来我国中东部地区社会经济发生了巨大变化，城市化占用了大量优质耕地（Qiu et al.，2020a），为了弥补耕地流失达到总量平衡的目标，一些原来的林地或草地被开垦为耕地（Zhang et al.，2014）。总之，近年来研究区内稀疏植被、森林植被以及单双季农作物之间发生了多种复杂变化，为开展多种植被变化信息提取研究提供了实验条件。

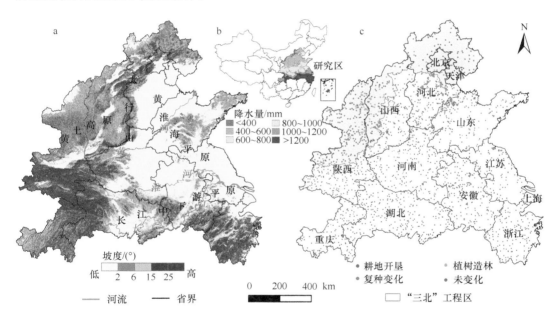

图 11.1　研究区概况图
a. 坡度分布图；b. 地理位置和降水量分布图；c. 植被变化参考点位分布图

11.2.2　数据来源

本章采用的遥感时序数据集为 2001～2016 年 500 m 8 天最大化合成的 MODIS 土壤调节植被指数（optimized soil adjusted vegetation index，OSAVI）时序数据集。OSAVI 的优点在于能够有效地消除土壤背景的影响（Rondeaux et al.，1996）。本章基于 MODIS OSAVI 时序数据曲线特征，设计用于刻画不同植被类型的 5 个时序指标，并依据时序指标年际趋势变化特征开展植被变化信息提取研究。除此之外，本章通过湿度指数，即穗帽变换的第三分量（the third tasseled cap transformation，TC3），剔除水体分布区域。

11.3 研 究 方 法

11.3.1 数据预处理

首先计算 MODIS OSAVI 植被指数，在剔除云和阴影等无效观测数据的情况下，基于 8 天合成的 MODIS OSAVI 时序数据，利用线性插值方法生成逐日 MODIS OSAVI 时序数据集。在此基础上，利用 WS（Whittaker smoother）数据平滑方法，逐像元构建 2001～2016 年研究区逐日 MODIS OSAVI 时序数据集，作为本章的时序遥感数据基础。为了排除与非植被有关的变化，依据植被指数和湿度指数数值剔除非植被像元。在本章中，水体依据湿度指数进行掩膜；而不透水面和裸土等非植被依据植被指数数值分布特征进行剔除。其判断规则为，将湿度指数年均值小于一定阈值的像元确定为水体，如 $TC3_{mean}<-0.05$；将植被丰度小于某个阈值，如植被丰度（vegetation abundance，VA）<0.1，作为裸土和不透水面等非植被予以剔除。本章中的时序数据预处理、时序指标计算与方法实现均基于 Matlab 软件平台（The MathWorks，Natick，马萨诸塞州，美国）实施。

11.3.2 时序指标设计

本章借鉴和拓展第 4 章的研究思路，基于植被指数时序曲线变化特征设计了 5 个时序指标，分别为植被丰度（VA）、时序离散度（temporal dispersion，TD）、生长期长度（growing season length，GL）、高分位持续度（high-quantile temporal continuity，HTC）以及中分位持续度（medium-quantile temporal continuity，MTC）。5 个时序指标的计算设计示意图见图 11.2。前 3 个时序指标的计算说明如下：①植被丰度指标（VA）通过计算不低于中值的所有观测数据的均值获得（Qiu et al.，2016b）；②时间离散度指标（TD）是获取第 75 百分位数以上数据集，将其极差和标准差的乘积确定为时序离散度；③生长期长度采用阈值法确定，计算植被指数时序数据集中大于极差一半 $[OSAVI_{min} + 0.5 \times (OSAVI_{max}-OSAVI_{min})]$ 的观测数，确定为生长期长度。其中，多季农作物的生长期长度为多个农作物生长期长度的总和。高分位持续度和中分位持续度分别以植被指数时序曲线中大于第 65 百分位数或大于第 50 百分位数的持续时间（以天计算）作为计算依据（Qiu et al.，2016b）。其中，高分位持续度为大于第 65 百分位数的最长持续时间；而中分位持续度为大于第 50 百分位数的次长持续时间。时序离散度、高分位持续度和中分位持续度的计算公式分别如下。

$$TD = Range_{75p} \times Deviation_{75p} \qquad (11.1)$$

$$HTC = Max_{65p}\{t_1, t_2, \cdots, t_n\} \qquad (11.2)$$

$$MTC = SecondMax_{50p}\{t_1, t_2, \cdots, t_n\} \qquad (11.3)$$

式中，$Range_{75p}$、$Deviation_{75p}$ 分别表示不低于 75 百分位数的高值时序数据集区间内的极差和标准差；t_1，t_2，$\cdots$，t_n 表示超过某分位数的持续时间；Max、SecondMax 分别表示取最大值和第二大值；下标 $50p$、$65p$ 和 $75p$ 分别表示该像元植被指数年内时序曲线大于或等于 50 百、65 百或 75 百分位数的植被指数时序数据集。

除生长期长度以外的 4 个时序指标均是基于植被指数的重要百分位数动态确定植被不同生长阶段而建立的（图 11.2）。基于植被指数时序数据的重要百分位数动态确定的

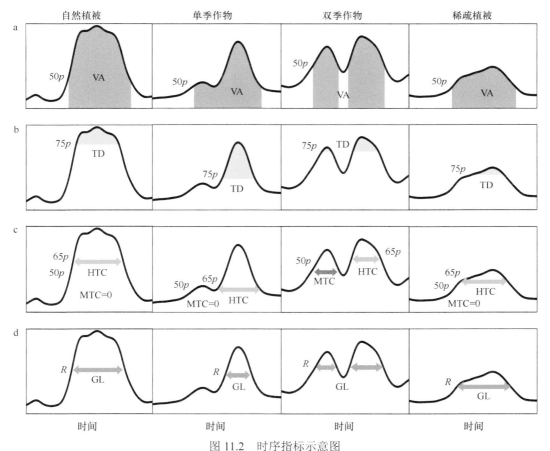

图 11.2　时序指标示意图

a. 植被丰度；b. 时序离散度；c. 高分位和中分位持续度；d. 生长期长度

时序区段/时序谱，对于不同植被类型具有其特定含义。例如，65 百分位数及以上数值确定的时序区段，对于自然植被而言，表示相对高值区间；对于单季农作物而言，可能表示整个农作物生长发育阶段；而对于多季农作物而言，则远远无法覆盖两个或者更多个农作物生长期。耕地区域经历播种发育、快速生长发育和成熟收割等完整的农作物生长期，使植被指数时序曲线呈现更大幅度的变异性特征，在农作物识别和耕地抛荒弃耕遥感监测等领域得到应用（Estel et al.，2015；Nuarsa et al.，2012）。单季农作物通常表现出较高的时序离散度，并且随着复种指数的增加，植被丰度也将显著升高，时序离散度则减弱。

11.3.3 植被变化检测算法

1）计算时序指标年际变化趋势

基于不同植被变化参考点位，分析 2001~2016 年植被指数时序曲线年际变化特征以及所设计的 5 个时序指标的变化趋势（图 11.3）。由图可见，在发生某种植被类型变化的情况下，5 个时序指标呈现出相应的年际变化特征和变化趋势。以单季农作物转变为自然植被为例，由于一年内植被总体覆盖程度增加并且变化更加平稳，植被丰度和生长期长度指标均表现出上升趋势，时序离散度呈现下降趋势，而两个时序持续度指标保持平稳。然而，在单季农作物变为双季农作物的情况下，两个时序持续度指标均呈现出明显变化趋势，表现为高分位持续度指标下降而中分位持续度指标明显上升。

时序指标在研究时段内的变化趋势分析采用 Sen 氏斜率方法结合曼-肯德尔进行显著性检验（Kendall，1975；Sen，1968）。Sen 氏斜率是一种非参数趋势计算方法，能较好地避免时序数据缺失和数据分布形态对分析结果的影响，在植被变化趋势显著性分析与检验中得到广泛应用（Qiu et al.，2013）。其计算公式为

$$Q = \text{Median}\left(\frac{x_i - x_j}{i - j}\right), \ \forall i > j \qquad (11.4)$$

式中，Median（）表示取中值；x_i 和 x_j 分别是时序数据集中第 i 项和第 j 项数据。当 $Q>0$ 时，表示该时序曲线呈一定的上升趋势；当 $Q<0$ 时，表示该时序曲线具有一定的下降趋势。

曼-肯德尔检验是一种非参数统计检验方法。曼-肯德尔法不要求样本服从正态分布，对缺失数据不敏感。计算公式如下：

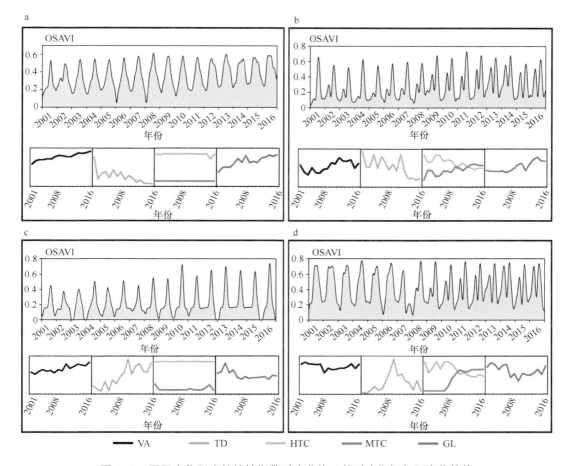

图 11.3　不同变化形式的植被指数时序曲线及其时序指标年际变化趋势

a. 单季作物变为自然植被；b. 单季作物变为双季作物；c. 稀疏植被变为单季作物；d. 自然植被变为双季作物

$$Z = \begin{cases} \dfrac{S-1}{\sqrt{\mathrm{Var}(S)}}, & S > 0 \\[2mm] 0, & S = 0 \\[2mm] \dfrac{S+1}{\sqrt{\mathrm{Var}(S)}}, & S < 0 \end{cases} \quad S = \sum_{i=1}^{n-1}\sum_{k=i+1}^{n}\left[\mathrm{sgn}(x_k - x_i)\right], \mathrm{Var}(S)$$

（11.5）

$$= \frac{n(n-1)(2n+5)}{18}, \mathrm{sgn}(x_k - x_i) = \begin{cases} 1, & x_k - x_i > 0 \\ 0, & x_k - x_i = 0 \\ -1, & x_k - x_i < 0 \end{cases}$$

式中，sgn（）为符号函数；x_i 和 x_j 分别是时序数据集中第 i 项和第 j 项数据。

　　基于曼-肯德尔方法，进一步判断时序曲线的变化趋势是否显著。如果 Z 的数值显著大于或小于 0，则表明该时序曲线存在显著的上升趋势或下降趋势。例如，在取显著性水平为 10%的情况下，Z 的数值在大于 1.64 或者小于–1.64 的情况下分别表示该时序曲线存在显著的上升或下降趋势，否则为无趋势。

2）时序指标趋势的空间显著性检验

本章从时间和空间两方面开展时序指标变化趋势的显著性检验。首先从时序方面开展显著性检验，然后进一步从研究区域层面开展空间显著性检验，排除一些在时序方面具有显著趋势但趋势变化幅度微小的情况。逐像元计算某个指标时序曲线的 Sen 氏斜率 Q，如果时序趋势达到显著性水平，同时通过了空间显著性检验，则该像元该指标具有显著变化趋势。开展空间显著性检验，其目的是合理消除植被生长年际变化的干扰，原因在于：由于土壤培肥和灌溉等耕作管理措施，农作物长势和产量不断提高，即使在复种指数没有发生变化的情况下，植被丰度也可能显著上升并且其他时序指标也可能发生显著变化。由于各种因素引起的植被属性变化（如树木高度、农作物长势等）而非植被类型变化通常比较细微，因此本章通过进一步结合空间显著性检验予以消除。

空间显著性检验的目的是在时序显著性检验的基础上，进一步检验该像元的 5 个时序指标（植被丰度、时序离散度、生长期长度、高分位持续度和中分位持续度）的 Sen 氏斜率 Q，其数值是否显著大于研究区域内其他像元。假设时序指标 Sen 氏斜率 Q 数值在研究区域内满足正态分布 $N(\mu, \sigma^2)$。对于正态分布变量而言，其显著性水平通常可以通过均值和标准差的数值确定。对于单个变量而言，显著性水平通常采用 5%或者10%，置信区间为 95%或者 90%。但是，在本章中需要同时对所设计的 5 个时序指标进行空间显著性检验。如果采用 5%的显著性水平，在 5 个时序指标分布相对独立的情况下，满足显著性检验的像元个数将少于研究区域的 0.001%。因此，在两个或两个以上变量同时开展显著性检验的情况下，建议采用 60%~80%的置信区间。如果两个变量同时采用 80%置信区间，其联合置信区间达 96%［(1–0.2×0.2)×100%=96%］。因此本章采用 80%置信区间。如果某像元某时序指标 Sen 氏斜率 Q 数值显著大于研究区均值加上 1.2816 倍的标准差，则该像元该时序指标达到空间显著性水平，表现出变化趋势显著大于其他区域的特点；相反，如果某时序指标 Sen 氏斜率 Q 数值显著小于研究区均值减去 1.2816 倍的标准差，则该像元该时序指标同样达到空间显著性水平，表现为变化趋势显著小于其他区域的特点。在以上两种情况均不满足的情况下，则表明没有通过空间显著性检验。

3）基于多指标趋势组合的植被类型变化信息提取方法

植被类型很多，除单季农作物和双季农作物外，还包括林草等自然植被（主要为森林）。此外，将一些生长稀疏的草地、灌木等植被统称为稀疏植被。因此，本章中的自然植被是与农作物相对而言的，并非通常理解的生长在没有人为改变或干扰其生长过程区域的植被。所设计的 5 个时序指标能分别从不同角度刻画稀疏植被、自然植被、单季农作物和双季农作物的特点。例如，自然植被植被丰度、生长期长度以及高分位持续度数值偏高，而其他两个时序指标数值偏低。而双季农作物生长期长度、高分位及中分位持续度数值高低刚好与自然植被相反。单季农作物和双季农作物这 5 个时序指标数值高低均呈现出不一样的特征。而稀疏植被除生长期长度和高分位持续度指标偏高外（和自然植被相似），其他 3 个时序指标均很低（图 11.4）。

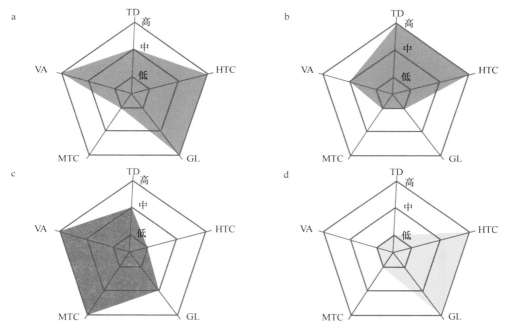

图 11.4　5 个时序指标数值分布玫瑰图
a. 自然植被；b. 单季作物；c. 双季作物；d. 稀疏植被

4 种植被类型在不同时序指标数值分布方面依次呈现出高中低或者高低两种排序组合形式。具体而言，在植被丰度方面，表现为自然植被/双季作物>单季作物>稀疏植被；在时序离散度方面，表现为单季作物>双季作物/自然植被>稀疏植被；在高分位持续度方面，表现为自然植被/单季农作物/稀疏植被>双季农作物；在生长期长度方面，表现为自然植被/稀疏植被>双季农作物>单季农作物；在中分位持续度方面，表现为双季农作物>自然植被/单季农作物/稀疏植被（图 11.4，图 11.5）。

基于 4 种植被类型在不同时序指标上的数值分布特点，考虑可能发生的植被类型变化情况，逐步基于不同时序指标综合分析可能出现的变化趋势组合情况，最终建立稀疏植被、自然植被、单季农作物和多季农作物之间相互发生转换的判别规则。由于"三北"防护林、退耕还林等一系列生态工程的实施，研究区域植被生长越来越好，同时植被覆盖度的下降一般由城市化等引起（植被变为非植被），因此对于稀疏植被，本章仅考虑稀疏植被转变为其他植被类型的情况。具体而言，针对稀疏植被、自然植被、单季农作物和多季农作物 4 种植被类型，共有 9 种（4×3-3=9）不同植被变化类型。具体为以下3 种情况：①植树造林，表现为分别从稀疏植被、单季农作物或多季农作物转变为自然植被；②耕地开垦，表现为分别从稀疏植被或自然植被转变为单季或多季农作物；③复种变化，表现为单季农作物和多季农作物之间的转变（图 11.5）。在第一种情况中，从单季或多季农作物到自然植被的变化形式又称为退耕还林。

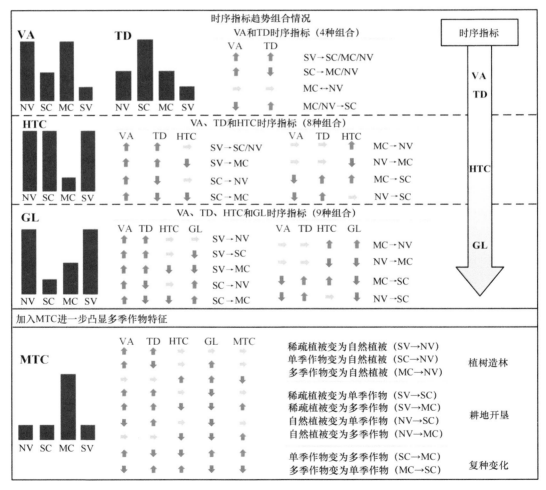

图 11.5 建立多指标趋势组合与植被类型变化的关系图

SV、NV、SC 和 MC 分别代表稀疏植被、自然植被、单季作物和多季作物

　　首先，仅考虑植被丰度和时序离散度这两个时序指标，变化趋势组合有 4 种情况：多季农作物和自然植被之间的转换，这两个时序指标均无显著趋势；从单季农作物到双季农作物或自然植被，植被丰度上升而时序离散度下降；从稀疏植被到其他 3 种植被类型，植被丰度和时序离散度均显著上升。与原来植被变化类型相反的植被变化类型（逆向变化），其时序指标呈现出相反的年际变化趋势。例如，从单季农作物到多季农作物，植被丰度显著上升而逆向变化（多季农作物到单季农作物植被丰度指标显著下降）。然后，进一步结合高分位持续度指标，将出现 8 个时序指标趋势组合情况，其他的均为不太可能出现的指标趋势组合情景。很显然，仅仅用植被丰度和时序离散度两个指标趋势组合，无法区分不同植被变化类型。在加入高分位持续度指标后，只有稀疏植被变为单季农作物/自然植被两种变化类型难以区分。当进一步结合生长期长度指标后，将出现 9 个时序指标趋势组合情况，即基于植被丰度、时序离散度、高分位持续度和生长期长度 4 个指标趋势组合，和 9 种植被变化类型形成一一对应关系。最后，引入中分位持续度指标，进一步强化与多季农作物有关的植被变化类型，最终建立基于多指标趋势组合的植被类型变化信息提取方法（图 11.5）。

11.3.4　算法精度验证

　　相比农作物或其他植被分类制图，植被变化检测精度验证的难度更大。其原因在于，植被变化参考点位至少需要两个或者两个以上不同年份的参考点位数据。本章中植被变化参考点位数据的获取，除了实地调研考察外，主要通过从研究时段内前后不同年份的谷歌影像目视解译获取。实地调研考察从 2013 年开始一直到 2017 年，主要调查土地覆盖类型和植被覆盖度（部分调研照片见附图）。对于农作物点位而言，进一步收集农作物种植模式和物候期等相关信息。研究区累计收集 4273 个参考点位数据，其中包括 3262 个未变化点位以及 1011 个植被变化点位（参考点位空间分布见图 11.1）。在研究时段内稳定的植被类型点位中，以自然植被和多季农作物为主，由于研究区很少出现三季种植情况，多季农作物均为双季农作物。植树造林参考点位中，主要源自稀疏植被和单季农作物点位，从双季农作物变为自然植被的参考点位相对偏少。耕地开垦的参考点位主要源自稀疏植被。研究区参考点位信息见表 11.1。对于研究时段内稳定不变的参考点位，经过至少 3 个不同年份核实确定其未发生变化，并且确保这些参考点位地块大于 1 km×1 km。大部分位于平原地区的植被变化参考点位地块通常大于 1 km×1 km。位于丘陵山区的植被变化点位，由于异质性强，一些点位的地块单元面积可能偏小。和其他章节一样，基于参考点位数据，计算生产者精度、用户精度、总体精度以及 Kappa 系数等评价指标。但和其他章节所不同的是，本章所有的参考点位数据均用于精度验证，不需要预留一些用于确定阈值的训练样本数据。

表 11.1　研究区植被类型稳定或变化参考样本点位信息表　　（单位：个）

类型		总个数/位于平原点个数	收集年份		
			第一年（2001~2003 年/2004~2006 年/2007~2009 年/2010~2012 年/2013~2014 年）	第二年（2005~2010 年）	第三年（2013~2014 年/2015~2016 年）
稳定点位	NV	1387/440	1387/0/0/0/0	1387	336/1051
	SV	376/14	376/0/0/0/0	376	109/267
	SC	557/321	557/0/0/0/0	557	171/386
	DC	942/840	942/0/0/0/0	942	258/684
植树造林	SV-NV	137/75	61/47/27/2/0	0	35/102
	SC-NV	122/90	62/32/24/3/1	0	41/81
耕地开垦	DC-NV	53/24	29/18/6/0/0	0	17/36
	SV-SC	108/66	21/47/29/8/3	0	39/69
	SV-DC	19/15	5/10/3/1/0	0	5/14
	NV-SC	25/11	12/8/5/0/0	0	8/17
	NV-DC	13/2	7/4/2/0/0	0	4/9
复种变化	SC-DC	298/256	111/100/67/15/5	0	116/182
	DC-SC	236/201	98/75/57/4/2	0	103/133
总计		4273/2355	3668/341/220/33/11	3262	1242/3031

注：SV、NV、SC、DC 分别代表稀疏植被、自然植被、单季作物和双季作物

11.4　结　果　分　析

11.4.1　研究区时序指标与植被变化分布图

　　研究区 5 个时序指标的 Sen 氏斜率分布图见图 11.6。植被丰度、时序离散度、生长期长度、高分位持续度和中分位持续度 5 个时序指标年际变化趋势明显。对于前 4 个时序指标，研究区域一半以上的像元表现出显著的年际变化趋势。具体而言，对于植被丰度、时序离散度、生长期长度、高分位持续度 4 个时序指标，研究区域内分别有 85.12%、64.69%、54.66% 和 60.33% 的像元，具有显著的年际变化趋势。对于中分位持续度指标而言，约有一半（44.00%）像元呈现出显著的年际变化趋势。对于不同时序指标而言，研究区域内上升或下降趋势分布并不均衡。例如，植被丰度变化趋势以上升趋势为主，

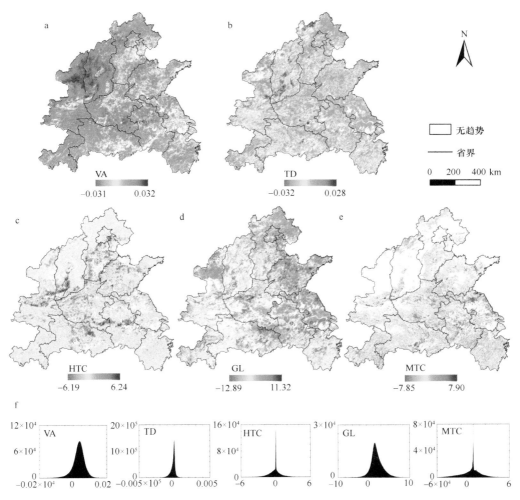

图 11.6　研究区 5 个时序指标的 Sen 氏斜率空间分布图以及直方图
a. VA；b. TD；c. HTC；d. GL；e. MTC；f. 直方图

研究区 73.76% 像元的植被丰度指标表现出显著上升趋势；而时序离散度则以下降趋势为主，显著上升区域仅占研究区的 13.32%，而显著下降区域达研究区的 48.16%。植被丰度上升和时序离散度下降，表明研究区内存在不少从单季农作物变为自然植被/双季农作物的植被类型变化。同时，生长期长度显著增加的区域远远高于生长期长度显著减少区域，分别为研究区的 45.59% 和 11.53%，进一步指示退耕还林过程。

从 5 个时序指标数值分布直方图（图 11.6）可以看出，研究区域内 5 个时序指标 Sen 氏斜率 Q 值呈现正态分布。研究区域植被丰度、时序离散度、生长期长度、高分位持续度和中分位持续度 5 个时序指标均值分别为 0.0032、–0.000 19、0.8022、–0.1359 和

–0.3360，而标准差分别为 0.0038、0.000 41、1.7851、1.1331 和 1.5117。对于这 5 个时序指标，依据其在研究区域内的数值分布情况，对时序指标 Sen 氏斜率进一步开展空间显著性检验。针对不同时序指标，逐一进行空间显著性检验。通过时空两方面显著性检验的像元比例明显下降，分别各自下降为不足研究区面积的 20%。利用所设计的 AMMC 算法，进一步依据 5 个不同时序指标趋势组合情况，获得研究区植树造林、耕地开垦和复种变化的空间分布图（图 11.7）。结果表明，研究区域内约有 0.91%的像元发生了植被类型变化，涵盖植树造林、耕地开垦和复种变化 3 个方面。

11.4.2　方法精度评价

1）基于变化/未变化的精度评价

仅考虑变化/未变化两种情况的精度验证见表 11.2。对于变化点位，用户精度为 94.76%，而生产者精度为 93.83%。对于未变化点位，用户精度为 96.85%，而生产者精度为 97.34%。仅考虑变化/未变化两种情况的精度验证，总体精度达 96.15%，Kappa 系数为 0.9138。精度验证结果表明，所建立的 AMMC 方法能很好地在区域水平上自动检测是否发生植被变化。

2）考虑区分不同植被变化类型的精度验证

考虑区分不同植被变化类型的精度验证见表 11.3。精度验证研究结果表明，所设计的 AMMC，能有效地区分自然植被、单季农作物和双季农作物之间的相互变化类型。例如，单季农作物与多季农作物这种耕地区域内的复杂变化形式，用户精度和生产者精度均在 95%以上。出现混淆的情况主要集中在稀疏植被与自然植被/双季农作物之间。例如，从稀疏植被转变为自然植被，可能会被误分为没有变化。考虑区分不同植被变化类型的精度评估，总体精度达 94.75%，Kappa 系数为 0.9030。

11.4.3　研究区植被类型变化分析

1）植树造林

在 2001～2016 年，我国中东部 13 个省（直辖市），植树造林面积达到了 7180 km^2，为最主要的植被类型变化形式。成功实现植树造林的区域占研究区域总面积的 0.47%（表 11.4）。研究区域内，实现成功植树造林区域主要源于稀疏植被区域。约有 4477 km^2 稀疏

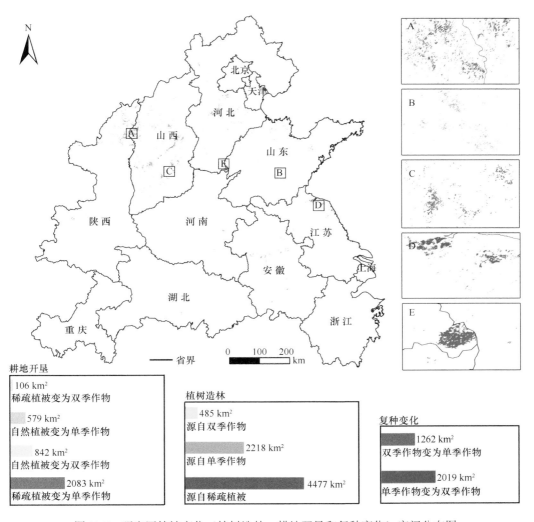

图 11.7　研究区植被变化（植树造林、耕地开垦和复种变化）空间分布图

表 11.2　基于植被变化/未变化的精度评估表

	总计/个	未变化/个	变化/个	用户精度/%
未变化	2000	1937	63	96.85
变化	1011	53	958	94.76
总计	3011	1990	1021	
生产者精度/%		97.34	93.83	
总体精度/%	96.15			
Kappa 系数	0.9138			

表 11.3 考虑区分不同植被变化类型的精度验证表　　　　　（单位：个）

变化类型	总计	SV-NV	SC-NV	DC-NV	SV-SC	SV-DC	NV-SC	NV-DC	SC-DC	DC-SC	未变化	用户精度/%
SV-NV	137	106	0	0	14	0	0	0	0	0	17	77.37
SC-NV	122	0	109	0	0	0	0	0	1	0	12	89.34
DC-NV	53	0	0	50	0	0	0	0	0	0	3	94.34
SV-SC	108	11	0	0	92	1	0	0	0	0	4	85.19
SV-DC	19	1	0	0	6	12	0	0	0	0	0	63.16
NV-SC	25	0	0	0	0	0	23	0	0	0	2	92.00
NV-DC	13	0	0	0	0	0	0	11	0	0	2	84.62
SC-DC	298	1	7	1	0	0	0	0	282	0	7	94.63
DC-SC	236	0	0	3	0	0	1	0	0	231	1	97.88
未变化	2000	12	30	6	1	0	1	2	8	3	1937	96.85
总计	3011	131	146	60	113	13	25	13	291	234	1985	
生产者精度/%		80.92	74.66	83.33	81.42	92.31	92.00	84.62	96.91	98.72	97.58	

总体精度/%　94.75

Kappa 系数　0.9030

注：以像元数统计。SV、NV、SC 和 DC 分别表示稀疏植被、自然植被、单季作物和双季作物

植被转变为自然植被，主要分布在研究区西北部的黄土高原，黄土高原为"三北"工程的重点实施区域之一。除此之外，为退耕还林，退耕还林面积为 2703 km²，约占研究区总面积的 0.18%（表 11.4）。退耕还林区域主要分布在山东丘陵地带以及安徽中部（图 11.7）。

表 11.4 2001～2016 年我国中东部 13 个省（直辖市）植被变化面积及占研究区比例

变化情况	面积/km²	占研究区比例/%	植被变化类型	面积/km²	占比/%	占研究区比例/%
植树造林	7180	0.47	源于稀疏植被	4477	62.35	0.46
			退耕还林	2703	37.65	0.18
耕地开垦	3610	0.23	稀疏植被变为单季作物	2083	57.70	0.13
			稀疏植被变为双季作物	106	2.94	0.01
			自然植被变为单季作物	579	16.04	0.04
			自然植被变为双季作物	842	23.32	0.05
复种变化	3280	0.21	复种增加	2018	61.52	0.13
			复种减少	1262	38.48	0.08

我们的研究结果表明，通过一系列生态工程的实施，植树造林效果显著。虽然"三北"防护林工程实施区域仅占我国中东部 13 个省（直辖市）面积的 21%，但研究区域内成功植树造林的面积，69%分布在"三北"防护林工程实施区域，面积为 4956 km²。从不同省份来看，山西和陕西两个省份植树造林面积最大，分别占我国中东部地区植树造林总面积的 36.65%和 20.32%；其次为河北、山东、安徽和河南等省份，分别占我国中东部地区植树造林总面积的 5.96%~12.09%；其余省（直辖市）占研究区植树造林总面积的 3%以下（表 11.5）。

表 11.5 我国中东部 13 个省（直辖市）植树造林、耕地开垦以及复种变化汇总表

省（直辖市）	植树造林（退耕还林）		耕地开垦		复种变化（增加/减少）	
	面积/km²	百分比/%	面积/km²	百分比/%	面积/km²	百分比/%
山西	2631.25（104.00）	36.65（3.85）	1439.75	39.88	25.00（3.25/21.75）	0.76（0.16/1.72）
陕西	1458.75（214.00）	20.32（7.92）	589.00	16.32	94.50（4.00/90.50）	2.88（0.20/7.17）
河北	720.5（363.50）	10.03（13.45）	341.25	9.45	1003.70（142.50/861.25）	30.60（7.06/68.24）
山东	867.75（718.25）	12.09（26.57）	154.25	4.27	500.50（473.75/26.75）	15.26（23.47/2.12）
安徽	517.5（494.75）	7.21（18.30）	163.75	4.54	666.75（610.00/56.75）	20.32（30.22/4.50）
江苏	202.75（192.75）	2.82（7.13）	43.00	1.19	654.50（652.75/1.75）	19.95（32.34/0.14）
河南	428.25（311.00）	5.96（11.51）	103.25	2.86	198.75（35.00/163.75）	6.06（1.73/12.98）
湖北	149.00（130.75）	2.08（4.84）	264.50	7.33	108.50（75.50/33.00）	3.31（3.74/2.61）
浙江	10.50（9.00）	0.15（0.33）	316.25	8.76	2.75（1.00/1.75）	0.08（0.05/0.14）
重庆	45.75（23.75）	0.64（0.88）	151.75	4.2	1.25（1.25/0.00）	0.04（0.06/0.00）
天津	62.00（59.00）	0.86（2.18）	19.75	0.55	20.75（18.25/2.50）	0.63（0.90/0.20）
北京	83.75（80.50）	1.17（2.98）	10.75	0.3	2.00（1.25/0.75）	0.06（0.06/0.06）
上海	2.25（1.75）	0.03（0.06）	12.75	0.35	1.50（0.00/1.50）	0.05（0.00/0.12）

注：退耕还林数据、复种增加或减少数据用括号里面的数字表示。加粗的省（直辖市）为"三北"工程实施省（直辖市）

在这些成功植树造林的区域，近四成（38%）源于退耕还林。研究区退耕还林面积达 2703 km²。退耕还林重点省份，70%分布在位于黄淮海平原的 4 个省份。依次为山东、安徽、河北、河南，分别占研究区退耕还林总面积的 26.57%、18.30%、13.45%以及 11.51%。其余 9 个省（直辖市）退耕还林面积（包括山西和陕西在内的退耕还林重点实施区域）仅占整个研究区退耕还林总面积的 30%（表 11.5，图 11.8）。

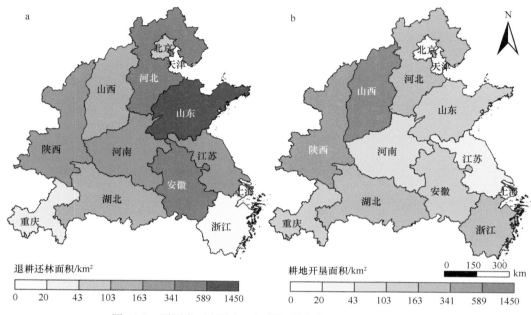

图 11.8　不同省（直辖市）退耕还林和耕地开垦空间分布图
a. 退耕还林；b. 耕地开垦

2）耕地开垦

虽然植树造林在我国中东部 13 个省（直辖市）取得了巨大成效，耕地开垦现象也非常普遍。耕地开垦面积为 3610 km² （表 11.4），约为植树造林面积的一半。耕地开垦区域主要源自稀疏植被，其中 57.7%耕地开垦表现为稀疏植被变为单季作物，其次为自然植被变为双季作物，约占耕地开垦面积的 23.32%（图 11.8）。从不同省份来看，耕地开垦主要分布在研究区西北部。其中，约 40%的耕地开垦区域位于山西省，其次约 1/3位于陕西省（16.32%）、河北省（9.45%）和浙江省（8.76%）3 个省份，其余约 1/4 零星分布在其余 9 个省（直辖市）。虽然山西省和陕西省均属于耕地开垦大省，但这两个省份耕地开垦区域存在明显差异。山西省耕地开垦主要分布在"三北"退耕还林工程以外的区域，集中在山西省南部；而陕西省耕地开垦主要分布在"三北"工程区域内，集中在陕西省北部（图 11.8）。

3）退耕还林和耕地开垦区域自然条件对比分析

对比分析研究区退耕还林和耕地开垦区域的自然条件，包括年降水量、平均海拔和坡度分布情况等。通常而言，退耕还林预期应该发生在自然条件较差的区域范围内，如海拔较高的坡耕地。而耕地开垦区域应该选取自然条件相对较好的区域，如地形平缓、水分条件好的区域。首先，专门针对"三北"工程实施区域内退耕还林和耕地开垦区域的自然条件开展对比分析。研究区西北的 5 个省（直辖市），即陕西省、山西省、河北省、北京市和天津市属于"三北"工程实施区域。"三北"工程实施区域的西北部五省（直辖市），约有 821 km² 实现了退耕还林，发生在气候和地形条件比较好的区域：年均降水量为 552 mm，平均海拔为 497 m，平均坡度为 3.9°。与此同时，"三北"工程实施区域的西北部五省市有更大范围的耕地开垦现象，2400 km² 自然植被或稀疏植被被开垦为耕地，为退耕还林面积的 2.9 倍。值得关注的是，"三北"工程实施区域的西北部五省（直辖市），相比退耕还林，耕地开垦发生在自然条件更差的区域：年均降水量为 500 mm，平均海拔为 971 m，坡度为 6.6°。相比退耕还林区域，耕地开垦区域降水量略低，海拔远高于退耕还林区域，平均海拔接近 1000 m，开垦区域为平均坡度大于6°的坡耕地（表 11.6）。

表 11.6　我国中东部 13 省市退耕还林、耕地开垦区域年降水量和地形条件对比分析表

省份	退耕还林			耕地开垦		
	高程/m	坡度/(°)	降水/mm	高程/m	坡度/(°)	降水/mm
山西	1051	4.7	480	1067	8.2	500
陕西	787	4.5	610	1093	5.7	507
河北	320	4.1	531	438	1.6	480
北京	174	2.9	573	77	1.2	572
天津	5	0.5	564	5	0.4	575
重庆	411	6.1	1117	855	13.8	1165
河南	208	3.7	818	123	1.1	689
山东	112	2.6	609	49	1.0	591
湖北	100	2.9	1158	629	9.8	1355
浙江	65	2.0	1468	387	15.6	1585
安徽	30	0.7	974	154	5.8	1261
江苏	15	0.7	937	13	1.3	1024
上海	3	0.4	1120	5	0.5	1148
"三北"地区	497	3.9	552	971	6.6	500
研究区	220	2.7	740	774	7.4	738

注：表中"三北"地区，包括研究区内的陕西省、山西省、河北省、北京市和天津市

这种耕地开垦相比退耕还林区域自然条件更差的现象，在整个研究区域更为严重。

在我国中东部 13 个省（直辖市），退耕还林区域的平均海拔小于 250 m，平均坡度小于 5°（平均坡度为 2.7°）。由此进一步说明弃耕区域多发生在平原地带。而耕地开垦则发生在自然条件不甚理想的区域，其海拔和坡度远高于退耕还林区域，为平均海拔 774 m、坡度大于 5°（7.4°）的丘陵山地（图 11.9，图 11.10）。从不同省（直辖市）来看，浙江、重庆和湖北等地耕地开垦区域的平均坡度接近甚至超过 10°，尤其是浙江省，平均坡度达 16°（图 11.9，图 11.10）。

4）复种变化

除退耕还林、耕地开垦等农作物与其他植被类型之间的相互变化外，不同农作物之间的相互变化也很普遍。复种变化发生面积为 3280 km^2，约占研究区域的 0.21%。其中，复种变化以单季变为双季为主，由单季农作物改种双季农作物的耕地面积为 2018 km^2，而复种减少（双季变为单季）的面积为 1262 km^2。与耕地开垦有所不同的是，复种变化区域主要位于黄淮海平原。复种增加的区域呈零星分布，而复种减少的区域则集中分布在黄淮海平原北部区域内（图 11.7）。从不同省份来看，复种减少的区域集中分布在河北省，占研究区复种减少区域的 2/3（68.24%）。复种增加的区域则分散在研究区东部省份，如江苏省、安徽省和山东省，依次占研究区复种增加面积的 32.34%、30.22% 以及 23.47%（表 11.5）。综合单双季不同农作物相互转换情况，分析不同省份由单双季等不

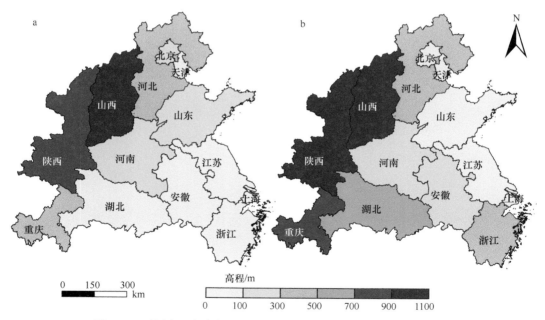

图 11.9 不同省（直辖市）退耕还林或耕地开垦区域平均高程分布图

a. 退耕还林；b. 耕地开垦

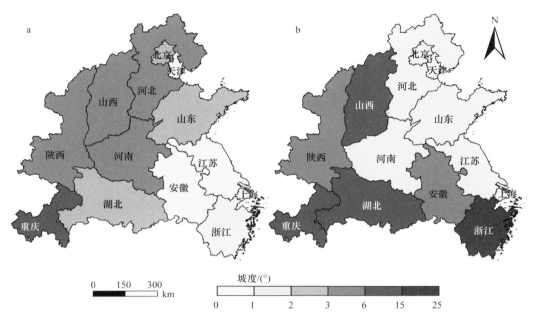

图 11.10　不同省（直辖市）退耕还林或耕地开垦区域平均坡度分布图
a. 退耕还林；b. 耕地开垦

同熟制导致的耕地复种指数变化特征。江苏、安徽和山东省复种增加面积明显高于复种减少面积，导致耕地复种指数总体上升。而河北省则刚好相反，河北省耕地复种减少面积远高于复种增加区域面积，由此导致耕地复种指数总体下降。其他省份，复种增加和复种减少区域面积差距相对较小。

11.5　讨论与结论

11.5.1　AMMC 算法的意义

土地覆盖及其变化检测属于遥感应用领域的重点难点问题之一（Zhu and Woodcock，2014）。随着遥感技术的快速发展与深入应用，迫切需要实现能同时探测不同植被类型变化的时序遥感变化检测算法。本章提出了一种能同时自动检测植树造林、耕地开垦以及复种变化的方法。该方法从植被覆盖密度、时序变异性和持续度等角度，依据植被指数分布选取特定的百分位数，进而依据不同百分位数分别锁定不同的研究时段和相关时序数据集，在此基础上建立了 5 个表征不同植被类型的时序指标。依据所设计的 5 个时序指标，能从不同维度刻画 4 种植被类型。虽然在不同气候与其他立地条件下，农作物或自然植被均可能呈现出一定的时空异质性特征。例如，热带和亚热带地区的自然植被，其生长期长度通常会比温带地区长。但对于某个特定地理位置而言，4 种植被类型在 5 个时序指标上表现出来的数值分布规律是成立的。在给定的地理位置，相比种植单季农作物，自然植被的植被丰度和生长期长度数值通常更高。我们基于像元，探讨多指标年际变化趋势组合情景，从而避免了时序指标在不同区域和年份的类内异质性问题。

所设计的 AMMC 方法，具有以下优点：①能同时实现多种植被变化信息提取；②不需要依赖训练样本数据设置阈值，能实现自动变化检测；③简单易行，所建立的决策规则具有可解释性；④使用范围广，能适用于区域或更大尺度的植被变化信息自动提取（Qiu et al.，2018b）。由于不同植被类型之间变化本身的复杂性以及不同自然条件和人类活动等因素引起的时空异质性，同时获取多种植被变化信息变得非常困难。目前，能同时检测多种变化的算法主要基于机器学习算法，需要训练数据并且缺乏地理学解释。本章在基于知识的自动变化检测算法方面开展了有益尝试。所构建的 AMMC 方法不依赖任何训练样本数据，通过在时间和空间两个维度对时序指标进行显著性检验，然后依据 5 个时序指标趋势组合情况，建立植树造林、耕地开垦和复种变化等多种形式变化判别规则。AMMC 算法在我国中东部 13 个省（直辖市）推广应用，变化检测总体精度达 95%，充分说明了该算法的有效性与大尺度应用推广能力。

植被趋势分析已广泛应用于地表覆盖分类与变化检测领域（Kennedy et al.，2010；Tong et al.，2017；Verbesselt et al.，2010；Zhu and Woodcock，2014）。本章借鉴其研究策略，并在年际变化趋势显著性检验的基础上，进一步结合年际变化趋势幅度（Sen 氏斜率）的空间显著性检验，用以消除细微变化的干扰。5 个时序指标的空间显著性检验，其显著性水平可以依据研究目标适当调整。例如，本章采用 80%的显著性水平，如果考虑更加细微变化的情况，可以调整为 70%甚至 60%，由此可以检测到像元级的植被变化。基于 5 个时序指标变化趋势分别建立的植树造林、耕地开垦和复种变化规则具有解释意义。每个时序指标的趋势都蕴含着一定的植被变化方向。基于知识的研究方法，有助于应对不同区域和不同年份带来的时空异质性挑战（Qi et al.，2017）。

11.5.2 AMMC 算法的不确定性分析

本章所建立的 AMMC 算法也存在一定的不确定性。AMMC 算法的漏分误差（omission error）主要源自以下两方面：①亚像元问题，研究单元内有部分区域发生了植被变化（图 11.11a）；②时序数据边缘效应问题，植被变化发生在研究时段刚刚开始年份或即将结束年份，由此都有可能导致年际变化趋势幅度（Sen 氏斜率）偏小，未能表现为预期的显著性趋势，因此 AMMC 算法出现了漏分误差（图 11.11b）。错分现象主要与稀疏植被密切相关。稀疏植被通常认为是稀疏的灌木和稀疏草地等稀疏自然植被，但也有可能是种植密度低或长势差的单季或多季农作物。本章中认为稀疏植被主要是稀疏灌木和草地，如果出现稀疏农作物的情况，可能会发生错误判别。例如，由于中分位持续度指标变化趋势不显著，稀疏双季农作物变为双季农作物的情况会被误判为稀疏植被变为单季农作物（图 11.11c）。除了稀疏植被外，单季农作物和自然植被之间误判的情况也有可能发生，在某些情况下，自然植被不一定表现出比单季农作物的生长期更长，因此稀疏植被变为自然植被被误判为稀疏植被变为单季农作物（图 11.11d）。

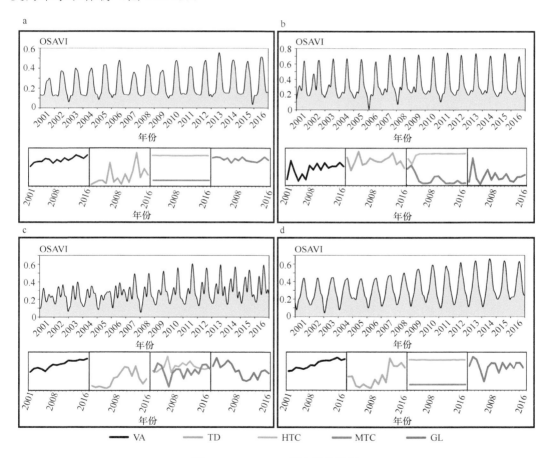

图 11.11　AMMC 算法错分情况
a. 亚像元问题；b. 边缘效应；c. 稀疏双季作物→双季作物，被错分为稀疏植被→单季作物；
d. 稀疏植被→自然植被，被错分为稀疏植被→单季作物

以下是合理应对消除 AMMC 算法不确定性的研究策略。对于亚像元问题，可以适

当降低时序指标变化趋势空间显著性检验水平。对于时序数据边缘效应问题,可以通过时序相似性轨迹确定变化年份,进而考虑采用变化前后差异代替 Sen 氏斜率(Qiu et al., 2017a)。对于稀疏农作物,在相对贫瘠的耕地区域,后续可以综合评估其在 5 个时序指标上的变化趋势组合情况或者考虑增加一些凸显其特性的时序指标。本章中剔除了裸土、不透水面和水体,目标是更好地聚焦在植被变化方面开展研究。同时,除农作物和自然植被等相对茂盛植被外,还兼顾到稀疏植被到其他植被类型的转变。但由于稀疏植被的植被指数变化幅度相对较小,因此所设计的 5 个时序指标分布数值存在一定的不确定性。后续研究中可以加入其他光谱指数,如土壤指数和水体指数等(Qiu et al., 2017c),将本章中构建算法的框架与思路延伸拓展,并应用到更多类型的地表覆盖变化检测领域。

11.5.3 中国中东部地区植树造林、耕地开垦和复种变化

本章研究为 21 世纪初我国中东部地区植树造林、耕地开垦和复种变化提供了时空明晰数据。研究结果表明,2001~2016 年,我国中东部地区植树造林效果显著,与此同时耕地开垦现象也很突出。本章揭示了"三北"工程在成功植树造林方面取得的成效,这和近年来我国学者的相关研究结果一致(Yin et al., 2018a)。同时,本章进一步揭示了成功植树造林,究竟是源自退耕还林,还是通过培育稀疏植被逐渐成林。虽然"三北"工程在植树造林方面的重大成效已有很多相关研究报道(Li et al., 2017;Lü et al., 2015;Qiu et al., 2017a),但退耕还林是否取得了预期成果,特别是退耕还林区域和耕地开垦区域的自然条件是否存在预期的显著差异,尚不清楚。退耕还林工程自 1999 年实施以来,投资巨大,备受关注。本章研究表明,我国中东部 13 个省(直辖市)成功植树造林区域中,近四成(38%)源于退耕还林。同时,本章通过全面分析我国中东部 13 个省(直辖市)退耕还林和耕地开垦区域对应的气候与地形条件,时空明晰的研究数据表明,耕地开垦区域比退耕还林区域的自然条件差,即相比退耕还林,耕地开垦发生在海拔更高和坡度更陡的区域内。由此可见,如果不进一步加强退耕还林和耕地开垦区域的精准监测与管控,不仅浪费国家生态工程巨额投资资金,而且很有可能导致耕地质量下降。

在耕地复种指数方面,本章提供了空间、类型明晰的复种变化信息。有关研究表明,21 世纪初我国耕地复种指数在不同区域内呈现出显著下降或上升的变化趋势特点(Qiu et al., 2017b),本章通过自动变化检测而非逐年耕地复种指数遥感制图的方式,进一步确定了耕地复种指数变化的具体情况。例如,从单季到双季或者相反的变化。连续变化检测技术近年来备受关注,并且在地表覆盖连续变化检测中取得了很好的应用成效(Gómez et al., 2016;Huang and Friedl, 2014;Qi et al., 2017;Waldner et al., 2015;

Zhu，2017）。然而，能直接应用于提取单双季农作物相互转换的时序变化检测技术依然鲜有报道。总之，本章建立了一种能同时提取多种植被类型变化的自动变化检测算法，内容涉及植树造林、耕地开垦和复种变化多方面。将所设计的自动变化检测算法应用于我国中东部 13 个省（直辖市）。基于 4273 个地面参考点位开展算法验证，获得了 96%的总体精度。研究表明，该算法能同时实现植树造林、耕地开垦和复种变化信息提取，且不需要训练样本数据。同时，研究进一步揭示了一系列生态工程取得了可喜的成就，但在比退耕还林区域自然条件更差的区域实施耕地开垦的现象值得高度关注和深入思考，急需具体解决方案。

第 12 章　研究总结与展望

12.1　引　　言

20 世纪 70 年代以来，农业遥感研究取得了巨大成就。作物空间分布遥感制图在理论与研究框架、技术方法与数据产品方面均取得了一系列丰硕成果（吴文斌等，2020；黄敬峰等，2010；唐华俊等，2014，2017；刘佳等，2017；张有智等，2017）。本书的研究目标旨在构建能适用于大尺度农作物遥感制图的自动分类技术方法。本书的研究内容主要集中在耕地复种指数以及大宗农作物时序遥感制图方面。本书的研究技术流程通常依据现有耕地数据获取耕地分布区域，在监测耕地复种指数的基础上开展农作物制图。本书所采用的研究策略通常基于植被指数或其他光谱指数时序数据集，参考农学领域知识，设计基于物候的特征参数或农作物指数，建立判别规则，达到长时序大尺度农作物遥感制图的目的。

在目前的研究框架中，高质量耕地分布数据和耕地复种指数产品是高精度农作物空间分布制图的前提条件。然而，由于耕地存在休耕轮作等多种因素带来的光谱差异性，以及受云雨天气影响光学遥感数据缺失严重，给农作物时序遥感制图带来很大的不确定性。随着我国城市化进程的持续以及耕地占补平衡政策的实施，耕地时空分布格局持续发生变化。随着农业供给侧结构性改革的持续深入，农作物种植模式日趋复杂多样。由于耕地弃耕开垦以及农作物类型与轮作方式不同，耕地区域内光谱具有时空变异性，给农作物种植制度遥感监测带来挑战。本书所采用的遥感数据主要基于 MODIS 时序遥感数据。随着 Landsat、Sentinel 和 GF 系列影像数据的不断丰富，农作物种植制度遥感监测正在从低分辨率遥感监测走向中高分辨率遥感监测业务化运行阶段。虽然全国乃至全球耕地分布数据产品越来越丰富，但目前耕地分布数据产品并未提供当年度实际耕作区域或休耕撂荒的空间分布信息（Tong et al.，2020）。因此，有必要创新农作物种植制度遥感制图框架，并拓展遥感监测数据基础。本书聚焦设计基于农学知识和物候特征的农作物制图方法。随着大数据和人工智能等新一代信息技术的发展，耦合专家知识与深度学习的技术方法有助于形成互补优势，将在大尺度农作物遥感制图中发挥重要作用。本章试图结合目前农作物时序遥感制图中存在的问题，对未来发展趋势进行展望。

12.2 创新农作物种植制度遥感制图研究框架

12.2.1 常规研究框架

作物种植制度包括耕地复种指数和农作物种植结构等相关内容。作物种植制度遥感制图的目标和任务是调查耕地休耕撂荒、作物熟制以及轮作顺序、农作物类型分布及其时空演变过程。农作物种植制度遥感制图通常首先明确耕地分布区域，然后在耕地复种指数遥感监测的基础上，基于不同生长期逐一开展农作物类型监测，包括以下 4 个主要步骤（图 12.1）：①评估选取研究区土地利用/覆盖数据集，提取耕地空间分布图

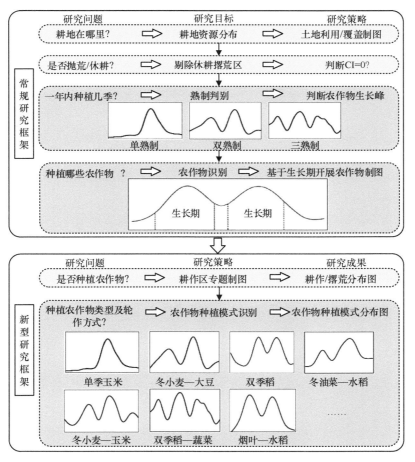

图 12.1 农作物种植制度常规与新型研究框架

层；或者依据耕地分布遥感特征进行耕地专题制图，获得该年份研究区耕地分布数据图层；②在耕地分布区域内，进一步剔除耕地休耕摞荒区域[即耕地复种指数（cropping index，CI）为零的区域]，从而获得耕作区域（CI≥1）；③在耕作区域内，基于平滑的遥感时序数据集，选取合适的耕地复种指数遥感监测方法，进行作物熟制判别[判别 CI=1，2，3，4（数值1、2、3、4分别代表单季、双季、三季、四季）]（闫慧敏等，2005；葛中曦等，2021）；④基于不同农作物生长期开展农作物制图，综合一年内不同农作物生长期内所种植的农作物类型和轮作顺序，获得农作物种植模式（邱炳文等，2021）。

上述常规研究框架中，在步骤①中，耕地空间分布数据质量是关键（Jain et al.，2013）。在步骤②中，剔除休耕摞荒区域的研究策略通常相对比较简单。例如，通常将植被指数峰值小于某个阈值（如 EVI<0.35 或者 NDVI<0.5）的区域，设定为摞荒地或非耕作区（uncropped region）（Liu et al.，2020b；Yan et al.，2019a）。这种剔除休耕摞荒地的研究策略通常适用于干旱半干旱区域或其他低等级耕地，因为这些区域耕地休耕或摞荒后缺乏耕作灌溉和施肥，原来的耕作区域内土壤裸露或者仅有稀疏植被生长，因此植被指数数值整体偏低。然而，南方湿润区耕地休耕或摞荒后，通常荒草和灌木生长茂盛，特别是在原来水热条件与土壤条件较好的优质耕地区域。由于这些生长茂盛的草被灌木的植被指数峰值和农作物并无明显差异，因此简单依据植被指数峰值大小无法很好地剔除耕地休耕或摞荒区域。耕地抛荒后的影像特征复杂多样，和摞荒前播种农作物类型以及摞荒后植被覆盖情况密切相关，因此基于常规遥感监测方法难以实现耕地摞荒区域信息的有效提取（Yin et al.，2020）。

现有的农作物种植制度遥感制图研究框架面临着以下问题与挑战：①虽然耕地分布数据产品不断丰富并且质量也在持续提高，但依然难以满足时空连续监测的需求；②随着城市化进程持续与农村劳动力不断转移，我国南方小农耕作区耕地摞荒现象日益严重（李升发和李秀彬，2016），但耕地休耕摞荒遥感监测方法及其时空变化信息相对匮乏（董金玮，2020）；③目前研究所采用的遥感数据主要基于常规植被指数时序遥感数据，对于物候期和生长期长度非常相近的农作物，难以有效区分（Wardlow and Egbert，2008）。

12.2.2 新型研究框架

未来新型农作物种植制度研究框架中，期待至少在以下两方面实现创新突破（图12.1）：其一，跳出首先开展耕地专题制图的研究框架，实现在不依赖耕地分布数据的基础上，直接开展耕作区域信息提取；其二，抛弃熟制判别到农作物制图分步骤实施策略，直接实现农作物种植模式识别（邱炳文等，2021）。

关于第一个方面所提到的耕作区域，类似于《基础性地理国情监测内容与指标》（CH/T 9029—2019）行业标准中的种植土地。种植土地的定义为经过开垦种植粮农作物以及多年生木本和草本作物，并经常耕耘管理，作物覆盖度一般大于 50% 的土地。包括熟耕地、新开发整理荒地、以农为主的草田轮作地；各种集约化经营管理的乔灌木、热带作物以及果树种植园以及苗圃、花圃等。上述所定义的种植土地包括大田作物、园艺作物、林木在内的所有栽培植物，属于广义的农作物范畴。由于多年生作物，特别是多年生木本作物，很可能和其他树木光谱差异甚微，耕作区专题制图适合聚焦狭义的农作物，即田间进行大面积栽培的大田作物（field crop）。由于农作物栽培过程中通常需要实施犁地、施肥以及收割等耕作管理措施，植被指数时序曲线呈现出快速、不规则变化特征，能有效地用于耕作区域和撂荒区域信息提取（Estel et al.，2015）。因此，新型研究框架中所提出的耕作区域专题制图，系统分析不同作物类型以及作物与非作物类型的时序光谱差异，是完全可行的。但我国南方湿润地区多云多雨的天气导致光学数据缺失，会造成植被指数时序曲线出现剧烈突变。因此，如何结合多传感器增强时序遥感数据的连续性，对于耕作区专题信息提取和后续的农作物种植模式识别都非常关键。

对于第二个方面所提到的农作物种植模式识别，直接实现农作物种植模式识别，是完全可行的。目前已有学者通过设计作物时序指标，在直接提取农作物种植模式方面做出了很好的尝试（Chen et al.，2018）。但目前相关研究仍处于小尺度实验探索阶段，全面考虑不同作物熟制和多种农作物轮作方式的相关研究与数据产品依然非常罕见。由于农作物种植模式多样性（如冬小麦—玉米、冬小麦—水稻、冬小麦—大豆、烟叶—水稻、稻—稻—菜等）、农作物物候与农作物长势差异等多方面因素，同一熟制下植被指数时序特征复杂多变（Gumma et al.，2015）。因此，在缺乏全面系统考虑不同农作物种植模式时序光谱特征的基础上，难以实现高精度作物熟制和农作物分布遥感制图。抛弃常规的熟制识别到农作物制图分步骤实施策略，直接实现农作物种植模式识别，有助于提高遥感监测效率与精度（图 12.1）。例如，双季稻这种在我国江西、湖南等南方省份流行的农作物种植模式，由于抢收抢种，早稻和晚稻换茬轮作时间非常短，植被指数时序曲线并未形成其他多季作物换茬期所形成的峰谷现象，因此容易造成耕地复种指数的低估（Qiu et al.，2016d）。如果在不依赖作物熟制识别的基础上直接开展农作物种植模式识别，恰恰可以充分利用双季稻这种抢收抢种所导致的特殊换茬时序特征，建立有效的双季稻种植模式识别方法。直接同时考虑包括前后茬农作物生长期以及换茬期内时序光谱特征，有助于提高识别精度与效率。

12.3 拓展农作物遥感监测的数据基础

12.3.1 融合多源数据

通常，农作物生长期一般在三四个月，而绿叶蔬菜等农作物生长期可能更短。我国依然以小农农业为主，耕地地块破碎，尤其是南方丘陵山区更为严重。因此，为了有效地实现农作物空间分布遥感监测，对相应的支撑数据集也提出了更高的要求。在时序遥感数据集方面，农作物遥感监测需要"双高"乃至"三高"（高时空谱）时序遥感影像数据。高时间分辨率时序遥感影像才能确保在短短的农作物生长期内获取足够的有效观测影像，从而有效地记录农作物生长发育过程（董金玮，2020）。高空间分辨率时序遥感影像才能满足小规模破碎地块耕地遥感监测需求，有效地解决混合像元问题。然而，高时间和高空间分辨率遥感影像通常难以兼得，因此如何有效地融合多源遥感数据是解决问题的关键。以往研究在融合 MODIS 与 Landsat、Landsat 与 Sentinel 等遥感影像从而形成更好的高时空分辨率产品方面做出了积极尝试与探索（Claverie et al.，2018；Gevaert and García-Haro，2015）。研究表明，基于 MODIS 和 Landsat 数据融合生成的植被指数时序遥感数据集，能显著提高旱地农田及其农作物种植模式的信息提取精度（Nduati et al.，2019）。

除不同时空分辨率的多源光学遥感数据融合外，光学与雷达影像数据融合近年来在农作物遥感监测中发挥着越来越重要的作用。融合雷达与光学时序遥感影像，有助于弥补云雨天气光学影像数据缺失的不足，提高作物识别精度（Van Tricht et al.，2018），特别是在多云多雨多熟制地区。与多源光学遥感数据融合所不同的是，光学与雷达融合通常采用特征级或决策级融合策略。融合雷达与光学时序影像，特别是融合哨兵 1 号合成孔径雷达（Sentinel-1 SAR）和哨兵 2 号多光谱传感器（Sentinel-2 MSI）时序遥感影像，在农作物识别中已有不少成功应用案例。例如，德国学者通过比较研究发现，融合雷达与光学影像获得的农作物识别精度最高，其次为单纯利用雷达数据，而特征级与决策级这两种融合策略之间并无显著差异（Orynbaikyzy et al.，2020）。同样的，西班牙学者基于西班牙东南部半干旱农业区的研究表明，融合 Sentinel-1 VV 和 VH 雷达时序信号与植被指数时序影像，开展农作物类型识别，获得了较为理想的遥感监测精度（Chakhar et al.，2021）。我国学者通过融合 Sentinel-1 SAR 和 Sentinel-2 MSI 以及 Landsat 时序影像，设计基于物候参数的甘蔗识别方法，获得了我国广西甘蔗分布图，总体精度达 96%（Wang et al.，2020）。通过 Sentinel 雷达和光学影像融合，提高玉米空间分布制图精度，获得了我国河北玉米分布图（Tian et al.，2019）。

除多源遥感数据融合外，气候、地形和农业统计数据等非遥感数据也能从其他方面提供相关辅助信息，用于辅助耕地或农作物遥感制图。农业统计数据提供了统计单元内耕地面积、农作物类型以及数量等方面的信息。融合农业统计数据和遥感数据，通过一定的研究策略将农业统计数据空间化，将有可能实现县域、省域、国家乃至全球耕地、作物熟制和农作物空间分布信息提取。例如，中国农业科学院农业遥感团队通过结合自适应统计配置模型和多种耕地空间分布数据，生成更高精度的全球耕地空间分布图（Lu et al.，2020）。澳大利亚学者利用 2000 年左右国家或区域尺度的 26 种不同农作物种植区域、全球耕地分布以及作物收割面积，确定多熟制种植分布区域，首次获得全球 30 弧分多熟制种植分布图（Waha et al.，2020）。早期的大尺度农作物空间分布数据产品大多通过将农业统计数据和遥感数据相结合的方式获得。例如，一些全球尺度农作物分布数据产品，分辨率为 10 km 或 5 弧分，提供了网格内主要农作物占耕地的百分比数据（Leff et al.，2004），包括 M3-Crops（Monfreda et al.，2008）、MIRCA2000（Portmann et al.，2010）、SPAM（You et al.，2014）等。又如，本书针对花生专门建立基于色素的作物指数，由于作物指数通常通过最高值或最低值凸显该农作物类型，因此基于统计数据所提供的作物种植比例，有望实现在缺乏野外调查参考点位数据情况下的区域乃至全球农作物空间分布制图（Qiu et al.，2021）。通过统计数据空间化形成的耕地和农作物分布数据产品，其不足之处在于农业统计数据时效性低，而且农业调查抽样统计数据质量存在一定的不确定性，制约了其推广应用的深度与广度。除了农业统计数据外，结合温度和降水等辅助数据，可以更好地确定水稻移栽期等农作物关键物候期，或者和植被指数时序数据同时作为输入变量，从而提高农作物制图精度（Dong et al.，2015；Howard et al.，2012）。除此之外，通过线上方式收集的众源地理数据也将成为拓展农作物遥感监测数据基础的新亮点。众源数据将有助于解决农作物分布验证样本数据匮乏的难题，但数据质量的把控与审核将是需要突破的难点问题（吴文斌等，2020）。

12.3.2　拓展农作物时序遥感特征参数

分析获取有效的遥感特征参数是地表覆盖遥感制图的关键要素（宫鹏等，2016）。基于多波段信息的光谱指数，如基于可见光和近红外波段的植被指数，为植被生长状态监测提供有用信息，有助于提高遥感分类精度（Benami et al.，2021；Pandey et al.，2019）。因此，植被指数时序数据自 2000 年以来被广泛应用于农业遥感领域并且取得了可观的成效（Li et al.，2014；Peng et al.，2011；Wu et al.，2014）。例如，最常用的植被指数 NDVI 以及一系列改进的植被指数（Badgley et al.，2019；Rondeaux et al.，1996），能有效地监测植被冠层结构和光合作用，在农作物时序遥感制图中得到广泛应用（Zhong et al.，2016）。然而，基于可见光和近红外波段的常规植被指数，未能充分有效利用短波红外和红边波段等光谱信息（Michel et al.，2020）。仅利用可见光和近红外波段组合的 NDVI 或 EVI 等植被指数，很难剥离不同农作物、不同物候期的光谱差异（吴文斌等，2020）。农作物遥感特征变量正在从基于常规植被指数走向充分利用包括红边和短波红外在内所有对植被属性敏感的光谱信息（Dong et al.，2020；Peña et al.，2017）。

红边波段（680～750 nm）存在很强的叶绿素吸收和叶片反射（Filella and Penuelas，1994），与植被光合作用能力密切相关，能有效监测植被结构与功能属性。短波红外波段（short wave infrared red，SWIR）对植被叶片含水量敏感，被广泛用于构建揭示植被叶片含水量变化的水体指数（Wangle and Qu，2007；Xiao et al.，2005）。红边和短波红外波段对于叶面积、植被色素含量、叶片含水量以及植被物候等多维度植被属性具有敏感性，有助于提高农作物制图精度。例如，加入红边波段，用于非洲东部国家玉米制图（Jin et al.，2019）以及构建德国农作物类型分布图（Griffiths et al.，2019）；短波红外波段可用于有效区分不同农作物，在美国伊利诺伊州中部和巴西南部的玉米与大豆以及我国华北冬小麦制图等相关案例研究中得到证实（Cai et al.，2018；Dong et al.，2020；Zhong et al.，2016）。

相比红边和短波红外反射率，在此基础上构建的多维度新型光谱指数对于揭示不同农作物生长发育过程特性更为有效（Xue and Su，2017）。例如，结合短波红外构建的植被指数能有效地消除积雪，更好地监测植被物候信息（Wang et al.，2017b）。与短波红外相关的光谱指数对于区分耕地、草地以及不同树种等非常有效（Immitzer et al.，2019；Müller et al.，2015）。为了更好地促进新型光谱指数在农业遥感中的深度应用，本章系统分析梳理了与农业生态系统有关的遥感光谱指数。除常规植被指数外，包括植被色素指数、氮营养指数、木质素、水体指数、作物残留物指数、干物质指数等一系列光谱指数（Clarke et al.，2000；Serrano et al.，2002a；Wangle and Qu，2007）。对于同一类型光谱指数，分别有不同学者先后提出了不同的指数构建方法。为了方便读者查阅，本书综述了多维度光谱指数列表清单（表 12.1）及其计算公式（见附表 1～附表 14）。

表 12.1 与农田或农作物生长发育有关的光谱指数列表

类型	光谱指数缩写及文献出处
植被指数	NDVI（Rouse et al.，1974）、IPVI（Crippen，1990）、GEMI（Verstraete，1992）、ARVI（Kaufman and Tanre，1992）、NDVIre（Gitelson and Merzlyak，1994）、MSAVI（Qi et al.，1994）、OSAVI（Rondeaux et al.，1996）、AFRI2.1（Karnieli et al.，2001）、VI700（Gitelson et al.，2002a）、EVI（Huete et al.，2002）、PVR（Metternicht，2003）、WDRVI（Gitelson，2004）、BNDVI（Hancock and Dougherty，2007）、EVI2（Jiang et al.，2008）、NDPI（Wang et al.，2017a）、HFI（Chen et al.，2009）、VARI（Eng et al.，2019）、VIgreen（Ahamed et al.，2011）、TSAVI（Baret et al.，1989）、SARVI2（Huete et al.，1997）、ATSAVI（He et al.，2007）、PRI（Gamon et al.，1997）、NPQI（Royo et al.，2003）、ExG（Woebbecke et al.，1995）、VEG（Marchant and Onyango（2000）、GCC（Yang et al.，2014）

续表

类型	光谱指数缩写及文献出处
叶面积指数	GLI（Gobron and Pinty，2000）、SLAVI（Lymburner et al.，2000）、REIP（Herrmann et al.，2011）、LAIgreen（Delegido et al.，2015）、LAIbrown（Delegido et al.，2015）、RDVI（Haboudane et al.，2004）、MSR（Haboudane et al.，2004）
叶绿素指数	MSRre（Wu et al.，2008）、CARI（Kim et al.，1994）、GNDVI（Gitelson and Merzlyak，1996）、LCI（Datt，1999）、EPIchla/b/a+b（Datt，1998）、PSSR（Blackburn，1998a）、MCARI（Daughtry et al.，2000）、CCCI（Fitzgerald et al.，2010）、NGRDI（Raymond et al.，2011）、TCARI（Haboudane et al.，2002）、TCARI/OSAVI（Haboudane et al.，2002）、CI（Gitelson et al.，2003a）、MTCI（Dash and Curran，2007）、CIre（Gitelson et al.，2005）、NDFI（Dobrowski et al.，2005）、CVI（Vincini et al.，2008）、IRECI（Frampton et al.，2013）、S2REP（Frampton et al.，2013）
类胡萝卜素指数	RARSc（Chappelle et al.，1992）、PSSRc（Blackburn，1998a）、PSNDc（Blackburn，1998b）、RBRI（Datt，1998）、CRI_{550}（Gitelson et al.，2002b）、CRI_{700}（Gitelson et al.，2002b）、$CAR_{rededge}$（Gitelson et al.，2006）、CAR_{green}（Gitelson et al.，2006）、SR（Hernández-Clemente et al.，2012）、CARI（Zhou et al.，2017）
类胡萝卜素与叶绿素比值指数	SIPI（Penuelas et al.，1995）、PSRI（Merzlyak et al.，1999）、PRIm（Hernández-Clemente et al.，2011）、NPCI（Peñuelas et al.，1994）
花青素指数	ARI（Gitelson et al.，2001）、mARI（Gitelson et al.，2006）、mACI（Steele et al.，2009）
氮指数	NDNI（Serrano et al.，2002）、NRI_{1510}（Ferwerda et al.，2005）、DCNI（Chen et al.，2010）、NPDI（Li et al.，2012）、WRNI（Feng et al.，2016b）
磷指数	P_1080_1460（Pimstein et al.，2011）、TBVI（Wang et al.，2016b）、P_670_1260（Mahajan et al.，2016）、P_1092_1260（Mahajan et al.，2016）、P_1260_1460（Mahajan et al.，2016）、N_1645_1715（Pimstein et al.，2011）
钾指数	NDSI（Bd et al.，2019）、NDVI（R_{780}，R_{670}）（Gómez-Casero et al.，2007）、NDSI（R_{1705}，R_{1385}）（Lu et al.，2019）、RSI（R_{1385}，R_{1705}）（Lu et al.，2019）、DSI（R_{1705}，R_{1385}）（Lu et al.，2019）、NDSI（R_{523}，R_{583}）（Kawamura et al.，2011）、RSI（R_{780}，R_{650}）（Sebahattin，2008）、N_870_1450（Pimstein et al.，2011）
钙指数	NDSI（R_{408}，R_{369}）（Bd et al.，2019）
镁指数	NDSI（R_{964}，R_{962}）（Bd et al.，2019）
硫指数	S_1260_660（Mahajan et al.，2014）、S_1080_660（Mahajan et al.，2014）
干物质指数	SANI（Palacios-Orueta et al.，2005）、SASI（Khanna et al.，2007）、ANIR（Khanna et al.，2007）、hSINDRI（Serbin et al.，2009）、DMCI（Romero et al.，2012）、NDMI（Wang et al.，2011）
木质素指数	NDLI（Serrano et al.，2002）
纤维素指数	CAI（Daughtry et al.，2004）、LCA（Hively et al.，2021）
蜡质层指数	单波/差值指数（高扬等，2014）
作物残留物指数	NDI5/NDI7（McNairn and Protz，1993）、STI（Deventer et al.，1997）、NDTI（Deventer et al.，1997）、NDSVI（Qi et al.，2002）、NDRI（Gelder et al.，2009）、SACRI（Biard et al.，1995）
水体指数	NDWI（McFeeters，1996）、NDMI（Jin and Sader，2005）、NDII（Wilson and Norman，2018）、LSWI（Xiao et al.，2005）、SIWSI（Fensholt and Sandholt，2003）、MNDWI（Xu，2006）、NMDI（Wang and Qu，2007）、GVMI（Ceccato et al.，2002）、WBI（Claudio et al.，2006）
土壤指数	NDSI（Rogers and Kearney，2004）、BI（Lin et al.，2005）、EBBI（As-Syakur et al.，2012）、RNDSI（Deng et al.，2015）、BSI（Diek et al.，2017）、RIBS（Qiu et al.，2017c）、DBSI（Rasul et al.，2018）、BSI（Rasul et al.，2018）、MNDSI（Piyoosh and Ghosh，2018）
大棚指数	PGI（Yang et al.，2017）、BSTBI（Guo et al.，2018）、NDPI（Guo and Li，2020）、PI（Themistocleous et al.，2020）、PMLI（Lu et al.，2014）
其他光谱指数　褐变指数	BRI（Merzlyak et al.，2003）、FRI（Merzlyak et al.，2005）、mBRI（Solovchenko et al.，2021）
其他光谱指数　健康指数	HI（Huang et al.，2014）
其他光谱指数　病虫害指数	PMI（Feng et al.，2016a）、YRI（Huang et al.，2014）、AI（Huang et al.，2014）、REDSI（Zheng et al.，2018）、WSI（Huang et al.，2019）

在植被色素方面，研究表明，光谱区间 510～650 nm 和 700nm 附近对植被色素变化敏感（Gitelson et al.，2002b）。众多学者设计了用于监测植被叶绿素含量变化的叶绿素指数，在如何更好地消除土壤背景值的干扰以及增强对高值区域的敏感性方面做出了很多有益尝试（Dash and Curran，2004；El-Shikha et al.，2008；Frampton et al.，2013；Haboudane et al.，2002）。常用的花青素指数有基于绿光 R_{550} 和红边 R_{700} 波段反射率的花青素指数（Gitelson et al.，2001）以及补充近红外波段的改进型花青素指数（Gitelson et al.，2006a）。不同色素在农作物不同生长阶段发挥重要作用，其色素含量也随着农作物生长发育呈现规律性变化。最近研究表明，利用植被色素变化能更好地估计植被光合物候（Wong et al.，2019，2020）。基于红边波段的光谱指数能更好地估算植被结构和功能参数，如干物质和作物营养等（Prey et al.，2020；Sharifi，2020）。通过分析不同农作物生长发育过程中植被色素和氮营养含量水平及其时序变化特征，设计物候特征指标，可用于农作物空间分布制图（Qiu et al.，2021；You et al.，2021）。

尽管包括红边波段和近红外波段在内的光谱信息已经得到充分认可，但在农业遥感分类中的相关应用刚刚起步（Meng et al.，2020）。一些基于红边波段的新型光谱指数非常有效，但由于相关影像数据鲜有人问津，目前大多局限于基于可见光和近红外的常规植被指数时序数据（Chaves et al.，2020）。其原因有两方面：其一，MODIS 和 Landsat 等常用遥感数据缺乏红边波段，无法计算基于红边的多维度新型遥感指数，因此限制了其应用潜力（Zhou et al.，2017）；其二，由于不同植被色素在农作物不同生长阶段所发挥的功能特性不同，其含量随生长期变化规律复杂多变，因此多维度新型指数在农作物生长期的时序特征有待进一步深入研究。哨兵 2 号多光谱传感器（Sentinel-2 MSI）卫星数据独有的 3 个红边波段以及两个近红外和短波红外波段，必将开启充分利用基于红边和短波红外等新型光谱指数的新时代（Sonobe et al.，2018）。然而，遥感影像特征并非越多越好，因此如何更有效地依据不同农作物生长特性，全面分析利用包括常规植被指数在内所有对植被属性敏感的光谱信息，建立完善农作物时序遥感特征参数及其指标体系，是需要解决的关键问题（Hu et al.，2019）。

12.4　集成领域知识与深度学习方法优势

在技术方法方面，各种监督分类算法，特别是随机森林、支持向量机等多种机器学习方法，在农业遥感领域应用中取得了一系列研究成果（Orynbaikyzy et al.，2019；You et al.，2021）。随着机器学习和深度学习算法的迅速发展，它们在遥感分类研究中逐步受到青睐（Zhu et al.，2017；宫鹏，2021）。深度学习算法的优势在于，能自动选取特征并逐层抽象优化从而提高模型精度（Zhong et al.，2019；董金玮等，2020）。近年来，深度学习算法在农作物分布制图方面日益发挥重要作用，逐渐从原来的单景遥感影像到基于光学与雷达时序遥感影像数据的综合应用（Adrian et al.，2021；Xu et al.，2021）。基于深度学习方法的农作物遥感制图属于农业遥感领域的热点研究方向，具有很好的应用前景。然而，监督分类算法精度和应用推广能力强烈依赖训练数据的大样本量以及数据质量（Griffiths et al.，2019）。机器学习和深度学习算法的性能，同样不可避免地受到训练数据规模和数据质量的制约（Khanal et al.，2020；Wei et al.，2021；Zhang et al.，2021）。如何有效地提高模型算法的泛化能力，将训练好的模型算法自动推广应用到其他区域或其他年份，将是未来研究需要解决的重点任务（Waldner et al.，2015；Zhao et al.，2021）。

基于知识的自动分类算法能直接应用于其他区域或年份，不需要额外校准和训练，具有很好的应用前景（Waldner et al.，2015）。自动分类算法的概念起源于 20 世纪 80 年代，通常应用于自然植被（Botkin et al.，1984），最近才开始用于农作物分类（Zhong et al.，2014）。设计农作物自动分类算法具有一定的挑战性，其原因在于不同农作物光谱特征差异非常小或者仅存在于特定农作物物候期（Zhong et al.，2016）。采用基于物候特征的农作物时序遥感制图方法，依据专家知识，基于物候特征建立判别规则从而实现自动制图，为具有大范围推广应用前景的农作物遥感制图分类方法（Dong et al.，2019；Yu and Shang，2017；朱秀芳等，2019）。基于物候的时序遥感制图方法有望在不依赖地面调查数据的情况下实现农作物分布信息自动提取（da Silva et al.，2020）。

农作物生长发育相关的农学知识是基于物候的农作物时序遥感制图方法的基础（Massey et al.，2017）。农作物在生长期内的光谱变异性能用于自动区分不同农作物从而摆脱对训练样本的依赖性（Ashourloo et al.，2018）。基于物候的农作物制图方法，关键在于探索不同农作物的生长规律和独特之处，需要农作物生长发育的相关农学知识作为支撑。通过分析整个生长期内或特定物候期农作物时序与光谱特征，设计凸显不同农作物特性的物候特征指标，用于农作物制图（Ashourloo et al.，2020；Zhong et al.，2016）。基于物候的农作物制图方法，通常主要基于植被指数时序数据集，利用关键物候期均值、方差、分位值等时序变化信息，或者计算植被指数时序曲线的相似性，作为不同农作物的判别依据（Chen et al.，2018；Liu et al.，2018；Zhao et al.，2021）。采用植被指数时序曲线作为农作物时序遥感制图的前提依据为：每种农作物均具有其独特的并且能通过植被指数时序曲线反应的农作物物候特征（Ashourloo et al.，2018；Pan et al.，2012；Wardlow et al.，2007），但是仅依据农作物物候期进行农作物判别，在农作物物候观测站点数据有限的情况下，容易在物候信息缺乏的省份出现低估现象，因此难以应对不同区域农作物物候期发生动态变化的挑战（Luo et al.，2020）。

相比监督分类算法，基于领域知识构建的光谱指数具有简单高效的优势，在植被、土壤、水体和不透水面等地表覆盖遥感监测中得到广泛应用（Jiang et al.，2008；Qiu et al.，2017d；Xiao et al.，2005；Xu，2010）。光谱指数的优势在于，通过简单的波段组合，针对该地物所设计的遥感指数通常取得最高值或最低值，因此能很好地凸显该地物类型。针对农作物所设计的光谱指数（简称作物指数/指标）同样如此。国内外农业遥感领域学者分别针对不同农作物构建了相应的作物指数。本书主要通过深入分析农作物生长特性，依据植被指数和水体指数等光谱指数时序数据，基于农学知识设计农作物关键物候期生长特征的农作物指数，建立能适用于大尺度多个年份的水稻、小麦和玉米等不同农作物时序遥感制图方法。

农作物遥感制图相关研究，以往多聚焦在水稻、小麦和玉米三大农作物（Luo et al.，2020；Zhang et al.，2014；李卫国，2013）。虽然最近的研究开始关注大豆、土豆、油菜、棉花等其他农作物，但多数依然处于小尺度实验探索阶段（Ashourloo et al.，2019；Wang et al.，2021）。例如，以巴西南部巴拉那州为研究区，基于 MODIS EVI 时序曲线提取生长开始期、结束期、生长期长度以及生长期内植被指数变化幅度等相关物候指标，并且依据大豆田间水分含量比玉米田通常偏低的特点，利用植被指数达到峰值后第一个拐点出现时的短波红外反射率，可以有效地区分大豆与玉米（Zhong et al.，2016）。以伊朗 3 个土豆主产县为主要研究区，依据土豆前期生长速度快以及收获期田间湿度大的特点，基于可见光和近红外波段，综合生长前期光谱反射率累积量以及生长后期变化量等设计时序指标，用于识别土豆（Ashourloo et al.，2020）。然而，随着农作物种类增加，不同农作物光谱相似性问题愈加严重。例如，通过对黑龙江省水稻、玉米、大豆、番茄等不同农作物的光谱特征分析，结果表明玉米和大豆光谱特征非常相似，难以区分（Zhang et al.，2020），并且对于不同农作物，适合采用的关键物候期和对应的光谱指数并不相同。尽管不少研究表明农作物生长盛期的光谱对于区分不同农作物非常重要（Ashourloo et al.，2019；Qiu et al.，2017b；Zhang et al.，2020），但也有研究通过分析冬小麦和油菜等冬季农作物的时序光谱特征发现，农作物生长后期光谱特征更为有效（Meng et al.，2020）。从植被指数到结合多维度光谱指数时序数据，设计覆盖更多作物类型的作物指数，结合农学领域知识和深度学习算法，实现大尺度长时序农作物自动制图，依然是今后需要长期努力的发展方向。

12.5 发展时序遥感变化检测技术

变化检测技术先后经历了从双时相过渡到多时相以及时序遥感变化检测的发展历

程（Ye et al.，2021；杜培军等，2020；赵忠明等，2016）。随着 MODIS、Landsat、Sentinel、国产 GF 系列卫星时序遥感数据集的不断丰富,近年来时序遥感变化检测技术备受关注。相关代表性成果,包括本书绪论部分提到的有关技术方法：LandTrendr 方法通过时序分割和重构,实现对包括林火、病虫害等因素引起的森林干扰的监测（Kennedy et al.，2010）；VCT 植被变化跟踪方法,重建森林变化轨迹,实现森林变化自动监测（Huang et al. 2009）；BFAST 模型,通过分别拟合植被变化趋势和季节性特征,利用迭代检测突变点,实现森林动态变化监测（Schmidt et al.，2015）；连续变化检测与分类算法（CCDC）及其改进算法 COLD,基于季节趋势模型进行时序拟合与预测,然后通过模型预测值与实际值的残差检测变化,进而结合模型参数实现土地覆盖变化检测（Zhu and Woodcock，2014；Zhu et al.，2020）。时序变化检测技术表现出明显的优势,为构建作物种植制度变化时序遥感监测技术框架提供了很好的思路。但长期以来时序变化检测技术主要侧重森林干扰等光谱差异非常大的土地覆盖变化检测（Ye et al.，2021）。由于农业土地系统的复杂性,耕地复种指数和农作物时空分布变化信息通常通过逐年遥感分类制图获取（唐华俊等,2015）。

最近的研究开始关注农作物种植制度变化这种更为复杂细微的变化形式。例如,最近有学者基于 Landsat 时序数据集,利用 LandTrendr 算法,设计了一种能获取耕地抛荒与复垦等多种种植制度变化类型及其发生时间的变化检测方法（Dara et al.，2018；Yin et al.，2018）。基于长时序植被指数数据集,利用变化检测技术获得植被变化时间和变化模式,实现时空连续变化检测,是近年来的研究热点与新发展趋势（Woodcock et al.，2020；Yan et al.，2019b）。例如,以我国"三北"工程区为研究区域,综合利用 2001～2015 年植被指数、土壤指数以及湿度指数时序数据集,基于时序相似性变化量和遥感指数变化趋势,建立了一种植被演变过程连续监测研究框架（COTTS）,实现自动提取多种植被演变模式、变化时间及其变化类型等详细变化过程信息（Qiu et al.，2017a）。又如,通过变化检测方法找到变化位置,依据变化位置对时序数据进行时序分割,进而利用动态时间规整（dynamic time warping，DTW）算法对分割后的子时序数据进行分类,最终实现土地覆盖变化检测（Yan et al.，2019b）。

时序遥感变化检测技术依然存在以下不足之处,需要后续研究加以改进完善：①研究所采用的特征参数方面,目前多数时序变化检测算法多聚焦在时序特征方面,忽略了空间特征；②在变化检测算法的时效性方面仍有待提高,目前多数变化检测产品至少滞后一年以上,难以满足行业管理的需求；③在变化检测研究主题以及研究区范围方面仍有很大提升空间,目前多数应用仍聚焦在小尺度和少数研究主题方面（Zhu，2017）。总之,充分综合利用时空两个维度特征,能同时检测多种变化类型/形式,并且产品时效性强的变化检测技术方法正日益受到青睐（Zhu，2017）。如何构建更具普适性的作物种植制度遥感监测框架与研究策略，实现农作物种植制度多年连续变化检测以及耕作区与农作物种植模式信息提取，是目前大尺度长时序作物种植制度遥感监测急需解决的关键问题。遥感云计算平台集成了多源光学与雷达遥感时序数据集，极大地提高了时序遥感数据分析计算能力，为实现大尺度中高分辨率作物种植制度连续变化检测提供了很好的技术支撑。借鉴时序变化检测技术方法框架，更好地集成领域知识、作物指数设计和机器学习算法优势，深入探索多维度光谱指数年际、年内时空变化特征以及相互关系，建立覆盖多种农作物种植制度的多年连续自动制图方法，提升基于中高分辨率时序遥感影像的大尺度农作物自动遥感监测技术水平。

参 考 文 献

董金玮, 吴文斌, 黄健熙, 等. 2020. 农业土地利用遥感信息提取的研究进展与展望. 地球信息科学学报, 22(4): 772-783.

杜培军, 王欣, 蒙亚平, 等. 2020. 面向地理国情监测的变化检测与地表覆盖信息更新方法. 地球信息科学学报, 22(4): 213-222.

范锦龙. 2003. 复种指数遥感监测方法研究. 北京: 中国科学院研究生院博士学位论文.

封国林, 龚志强, 董文杰, 等. 2005. 基于启发式分割算法的气候突变检测研究. 物理学报, 54(11): 5494-5499.

高扬, 郭彤, 郝留根, 等. 2014. 反射光谱法估计小麦叶片表皮蜡质含量的初步研究. 麦类作物学报, 34(4): 509-515.

葛中曦, 黄静, 赖佩玉, 等. 2021. 耕地复种指数遥感监测研究进展. 地球信息科学学报, 23(7): 1169-1184.

宫鹏. 2021. 智慧遥感制图(iMap). 遥感学报, 25(2): 527-529.

宫鹏, 张伟, 俞乐, 等. 2016. 全球地表覆盖制图研究新范式. 遥感学报, 20(5): 1002-1016.

黄敬峰, 王福民, 王秀珍, 等. 2010. 水稻高光谱遥感实验研究. 杭州: 浙江大学出版社.

李升发, 李秀彬. 2016. 耕地撂荒研究进展与展望. 地理学报, 71(3): 370-389.

李卫国. 2013. 农作物遥感监测方法与应用. 北京: 中国农业科学技术出版社.

刘纪远, 宁佳, 匡文慧, 等. 2018. 2010～2015 年中国土地利用变化的时空格局与新特征. 地理学报, 73(5): 789-802.

刘佳, 王利民, 杨玲波, 等. 2017. 农作物面积遥感监测原理与实践. 北京: 科学出版社.

刘良云. 2014. 植被定量遥感原理与应用. 北京: 科学出版社.

刘毅. 2011. 理解正在变化的星球. 北京: 科学出版社.

刘懿, 鲍德沛, 杨泽红, 等. 2007. 新型时间序列相似性度量方法研究. 计算机应用研究, 24(5): 112-114.

彭玉华. 1999. 小波变换与工程应用. 北京: 科学出版社.

邱炳文, 闫超, 黄稳清. 2022. 基于时序遥感数据的农作物种植制度研究进展与展望. 地球信息科学学报, (1): 176-188.

冉有华, 李新, 卢玲. 2009. 四种常用的全球 1km 土地覆盖数据中国区域的精度评价. 冰川冻土, 31(3): 490-500.

唐华俊, 吴文斌, 余强毅, 等. 2015. 农业土地系统研究及其关键科学问题, 中国农业科学, 48(5): 900-910.

唐华俊, 周清波, 刘佳, 等. 2017. 中国农作物空间分布高分遥感制图. 北京: 科学出版社.

唐华俊, 周清波, 杨鹏, 等. 2014. 全球变化背景下农作物空间格局动态变化. 北京: 科学出版社.

吴炳方. 2017. 中国土地覆被. 北京: 科学出版社.

吴文斌, 胡琼, 陆苗, 等. 2020. 农业土地系统遥感制图. 北京: 科学出版社.

吴文斌, 杨鹏, 唐华俊, 等. 2009. 基于 NDVI 数据的华北地区耕地物候空间格局. 中国农业科学, 42(2): 552-560.

闫慧敏, 刘纪远, 曹明奎. 2005. 近 20 年中国耕地复种指数的时空变化. 地理学报, 60(4): 559-566.

张有智, 吴黎, 解文欢, 等. 2017. 农作物遥感监测与评价. 哈尔滨: 哈尔滨工程大学出版社.

赵忠明, 孟瑜, 岳安志, 等. 2016. 遥感时间序列影像变化检测研究进展. 遥感学报, 20(5): 1110-1125.

朱家琦. 1985. 试论山东近年来种植业间套复种的新发展. 耕作与栽培, (1): 15-20.

朱秀芳, 张锦水, 潘耀忠. 2019. 农作物类型遥感识别方法与应用. 北京: 高等教育出版社.

Adrian J, Sagan V, Maimaitijiang M. 2021. Sentinel SAR-optical fusion for crop type mapping using deep learning and Google Earth Engine. ISPRS Journal of Photogrammetry and Remote Sensing, 175: 215-235.

Ahamed T, Tian L, Zhang Y, et al. 2011. A review of remote sensing methods for biomass feedstock production. Biomass and Bioenergy, 35(7): 2455-2469.

Ahmed O S, Franklin S E, Wulder M A, et al. 2015. Characterizing stand-level forest canopy cover and height using Landsat time series samples of airborne LiDAR and the Random Forest algorithm. ISPRS Journal of Photogrammetry and Remote Sensing, 101: 89-101.

Akaike H. 1992. Information Theory and an Extension of the Maximum Likelihood Principle Breakthroughs in Statistics. New York: Springer: 199-213.

Arvor D, Jonathan M, Dubreuil V, et al. 2011. Classification of MODIS EVI time series for crop mapping in the state of Mato Grosso, Brazil. International Journal of Remote Sensing, 32(22): 7847-7871.

Ashourloo D, Shahrabi H S, Azadbakht M, et al. 2018. A novel automatic method for alfalfa mapping using time series of Landsat-8 OLI Data. IEEE Journal of Selected Topics in Applied Earth Observations and Remote Sensing, 11(11): 4478-4487.

Ashourloo D, Shahrabi H S, Azadbakht M, et al. 2019. Automatic canola mapping using time series of Sentinel 2 images. ISPRS Journal of Photogrammetry and Remote Sensing, 156: 63-76.

Ashourloo D, Shahrabi H S, Azadbakht M, et al. 2020. A novel method for automatic potato mapping using time series of Sentinel-2 images. Computers and Electronics in Agriculture, 175: 105583.

As-Syakur A R, Adnyana I, Arthana I W, et al. 2012. Enhanced Built-Up and Bareness Index (EBBI) for mapping built-up and bare land in an urban area. Remote Sensing, 4(10): 2957-2970.

Atkinson P M, Jeganathan C, Dash J, et al. 2012. Inter-comparison of four models for smoothing satellite sensor time-series data to estimate vegetation phenology. Remote Sensing of Environment, 123: 400-417.

Atzberger C, Eilers P H C. 2011a. Evaluating the effectiveness of smoothing algorithms in the absence of ground reference measurements. International Journal of Remote Sensing, 32(13): 3689-3709.

Atzberger C, Eilers P H C. 2011b. A time series for monitoring vegetation activity and phenology at 10-daily time steps covering large parts of South America. International Journal of Digital Earth, 4(5): 365-386.

Badgley G, Anderegg L D L, Berry J A, et al. 2019. Terrestrial gross primary production: using NIRV to scale from site to globe. Global Change Biology, 25(11): 3731-3740.

Baret F, Guyot G, Major D J. 1989. TSAVI: a vegetation index which minimizes soil brightness effects on LAI and APAR estimation. Geoscience and Remote Sensing Symposium, 3: 1355-1358.

Bartholomé E, Belward A S. 2005. GLC2000: a new approach to global land cover mapping from earth observation data. International Journal of Remote Sensing, 26(9): 1959-1977.

Beck P S A, Atzberger C, Høgda K A, et al. 2006. Improved monitoring of vegetation dynamics at very high latitudes: a new method using MODIS NDVI. Remote Sensing of Environment, 100(3): 321-334.

Bégué A, Arvor D, Bellon B, et al. 2018. Remote sensing and cropping practices: a review. Remote Sensing, 10(1): 99.

Belgiu M, Drăgut L. 2016. Random forest in remote sensing: a review of applications and future directions. ISPRS Journal of Photogrammetry and Remote Sensing, 114: 24-31.

Benami E, Jin Z, Carter M R, et al. 2021. Uniting remote sensing, crop modelling and economics for agricultural risk management. Nature Reviews Earth & Environment, 2(2): 140-159.

Beurs K M D, Henebry G M. 2010. Spatio-Temporal Statistical Methods for Modelling Land Surface Phenology. Dordrecht: Springer: 177-208.

Biard F, Bannari A, Bonn F. 1995. SACRI (soil adjusted corn residue index): un indice utilisant le proche et le moyen infrarouge pour la détection de résidus de culture de mas. Proceeding of the 17th Canadian Symposium on Remote Sensing: 413-419.

Biradar C M, Xiao X. 2011. Quantifying the area and spatial distribution of double- and triple-cropping croplands in India with multi-temporal MODIS imagery in 2005. International Journal of Remote Sensing, 32(2): 367-386.

Biswas A, Si B C. 2011. Application of continuous wavelet transform in examining soil spatial variation: a review. Mathematical Geosciences, 43(3): 379-396.

Blackburn G A. 1998a. Quantifying chlorophylls and caroteniods at leaf and canopy scales: an evaluation of some hyperspectral approaches. Remote Sensing of Environment, 66(3): 273-285.

Blackburn G A. 1998b. Spectral indices for estimating photosynthetic pigment concentrations: a test using senescent tree leaves. International Journal of Remote Sensing, 19(4): 657-675.

Botkin D B, Estes J E, MacDonald R M, et al. 1984. Studying the earth's vegetation from space. Bioscience, 34(8): 508-514.

Braun A, Hochschild V. 2015. Combined use of SAR and optical data for environmental assessments around refugee camps in semiarid landscapes. International Symposium on Remote Sensing of Environment, 777-782.

Bridhikitti A, Overcamp T J. 2012. Estimation of Southeast Asian rice paddy areas with different ecosystems from moderate-resolution satellite imagery. Agriculture, Ecosystems & Environment, 146(1): 113-120.

Broich M, Hansen M C, Potapov P, et al. 2011. Time-series analysis of multi-resolution optical imagery for quantifying forest cover loss in Sumatra and Kalimantan, Indonesia. International Journal of Applied Earth Observation and Geoinformation, 13(2): 277-291.

Busetto L, Zwart S J, Boschetti M. 2019. Analysing spatial-temporal changes in rice cultivation practices in the Senegal River Valley using MODIS time-series and the PhenoRice algorithm. International Journal of Applied Earth Observation and Geoinformation, 75: 15-28.

Cai Y, Guan K, Peng J, et al. 2018. A high-performance and in-season classification system of field-level crop types using time-series Landsat data and a machine learning approach. Remote Sensing of Environment, 210: 35-47.

Cai Y, Li X, Zhang M, et al. 2020. Mapping wetland using the object-based stacked generalization method based on multi-temporal optical and SAR data. International Journal of Applied Earth Observation and Geoinformation, 92: 102-164.

Cai Z, Jönsson P, Jin H, et al. 2017. Performance of smoothing methods for reconstructing NDVI time-series and estimating vegetation phenology from MODIS data. Remote Sensing, 9(12): 1271.

Ceccato P, Gobron N, Flasse S, et al. 2002. Designing a spectral index to estimate vegetation water content from remote sensing data: Part 1: theoretical approach. Remote Sensing of Environment, 82(2-3):

188-197.

Chakhar A, Hernández-López D, Ballesteros R, et al. 2021. Improving the accuracy of multiple algorithms for crop classification by integrating Sentinel-1 observations with Sentinel-2 data. Remote Sensing, 13(2): 243.

Challinor A J, Parkes B, Ramirez-Villegas J. 2015. Crop yield response to climate change varies with cropping intensity. Global Change Biology, 21(4): 1679-1688.

Chappelle E W, Kim M S, McMurtrey III J E. 1992. Ratio analysis of reflectance spectra (RARS): an algorithm for the remote estimation of the concentrations of chlorophyll a, chlorophyll b, and carotenoids in soybean leaves. Remote Sensing of Environment, 39(3): 239-247.

Chaves M E D, Picoli M C A, Sanches I D. 2020. Recent applications of landsat 8/OLI and sentinel-2/MSI for land use and land cover mapping: a systematic review. Remote Sensing, 12(18): 3062.

Chen B, Wu Z, Wang J, et al. 2015a. Spatio-temporal prediction of leaf area index of rubber plantation using HJ-1A/1B CCD images and recurrent neural network. ISPRS Journal of Photogrammetry and Remote Sensing, 102: 148-160.

Chen C F, Son N T, Chang L Y. 2012. Monitoring of rice cropping intensity in the upper Mekong Delta, Vietnam using time-series MODIS data. Advances in Space Research, 49(2): 292-301.

Chen J, Chen J, Liao A, et al. 2015b. Global land cover mapping at 30 m resolution: a POK-based operational approach. ISPRS Journal of Photogrammetry and Remote Sensing, 103: 7-27.

Chen J, Shen M, Zhu X, et al. 2009. Indicator of flower status derived from in situ hyperspectral measurement in an alpine meadow on the Tibetan Plateau. Ecological Indicators, 9(4): 818-823.

Chen L, Huang J F, Wang F M, et al. 2007. Comparison between back propagation neural network and regression models for the estimation of pigment content in rice leaves and panicles using hyperspectral data. International Journal of Remote Sensing, 28(16): 3457-3478.

Chen P, Haboudane D, Tremblay N, et al. 2010. New spectral indicator assessing the efficiency of crop nitrogen treatment in corn and wheat. Remote Sensing of Environment, 114(9): 1987-1997.

Chen Y, Lu D, Moran E, et al. 2018. Mapping croplands, cropping patterns, and crop types using MODIS time-series data. International Journal of Applied Earth Observation and Geoinformation, 69: 133-147.

Claudio H C, Cheng Y, Fuentes D A, et al. 2006. Monitoring drought effects on vegetation water content and fluxes in chaparral with the 970 nm water band index. Remote Sensing of Environment, 103(3): 304-311.

Clauss K, Ottinger M, Kuenzer C. 2017. Mapping rice areas with Sentinel-1 time series and superpixel segmentation. International Journal of Remote Sensing, 39(5): 1399-1420.

Claverie M, Ju J, Masek J G, et al. 2018. The harmonized Landsat and Sentinel-2 surface reflectance data set. Remote Sensing of Environment, 219: 145-161.

Cohen W B, Yang Z, Healey S P, et al. 2018. A LandTrendr multispectral ensemble for forest disturbance detection. Remote Sensing of Environment, 205: 131-140.

Congalton R G. 1991. A review of assessing the accuracy of classification of remotely sensed data. Remote Sensing of Environment, 37(1): 35-46.

Crippen R E. 1990. Calculating the vegetation index faster. Remote Sensing of Environment, 34(1): 71-73.

da Silva Junior C A, Leonel-Junior A H S, Rossi F S, et al. 2020. Mapping soybean planting area in midwest Brazil with remotely sensed images and phenology-based algorithm using the Google Earth Engine platform. Computers and Electronics in Agriculture, 169(43): 105194.

Dara A, Baumann M, Kuemmerle T, et al. 2018. Mapping the timing of cropland abandonment and recultivation in northern Kazakhstan using annual Landsat time series. Remote Sensing of Environment,

213: 49-60.

Das B, Man hara K K Ma hajan G R, et al. 2019. Spectroscopy based novel spectral indices, PCA-and PLSR-coupled machine learning models for salinity stress phenotyping of rice. Spectrochimica Acta Part A: Molecular and Biomolecular Spectroscopy, 229: 117983.

Dash J, Curran P. 2004. The MERIS terrestrial chlorophyll index. International Journal of Remote Sensing, 25: 5403-5413.

Dash J, Curran P. 2007. Evaluation of the MERIS terrestrial chlorophyll index (MTCI). Advances in Space Research, 39(1): 100-104.

Dash J, Jeganathan C, Atkinson P M. 2010. The use of MERIS terrestrial chlorophyll index to study spatio-temporal variation in vegetation phenology over India. Remote Sensing of Environment, 114(7): 1388-1402.

Datt B. 1998. Remote Sensing of chlorophyll a, chlorophyll b, chlorophyll a+b, and total carotenoid content in eucalyptus leaves. Remote Sensing of Environment, 66(2): 111-121.

Datt B. 1999. A new reflectance index for remote sensing of chlorophyll content in higher plants: tests using eucalyptus leaves. Journal of Plant Physiology, 154(1): 30-36.

Daughtry C, Hunt E R, McMurtrey J E. 2004. Assessing crop residue cover using shortwave infrared reflectance. Remote Sensing of Environment, 90(1): 126-134.

Daughtry C, Walthall C, Kim M, et al. 2000. Estimating corn leaf chlorophyll concentration from leaf and canopy reflectance. Remote Sensing of Environment, 74(2): 229-239.

Defourny P, Bontemps S, Bellemans N, et al. 2019. Near real-time agriculture monitoring at national scale at parcel resolution: performance assessment of the Sen2-Agri automated system in various cropping systems around the world. Remote Sensing of Environment, 221: 551-568.

Delegido J, Verrelst J, Rivera J P, et al. 2015. Brown and green LAI mapping through spectral indices. International Journal of Applied Earth Observation and Geoinformation, 35: 350-358.

Demir B, Bovolo F, Bruzzone L. 2013. Updating land-cover maps by classification of image time series: a novel change-detection-driven transfer learning approach. IEEE Transactions on Geoscience and Remote Sensing, 51(1): 300-312.

Deng X, Li Z. 2016. A review on historical trajectories and spatially explicit scenarios of land-use and land-cover changes in China. Journal of Land Use Science, 11(6): 709-724.

Deng Y, Wu C, Li M, et al. 2015. RNDSI: A ratio normalized difference soil index for remote sensing of urban/suburban environments. International Journal of Applied Earth Observation and Geoinformation, 39: 40-48.

Deventer V, Ward A D, Gowda P H, et al. 1997. Using thematic mapper data to identify contrasting soil plains and tillage practices. Photogrammetric Engineering and Remote Sensing, 63(1): 87-93.

Diek S, Fornallaz F, Schaepman M E, et al. 2017. Barest pixel composite for agricultural areas using landsat time series. Remote Sensing, 9(12): 1245.

Ding M, Chen Q, Xiao X, et al. 2016. Variation in cropping intensity in Northern China from 1982 to 2012 based on GIMMS-NDVI data. Sustainability, 8(11): 1123.

Dobrowski S Z, Pushnik J C, Zarco-Tejada P J, et al. 2005. Simple reflectance indices track heat and water stress-induced changes in steady-state chlorophyll fluorescence at the canopy scale. Remote Sensing of Environment, 97(3): 403-414.

Dong J, Metternicht G, Hostert P, et al. 2019. Remote sensing and geospatial technologies in support of a normative land system science: status and prospects. Current Opinion in Environmental Sustainability, 38: 44-52.

Dong J, Xiao X. 2016. Evolution of regional to global paddy rice mapping methods: a review. ISPRS Journal of Photogrammetry and Remote Sensing, 119: 214-227.

Dong J W, Xiao X M, Kou W L, et al. 2015. Tracking the dynamics of paddy rice planting area in 1986-2010 through time series Landsat images and phenology-based algorithms. Remote Sensing of Environment, 160: 99-113.

Dong Q, Chen X, Chen J, et al. 2020. Mapping winter wheat in North China using Sentinel 2A/B Data: a method based on phenology-time weighted dynamic time warping. Remote Sensing, 12(8): 1274.

Du S, Wang X, Feng C C, et al. 2016. Classifying natural-language spatial relation terms with random forest algorithm. International Journal of Geographical Information Systems, 31(3): 542-568.

Duarte L, Teodoro A C, Monteiro A T, et al. 2018. QPhenoMetrics: an open source software application to assess vegetation phenology metrics. Computers and Electronics in Agriculture, 148: 82-94.

Ebadi L, Shafri H Z M, Mansor S B, et al. 2013. A review of applying second-generation wavelets for noise removal from remote sensing data. Environmental Earth Sciences, 70(6): 2679-2690.

Eilers P H C. 2003. A perfect smoother. Analytical Chemistry, 75(14): 3631-3636.

El-Shikha D M, Barnes E M, Clarke T R, et al. 2008. Remote sensing of cotton nitrogen status using the canopy chlorophyll content index (CCCI). Transactions of the ASABE, 51(1): 73-82.

Eng L S, Ismail R, Hashim W, et al. 2019. The use of VARI, GLI, and VIgreen formulas in detecting vegetation in aerial images. International Journal of Technology, 10: 1385-1394.

Esch T, Heldens W, Hirner A, et al. 2017. Breaking new ground in mapping human settlements from space – The Global Urban Footprint. ISPRS Journal of Photogrammetry and Remote Sensing, 134: 30-42.

Estel S, Kuemmerle T, Alcántara C, et al. 2015. Mapping farmland abandonment and recultivation across Europe using MODIS NDVI time series. Remote Sensing of Environment, 163: 312-325.

FAOSTAT. 2019. Crop. FAOSTAT database.

Feng W, Shen W, He L, et al. 2016a. Improved remote sensing detection of wheat powdery mildew using dual-green vegetation indices. Precision Agriculture, 17(5): 608-627.

Feng W, Zhang H Y, Zhang Y, et al. 2016b. Remote detection of canopy leaf nitrogen concentration in winter wheat by using water resistance vegetation indices from in-situ hyperspectral data. Field Crops Research, 198: 238-246.

Fensholt R, Sandholt I. 2003. Derivation of a shortwave infrared water stress index from MODIS near- and shortwave infrared data in a semiarid environment. Remote Sensing of Environment, 87(1): 111-121.

Ferwerda J G, Skidmore A K, Mutanga O. 2005. Nitrogen detection with hyperspectral normalized ratio indices across multiple plant species. International Journal of Remote Sensing, 26(18): 4083-4095.

Filella I, Penuelas J. 1994. The red edge position and shape as indicators of plant chlorophyll content, biomass and hydric status. International Journal of Remote Sensing, 15(7): 1459-1470.

Fitzgerald G, Rodriguez D, O'Leary G. 2010. Measuring and predicting canopy nitrogen nutrition in wheat using a spectral index—The canopy chlorophyll content index (CCCI). Field Crops Research, 116(3): 318-324.

Foerster S, Kaden K, Foerster M, et al. 2012. Crop type mapping using spectral temporal profiles and phenological information. Computers and Electronics in Agriculture, 89: 30-40.

Foley J A, DeFries R, Asner G P, et al. 2005. Global consequences of land use. Science, 309(5734): 570-574.

Frampton W J, Dash J, Watmough G, et al. 2013. Evaluating the capabilities of Sentinel-2 for quantitative estimation of biophysical variables in vegetation. ISPRS Journal of Photogrammetry and Remote Sensing, 82: 83-92.

Galford G L, Mustard J F, Melillo J, et al. 2008. Wavelet analysis of MODIS time series to detect expansion and intensification of row-crop agriculture in Brazil. Remote Sensing of Environment, 112(2): 576-587.

Gamon J A, Huemmrich K F, Wong C Y, et al. 2016. A remotely sensed pigment index reveals photosynthetic phenology in evergreen conifers. Proceedings of the National Academy of Sciences, 113(46): 13087-13092.

Gamon J A, Surfus J S, Serrano L. 1997. The photochemical reflectance index: An optical indicator of photosynthetic radiation use efficiency across species, functional types, and nutrient levels. Oecologia, 112(4): 492-501.

Geerken R A. 2009. An algorithm to classify and monitor seasonal variations in vegetation phenologies and their inter-annual change. ISPRS Journal of Photogrammetry and Remote Sensing, 64(4): 422-431.

Gelder B K, Kaleita A L, Cruse R M. 2009. Estimating mean field residue cover on midwestern soils using satellite imagery. Agronomy Journal, 101(3): 635-643.

Geng L, Ma M, Wang X, et al. 2014. Comparison of eight techniques for reconstructing multi-satellite sensor time-series NDVI data sets in the Heihe River Basin, China. Remote Sensing, 6(3): 2024-2049.

Gevaert C M, García-Haro F J. 2015. A comparison of STARFM and an unmixing-based algorithm for Landsat and MODIS data fusion. Remote Sensing of Environment, 156: 34-44.

Gil J. 2020. Improved crop mapping in China. Nature Food, 1(7): 394.

Gitelson A A. 2004. Wide dynamic range vegetation index for remote quantification of biophysical characteristics of vegetation. Journal of Plant Physiology, 161(2): 165-173.

Gitelson A A, Gritz Y, Merzlyak M N. 2003a. Relationships between leaf chlorophyll content and spectral reflectance and algorithms for non-destructive chlorophyll assessment in higher plant leaves. Journal of Plant Physiology, 160(3): 271-282.

Gitelson A A, Kaufman Y J, Stark R, et al. 2002a. Novel algorithms for remote estimation of vegetation fraction. Remote Sensing of Environment, 80(1): 76-87.

Gitelson A A, Keydan G P, Merzlyak M N. 2006. Three-band model for noninvasive estimation of chlorophyll, carotenoids, and anthocyanin contents in higher plant leaves. Geophysical Research Letters, 33(11): 431-433.

Gitelson A A, Merzlyak M N. 1994. Spectral reflectance changes associated with autumn senescence of *Aesculus hippocastanum* L. and *Acer platanoides* L. leaves. Spectral features and relation to chlorophyll estimation. Journal of Plant Physiology, 143(3): 286-292.

Gitelson A A, Merzlyak M N. 1996. Signature analysis of leaf reflectance spectra: algorithm development for remote sensing of chlorophyll. Journal of Plant Physiology, 148(3-4): 494-500.

Gitelson A A, Merzlyak M N, Chivkunova O B. 2001. Optical properties and nondestructive estimation of anthocyanin content in plant leaves. Photochemistry and Photobiology, 74(1): 38-45.

Gitelson A A, Viña A, Arkebauer T J, et al. 2003b. Remote estimation of leaf area index and green leaf biomass in maize canopies. Geophysical Research Letters, 30(5): 1-4.

Gitelson A A, Viña A, Ciganda V, et al. 2005. Remote estimation of canopy chlorophyll content in crops. Geophysical Research Letters, 32(8): 1-4.

Gitelson A A, Zur Y, Chivkunova O B, et al. 2002b. Assessing carotenoid content in plant leaves with reflectance spectroscopy. Photochemistry and Photobiology, 75(3): 272-281.

Glanz H, Carvalho L, Sulla-Menashe D, et al. 2014. A parametric model for classifying land cover and evaluating training data based on multi-temporal remote sensing data. ISPRS Journal of Photogrammetry and Remote Sensing, 97: 219-228.

Gobron N, Pinty B. 2000. Advanced vegetation indices optimized for up-coming sensors: design, performance, and applications. IEEE Transactions on Geoscience and Remote Sensing, 38(6): 2489-

2505.

Gómez C, White J C, Wulder M A. 2016. Optical remotely sensed time series data for land cover classification: a review. ISPRS Journal of Photogrammetry and Remote Sensing, 116: 55-72.

Gómez-Casero M T, López-Granados F, Pea-Barragán J M, et al. 2007. Assessing nitrogen and potassium deficiencies in olive orchards through discriminant analysis of hyperspectral data. American Society for Horticultural Science, 132(5): 611-618.

Graesser J, Ramankutty N, Coomes O T. 2018. Increasing expansion of large-scale crop production onto deforested land in sub-Andean South America. Environmental Research Letters, 13(8): 084021.

Gray J, Friedl M, Frolking S, et al. 2014. Mapping Asian cropping intensity with MODIS. IEEE Journal of Selected Topics in Applied Earth Observations and Remote Sensing, 7(8): 3373-3379.

Griffiths P, Nendel C, Hostert P. 2019. Intra-annual reflectance composites from Sentinel-2 and Landsat for national-scale crop and land cover mapping. Remote Sensing of Environment, 220: 135-151.

Gumma M K, Mohanty S, Nelson A, et al. 2015. Remote sensing based change analysis of rice environments in Odisha, India. Journal of Environmental Management, 148: 31-41.

Gumma M K, Thenkabail P S, Maunahan A, et al. 2014. Mapping seasonal rice cropland extent and area in the high cropping intensity environment of Bangladesh using MODIS 500 m data for the year 2010. ISPRS Journal of Photogrammetry and Remote Sensing, 91: 98-113.

Guo X, Li P. 2020. Mapping plastic materials in an urban area: development of the normalized difference plastic index using WorldView-3 superspectral data. ISPRS Journal of Photogrammetry and Remote Sensing, 169: 214-226.

Guo Z, Yang D, Chen J, et al. 2018. A new index for mapping the 'blue steel tile' roof dominated industrial zone from Landsat imagery. Remote Sensing Letters, 9(6): 578-586.

Haboudane D, Miller J R, Pattey E, et al. 2004. Hyperspectral vegetation indices and novel algorithms for predicting green LAI of crop canopies: Modeling and validation in the context of precision agriculture. Remote Sensing of Environment, 90(3): 337-352.

Haboudane D, Miller J R, Tremblay N, et al. 2002. Integrated narrow-band vegetation indices for prediction of crop chlorophyll content for application to precision agriculture. Remote Sensing of Environment, 81(2-3): 416-426.

Haerani H, Apan A, Basnet B. 2018. Mapping of peanut crops in Queensland, Australia, using time-series PROBA-V 100-m normalized difference vegetation index imagery. Journal of Applied Remote Sensing, 12(3): 036005.

Hancock D W, Dougherty C T. 2007. Relationships between blue-and red-based vegetation indices and leaf area and yield of alfalfa. Crop Science, 47(6): 2547-2556.

Hao P, Zhan Y, Wang L, et al. 2015. Feature selection of time series MODIS data for early crop classification using random forest: a case study in Kansas, USA. Remote Sensing, 7(5): 5347.

Harmel R D, Smith P K. 2007. Consideration of measurement uncertainty in the evaluation of goodness-of-fit in hydrologic and water quality modeling. Journal of Hydrology, 337(3-4): 326-336.

He L, Ren X, Wang Y, et al. 2020. Comparing methods for estimating leaf area index by multi-angular remote sensing in winter wheat. Scientific Reports, 10(1): 13943.

He Y, Guo X, Wilmshurst J F. 2007. Comparison of different methods for measuring leaf area index in a mixed grassland. Canadian Journal of Plant Science, 87(4): 803-813.

Hernández-Clemente R, Navarro-Cerrillo R M, Suárez L, et al. 2011. Assessing structural effects on PRI for stress detection in conifer forests. Remote Sensing of Environment, 115(9): 2360-2375.

Hernández-Clemente R, Navarro-Cerrillo R M, Zarco-Tejada P J. 2012. Carotenoid content estimation in a heterogeneous conifer forest using narrow-band indices and PROSPECT+DART simulations. Remote Sensing of Environment, 127(127): 298-315.

Herrmann I, Pimstein A, Karnieli A, et al. 2011. LAI assessment of wheat and potato crops by VENμS and Sentinel-2 bands. Remote Sensing of Environment, 115(8): 2141-2151.

Hird J N, McDermid G J. 2009. Noise reduction of NDVI time series: an empirical comparison of selected techniques. Remote Sensing of Environment, 113(1): 248-258.

Hirschmugla D, Gallaun D, Dees D, et al. 2017. Methods for mapping forest disturbance and degradation from optical earth observation data: a review. Current Forestry Reports, 3(1): 32-45.

Hively W D, Lamb B T, Daughtry C S, et al. 2021. Evaluation of SWIR crop residue bands for the Landsat next mission. Remote Sensing, 13(18): 3718.

Howard D M, Wylie B K, Tieszen L L. 2012. Crop classification modelling using remote sensing and environmental data in the Greater Platte River Basin, USA. International Journal of Remote Sensing, 33(19): 6094-6108.

Hripcsak G, Rothschild A S. 2005. Agreement, the F-measure, and reliability in information retrieval. Journal of the American Medical Informatics Association, 12(3): 296-298.

Hu Q, Sulla-Menashe D, Xu B, et al. 2019. A phenology-based spectral and temporal feature selection method for crop mapping from satellite time series. International Journal of Applied Earth Observation and Geoinformation, 80: 218-229.

Huang C, Goward S N, Schleeweis K, et al. 2009. Dynamics of national forests assessed using the Landsat record: case studies in eastern United States. Remote Sensing of Environment, 113(7): 1430-1442.

Huang J, Yang G. 2017. Understanding recent challenges and new food policy in China. Global Food Security, 12: 119-126.

Huang L, Zhang H, Ding W, et al. 2019. Monitoring of wheat scab using the specific spectral index from ASD hyperspectral dataset. Journal of Spectroscopy, 2019: 9153195.

Huang W, Guan Q, Luo J, et al. 2014. New optimized spectral indices for identifying and monitoring winter wheat diseases. IEEE Journal of Selected Topics in Applied Earth Observations and Remote Sensing, 7(6): 2516-2524.

Huang X, Friedl M A. 2014. Distance metric-based forest cover change detection using MODIS time series. International Journal of Applied Earth Observation and Geoinformation, 29: 78-92.

Huete A, Didan K, Miura T, et al. 2002. Overview of the radiometric and biophysical performance of the MODIS vegetation indices. Remote Sensing of Environment, 83(1-2): 195-213.

Huete A R, Liu H Q, Batchily K, et al. 1997. A comparison of vegetation indices over a global set of TM images for EOS-MODIS. Remote Sensing of Environment, 59(3): 440-451.

Huismann I, Stiller J, Fröhlich J. 2015. Application of remote sensors in mapping rice area and forecasting its production: a review. Sensors, 15(1): 769-791.

Iizumi T, Ramankutty N. 2015. How do weather and climate influence cropping area and intensity? Global Food Security, 4: 46-50.

Im J. 2020. Earth observations and geographic information science for sustainable development goals. GIScience & Remote Sensing, 57(5): 591-592.

Immitzer M, Neuwirth M, Bck S, et al. 2019. Optimal input features for tree species classification in central Europe based on multi-temporal Sentinel-2 data. Remote Sensing, 11(22): 2599.

Jain M, Mondal P, Defries R S, et al. 2013. Mapping cropping intensity of smallholder farms: a comparison of methods using multiple sensors. Remote Sensing of Environment, 134: 210-223.

Jaleel C A, Manivannan P, Wahid A, et al. 2009. Drought stress in plants: a review on morphological characteristics and pigments composition. International Journal of Agriculture and Biology, 11(1): 100-105.

Jamali S, Jönsson P, Eklundh L, et al. 2015. Detecting changes in vegetation trends using time series segmentation. Remote Sensing of Environment, 156: 182-195.

Jia K, Liang S, Zhang N, et al. 2014. Land cover classification of finer resolution remote sensing data integrating temporal features from time series coarser resolution data. ISPRS Journal of Photogrammetry and Remote Sensing, 93: 49-55.

Jiang Z, Huete A R, Didan K, et al. 2008. Development of a two-band enhanced vegetation index without a blue band. Remote Sensing of Environment, 112(10): 3833-3845.

Jin S, Sader S A. 2005. Comparison of time series tasseled cap wetness and the normalized difference moisture index in detecting forest disturbances. Remote Sensing of Environment, 94(3): 364-372.

Jin Z, Azzari G, You C, et al. 2019. Smallholder maize area and yield mapping at national scales with Google Earth Engine. Remote Sensing of Environment, 228: 115-128.

Jönsson P, Eklundh L. 2004. TIMESAT-A program for analyzing time-series of satellite sensor data. Computers and Geosciences, 30(8): 833-845.

Julien Y, Sobrino J A. 2010. Comparison of cloud-reconstruction methods for time series of composite NDVI data. Remote Sensing of Environment, 114(3): 618-625.

Kandasamy S, Baret F, Verger A, et al. 2013. A comparison of methods for smoothing and gap filling time series of remote sensing observations-application to MODIS LAI products. Biogeosciences, 10(6): 4055-4071.

Karnieli A, Kaufman Y J, Remer L, et al. 2001. AFRI—aerosol free vegetation index. Remote Sensing of Environment, 77(1): 10-21.

Kaufman Y J, Tanre D. 1992. Atmospherically resistant vegetation index (ARVI) for EOS-MODIS. IEEE Transactions on Geoscience and Remote Sensing, 30(2): 261-270.

Kawamura K, Mackay A D, Tuohy M P, et al. 2011. Potential for spectral indices to remotely sense phosphorus and potassium content of legume-based pasture as a means of assessing soil phosphorus and potassium fertility status. International Journal of Remote Sensing, 32(1-2): 103-124.

Kendall M G. 1975. Rank Correlation Methods. London: Griffin.

Kennedy R E, Yang Z, Cohen W B. 2010. Detecting trends in forest disturbance and recovery using yearly Landsat time series: 1. LandTrendr—Temporal segmentation algorithms. Remote Sensing of Environment, 114(12): 2897-2910.

Keogh E J, Pazzani M J. 2001. Derivative dynamic time warping. Chicago: Proceedings of the 2001 SIAM International Conference on Data Mining: 1-11.

Khanal S, Kushal K C, Fulton J P, et al. 2020. Remote sensing in agriculture—Accomplishments, limitations, and opportunities. Remote Sensing, 12(22): 3783.

Khanna S, Palacios-Orueta A, Whiting M L, et al. 2007. Development of angle indexes for soil moisture estimation, dry matter detection and land-cover discrimination. Remote Sensing of Environment, 109(2): 154-165.

Kim M S, Daughtry C S T, Chappelle E W, et al. 1994. The use of high spectral resolution bands for estimating absorbed photosynthetically active radiation (A PAR). Toulouse: Proceedings of the 6th International Symposium on Physical Measurements and Signatures in Remote Sensing: 415-434.

King L, Adusei B, Stehman S V, et al. 2017. A multi-resolution approach to national-scale cultivated area estimation of soybean. Remote Sensing of Environment, 195: 13-29.

Knorn J, Rabe A, Radeloff V C, et al. 2009. Land cover mapping of large areas using chain classification of neighboring Landsat satellite images, Remote Sensing of Environment, 113(5): 957-964.

Kong D, Zhang Y, Gu X, et al. 2019. A robust method for reconstructing global MODIS EVI time series on the Google Earth Engine. ISPRS Journal of Photogrammetry and Remote Sensing, 155: 13-24.

Lambert M J, Waldner F, Defourny P. 2016. Cropland mapping over Sahelian and Sudanian agrosystems: a knowledge-based approach using PROBA-V time series at 100-m. Remote Sensing, 8(3): 232.

Lambin E F, Geist H J, Lepers E. 2003. Dynamics of land-use and land-cover change in tropical regions. Annual Review of Environment and Resources, 28(1): 205-241.

Lambin E F, Linderman M. 2006. Time series of remote sensing data for land change science. IEEE Transactions on Geoscience and Remote Sensing, 44(7): 1926-1928.

Leff B, Ramankutty N, Foley J A. 2004. Geographic distribution of major crops across the world. Global Biogeochemical Cyles, 18(1): 1-33.

Li F, Mistele B, Hu Y, et al. 2012. Remotely estimating aerial N status of phenologically differing winter wheat cultivars grown in contrasting climatic and geographic zones in China and Germany. Field Crops Research, 138: 21-32.

Li G, Wan Y. 2015. A new combination classification of pixel- and object-based methods. International Journal of Remote Sensing, 36(32): 5842-5868.

Li Q, Cao X, Jia K, et al. 2014. Crop type identification by integration of high-spatial resolution multispectral data with features extracted from coarse-resolution time-series vegetation index data. International Journal of Remote Sensing, 35(16): 6076-6088.

Li Y, Cao Z, Long H, et al. 2017. Dynamic analysis of ecological environment combined with land cover and NDVI changes and implications for sustainable urban-rural development: the case of Mu Us Sandy Land, China. Journal of Cleaner Production, 142(2): 697-715.

Li Z, Fox J M. 2012. Mapping rubber tree growth in mainland Southeast Asia using time-series MODIS 250 m NDVI and statistical data. Applied Geography, 32(2): 420-432.

Liew X Y, Sinniah U R, Yusoff M M, et al. 2021. Flowering pattern and seed development in indeterminate peanut cv. 'Margenta' and its influence on seed quality. Seed Science and Technology, 49(1): 45-62.

Lin H, Wang J, Liu S, et al. 2005. Studies on urban areas extraction from landsat TM images. Proceedings of IGARSS 2005, Seoul, Korea, 25-29 July 2005.

Liu H, Zhu H, Li Z, et al. 2020a. Quantitative analysis and hyperspectral remote sensing of the nitrogen nutrition index in winter wheat. International Journal of Remote Sensing, 41(3): 858-881.

Liu J, Zhu W, Atzberger C, et al. 2018. A phenology-based method to map cropping patterns under a wheat-maize rotation using remotely sensed time-series data. Remote Sensing, 10(8): 1203.

Liu L, Xiao X, Qin Y, et al. 2020b. Mapping cropping intensity in China using time series Landsat and Sentinel-2 images and Google Earth Engine. Remote Sensing of Environment, 239: 111624.

Lohmar B, Gale Jr H F, Tuan F C, et al. 2009. China's ongoing agricultural modernization: challenges remain after 30 years of reform. Economic Information Bulletin: 1-51.

Löw F, Prishchepov A V, Waldner F, et al. 2018. Mapping cropland abandonment in the Aral Sea Basin with MODIS time series. Remote Sensing, 10(2): 159.

Lu J, Yang T, Su X, et al. 2019. Monitoring leaf potassium content using hyperspectral vegetation indices in rice leaves. Precision Agriculture, 21(9): 324-348.

Lu L, Di L, Ye Y. 2014. A decision-tree classifier for extracting transparent plastic-mulched landcover from Landsat-5 TM images. IEEE Journal of Selected Topics in Applied Earth Observations and Remote Sensing, 7(11): 4548-4558.

Lu M, Wu W, You L, et al. 2017. A synergy cropland of China by fusing multiple existing maps and statistics.

Sensors, 17(7): 1613.

Lu M, Wu W, You L, et al. 2020. A cultivated planet in 2010—Part 1: The global synergy cropland map. Earth System Science Data, 12(3): 1913-1928.

Lu X, Liu R, Liu J, et al. 2007. Removal of noise by wavelet method to generate high quality temporal data of terrestrial MODIS products. Photogrammetric Engineering and Remote Sensing, 73(10): 1129-1139.

Lü Y, Zhang L, Feng X, et al. 2015. Recent ecological transitions in China: greening, browning, and influential factors. Scientific Reports, 5(1): 1-8.

Lunetta R S, Shao Y, Ediriwickrema J, et al. 2010. Monitoring agricultural cropping patterns across the Laurentian Great Lakes Basin using MODIS-NDVI data. International Journal of Applied Earth Observation and Geoinformation, 12(2): 81-88.

Luo Y, Zhang Z, Li Z, et al. 2020. Identifying the spatiotemporal changes of annual harvesting areas for three staple crops in China by integrating multi-data sources. Environmental Research Letters, 15(7): 074003.

Lymburner L, Beggs P, Jacobson C. 2000. Estimation of canopy-average surface-specific leaf area using Landsat TM data. Photogrammetric Engineering and Remote Sensing, 66(2): 183-191.

Macintyre P, Van Niekerk A, Mucina L. 2020. Efficacy of multi-season Sentinel-2 imagery for compositional vegetation classification. International Journal of Applied Earth Observation and Geoinformation, 85: 101980.

Mahajan G R, Pandey R N, Sahoo R N, et al. 2016. Monitoring nitrogen, phosphorus and sulphur in hybrid rice (*Oryza sativa* L.) using hyperspectral remote sensing. Precision Agriculture, 18(5): 736-761.

Mahajan G R, Sahoo R N, Pandey R N, et al. 2014. Using hyperspectral remote sensing techniques to monitor nitrogen, phosphorus, sulphur and potassium in wheat (*Triticum aestivum* L.). Precision Agriculture, 15(5): 499-522.

Mahyou H, Tychon B, Balaghi R, et al. 2016. A knowledge-based approach for mapping land degradation in the arid rangelands of North Africa. Land Degradation & Development, 27(6): 1574-1585.

Manfron G, Crema A, Boschetti M, et al. 2012. Testing automatic procedures to map rice area and detect phenological crop information exploiting time series analysis of remote sensed MODIS data. Remote Sensing for Agriculture, Ecosystems, and Hydrology XIV, 8531: 85311E.

Marchant J A, Onyango C M. 2020. Shadow-invariant classification for scenes illuminated by daylight. Journal of the Optical Society of Ameruca. A, 17(11): 1952-1961.

Massey R, Sankey T T, Congalton R G, et al. 2017. MODIS phenology-derived, multi-year distribution of conterminous U.S. crop types. Remote Sensing of Environment, 198: 490-503.

McFeeters S K. 1996. The use of the normalized difference water index (NDWI) in the delineation of open water features. International Journal of Remote Sensing, 17(7): 1425-1432.

McNairn H, Protz R. 1993. Mapping corn residue cover on agricultural fields in Oxford County, Ontario, using Thematic Mapper. Canadian Journal of Remote Sensing, 19(2): 152-159.

Meng S, Zhong Y, Luo C, et al. 2020. Optimal temporal window selection for winter wheat and rapeseed mapping with Sentinel-2 images: a case study of Zhongxiang in China. Remote Sensing, 12(2): 226.

Meroni M, Fasbender D, Kayitakire F, et al. 2014. Early detection of biomass production deficit hot-spots in semi-arid environment using FAPAR time series and a probabilistic approach. Remote Sensing of Environment, 142: 57-68.

Merzlyak M N, Chivkunova O B, Solovchenko A E, et al. 2008. Light absorption by anthocyanins in juvenile, stressed, and senescing leaves. Journal of Experimental Botany, 59(14): 3903-3911.

Merzlyak M N, Gitelson A A, Chivkunova O B, et al. 1999. Non-destructive optical detection of pigment changes during leaf senescence and fruit ripening. Physiol Plantarum, 106(1): 135-141.

Merzlyak M N, Gitelson A A, Chivkunova O B, et al. 2003. Application of reflectance spectroscopy for analysis of higher plant pigments. Russian Journal of Plant Physiology, 50(5): 704-710.

Merzlyak M N, Solovchenko A E, Smagin A I, et al. 2005. Apple flavonols during fruit adaptation to solar radiation: spectral features and technique for non-destructive assessment. Journal of Plant Physiology, 162(2): 151-160.

Metternicht G. 2003. Vegetation indices derived from high-resolution airborne videography for precision crop management. International Journal of Remote Sensing, 24(14): 2855-2877.

Michishita R, Jin Z, Chen J, et al. 2014. Empirical comparison of noise reduction techniques for NDVI time-series based on a new measure. ISPRS Journal of Photogrammetry and Remote Sensing, 91: 17-28.

Monfreda C, Ramankutty N, Foley J A. 2008. Farming the planet: 2. Geographic distribution of crop areas, yields, physiological types, and net primary production in the year 2000. Global Biogeochemical Cycles, 22(1): 1-19.

Mora B, Tsendbazar N E, Herold M, et al. 2014. Global Land Cover Mapping: Current Status and Future Trends. Land Use and Land Cover Mapping in Europe. Dordrecht: Springer: 11-30.

Mueller N D, Gerber J S, Johnston M, et al. 2012. Closing yield gaps through nutrient and water management. Nature, 490(7419): 254-257.

Müller H, Rufin P, Griffiths P, et al. 2015. Mining dense Landsat time series for separating cropland and pasture in a heterogeneous Brazilian savanna landscape. Remote Sensing of Environment, 156: 490-499.

Nduati E, Sofue Y, Matniyaz A, et al. 2019. Cropland mapping using fusion of multi-sensor data in a complex urban/peri-urban area. Remote Sensing, 11(2): 207.

Nuarsa I W, Nishio F, Hongo C, et al. 2012. Using variance analysis of multitemporal MODIS images for rice field mapping in Bali Province, Indonesia. International Journal of Remote Sensing, 33(17): 5402-5417.

Olofsson P, Foody G M, Herold M, et al. 2014. Good practices for estimating area and assessing accuracy of land change. Remote Sensing of Environment, 148: 42-57.

Ono Y. 1979. Flowering and fruiting of peanut plants. Japan Agricultural Research Quarterly, 13(4): 226-229.

Orynbaikyzy A, Gessner U, Conrad C. 2019. Crop type classification using a combination of optical and radar remote sensing data: a review. International Journal of Remote Sensing, 40(17-18): 1-43.

Orynbaikyzy A, Gessner U, Mack B, et al. 2020. Crop type classification using fusion of Sentinel-1 and Sentinel-2 data: assessing the impact of feature selection, optical data availability, and parcel sizes on the accuracies. Remote Sensing, 12(17): 2779.

Palacios-Orueta A, Khanna S, Litago J, et al. 2005. Assessment of NDVI and NDWI spectral indices using MODIS time series analysis and development of a new spectral index based on MODIS shortwave infrared bands. Trier, Germany: The 1st International Conference on Remote sensing and geoinformation processing in the assessment and monitoring of land degradation and desertification: 207-209.

Pan Y, Li L, Zhang J, et al. 2012. Winter wheat area estimation from MODIS-EVI time series data using the crop proportion phenology index. Remote Sensing of Environment, 119: 232-242.

Pandey P C, Koutsias N, Petropoulos G P, et al. 2019. Land use/land cover in view of earth observation: data sources, input dimensions, and classifiers—a review of the state of the art. Geocarto International: 1-38.

Parent J R, Volin J C, Civco D L. 2015. A fully-automated approach to land cover mapping with airborne LiDAR and high resolution multispectral imagery in a forested suburban landscape. ISPRS Journal of Photogrammetry and Remote Sensing, 104: 18-29.

Park S, Im J, Park S, et al. 2018. Classification and mapping of paddy rice by combining Landsat and SAR time series data. Remote Sensing, 10(3): 447.

Partal T. 2012. Wavelet analysis and multi-scale characteristics of the runoff and precipitation series of the Aegean region (Turkey). International Journal of Climatology, 32(1): 108-120.

Peña M A, Liao R, Brenning A. 2017. Using spectrotemporal indices to improve the fruit-tree crop classification accuracy. ISPRS Journal of Photogrammetry and Remote Sensing, 128: 158-169.

Peng D, Huete A R, Huang J, et al. 2011. Detection and estimation of mixed paddy rice cropping patterns with MODIS data. International Journal of Applied Earth Observation and Geoinformation, 13(1): 13-23.

Penuelas J, Baret F, Filella I. 1995. Semi-empirical indices to assess carotenoids/chlorophyll a ratio from leaf spectral reflectance. Photosynthetica, 31(2): 221-230.

Peñuelas J, Gamon J, Fredeen A, et al. 1994. Reflectance indices associated with physiological changes in nitrogen-and water-limited sunflower leaves. Remote Sensing of Environment, 48(2): 135-146.

Piedelobo L, Hernández-López D, Ballesteros R, et al. 2019. Scalable pixel-based crop classification combining Sentinel-2 and Landsat-8 data time series: case study of the Duero river basin. Agricultural Systems, 171: 36-50.

Pimstein A, Karnieli A, Bansal S K, et al. 2011. Exploring remotely sensed technologies for monitoring wheat potassium and phosphorus using field spectroscopy. Field Crops Research, 121(1): 125-135.

Piyoosh A K, Ghosh S K. 2018. Development of a modified bare soil and urban index for Landsat 8 satellite data. Geocarto International, 33(4): 423-442.

Plourde J D, Pijanowski B C, Pekin B K. 2013. Evidence for increased monoculture cropping in the Central United States. Agriculture, Ecosystems & Environment, 165(1): 50-59.

Portmann F T, Siebert S, Döll P. 2010. MIRCA2000—Global monthly irrigated and rainfed crop areas around the year 2000: a new high-resolution data set for agricultural and hydrological modeling. Global Biogeochemical Cycles, 24(1): 1-24.

Prey L, Hu Y, Schmidhalter U. 2020. High-throughput field phenotyping traits of grain yield formation and nitrogen use efficiency: optimizing the selection of vegetation indices and growth stages. Frontiers in Plant Science, 10: 1672.

Qi J G, Chehbouni A R, Huete A R, et al. 1994. A modified soil adjusted vegetation index. Remote sensing of environment, 48(2): 119-126.

Qi J, Marsett R, Heilman P, et al. 2002. RANGES improves satellite-based information and land cover assessments in southwest United States. Eos Transactions American Geophysical Union, 83(51): 601-606.

Qi Z, Yeh A G O, Li X. 2017. A crop phenology knowledge-based approach for monthly monitoring of construction land expansion using polarimetric synthetic aperture radar imagery. ISPRS Journal of Photogrammetry and Remote Sensing, 133: 1-17.

Qin Y, Xiao X, Dong J, et al. 2015. Mapping paddy rice planting area in cold temperate climate region through analysis of time series Landsat 8 (OLI), Landsat 7 (ETM+) and MODIS imagery. ISPRS Journal of Photogrammetry and Remote Sensing, 105: 220-233.

Qiu B W, Chen G, Tang Z H, et al. 2017a. Assessing the three-north shelter forest program in China by a novel framework for characterizing vegetation changes. ISPRS Journal of Photogrammetry and Remote Sensing, 133: 75-88.

Qiu B W, Fan Z, Zhong M, et al. 2014a. A new approach for crop identification with wavelet variance and JM distance. Environmental Monitoring and Assessment, 186(11): 7929-7940.

Qiu B W, Huang Y Z, Chen C C, et al. 2018a. Mapping spatiotemporal dynamics of maize in China from

2005 to 2017 through designing leaf moisture based indicator from normalized multi-band drought index. Computers and Electronics in Agriculture, 153: 82-93.

Qiu B W, Jiang F C, Chen C C, et al. 2021. Phenology-pigment based automated peanut mapping using Sentinel-2 images. GIScience & Remote Sensing, (2): 1-17.

Qiu B W, Li H W, Tang Z H, et al. 2020a. How cropland losses shaped by unbalanced urbanization process? Land Use Policy, 96: 104715.

Qiu B W, Li W J, Tang Z H, et al. 2015. Mapping paddy rice areas based on vegetation phenology and surface moisture conditions. Ecological Indicators, 56: 79-86.

Qiu B W, Liu Z, Tang Z H, et al. 2016b. Developing indices of temporal dispersion and continuity to map natural vegetation. Ecological Indicators, 64: 335-342.

Qiu B W, Lu D F, Tang Z H, et al. 2017b. Mapping cropping intensity trends in China during 1982-2013. Applied Geography, 79: 212-222.

Qiu B W, Luo Y H, Tang Z H, et al. 2017c. Winter wheat mapping combining variations before and after estimated heading dates. ISPRS Journal of Photogrammetry and Remote Sensing, 123: 35-46.

Qiu B W, Qi W, Tang Z H, et al. 2016d. Rice cropping density and intensity lessened in southeast China during the twenty-first century. Environmental Monitoring and Assessment, 188(1): 1-12.

Qiu B W, Wang Z Z, Tang Z H, et al. 2016a. A multi-scale spatiotemporal modeling approach to explore vegetation dynamics patterns under global climate change. GIScience & Remote Sensing, 53(5): 596-613.

Qiu B W, Wang Z Z, Tang Z H, et al. 2016c. Automated cropping intensity extraction from isolines of wavelet spectra. Computers and Electronics in Agriculture, 125: 1-11.

Qiu B W, Yang X, Tang Z H, et al. 2020b. Urban expansion or poor productivity: Explaining regional differences in cropland abandonment in China during the early 21st century. Land Degradation & Development, 31(17): 2540-2551.

Qiu B W, Zeng C, Tang Z, et al. 2013. Characterizing spatiotemporal non-stationarity in vegetation dynamics in china using MODIS EVI dataset. Journal of Environmental Monitoring and Assessment, 185(11): 9019-9035.

Qiu B W, Zhang K, Tang Z H, et al. 2017e. Developing soil indices based on brightness, darkness, and greenness to improve land surface mapping accuracy. GIScience & Remote Sensing, 54: 769-777.

Qiu B W, Zhong J P, Tang Z H, et al. 2017d. Greater phenological sensitivity on the higher Tibetan Plateau: new insights from weekly 5 km EVI2 datasets. International Journal of Biometeorology, 61(5): 807-820.

Qiu B W, Zhong M, Tang Z H, et al. 2014b. A new methodology to map double-cropping croplands based on continuous wavelet transform. International Journal of Applied Earth Observation and Geoinformation, 26: 97-104.

Qiu B W, Zou F L, Chen C C, et al. 2018b. Automatic mapping afforestation, cropland reclamation and variations in cropping intensity in central east China during 2001-2016. Ecological Indicators, 91: 490-502.

Qiu J, Tang H, Frolking S, et al. 2003. Mapping single - , double - , and triple - crop agriculture in China at 0.5°× 0.5° by combining county-scale census data with a remote sensing-derived land cover map. Geocarto International, 18(2): 3-13.

Rasul A, Balzter H, Ibrahim G R F, et al. 2018. Applying built-up and bare-soil indices from Landsat 8 to cities in dry climates. Land, 7(3): 81.

Raymond H E, Daughtry C, Eitel J, et al. 2011. Remote sensing leaf chlorophyll content using a visible band index. Agronomy Journal, 103(4): 1090-1099.

Renard D, Tilman D. 2019. National food production stabilized by crop diversity. Nature, 571(7764): 257-260.

Robinson L W, Ericksen P J, Chesterman S, et al. 2015. Sustainable intensification in drylands: what resilience and vulnerability can tell us. Agricultural Systems, 135: 133-140.

Roerink G J, Menenti M, Verhoef W. 2000. Reconstructing cloudfree NDVI composites using Fourier analysis of time series. International Journal of Remote Sensing, 21(9): 1911-1917.

Rogers A, Kearney M. 2004. Reducing signature variability in unmixing coastal marsh Thematic Mapper scenes using spectral indices. International Journal of Remote Sensing, 25(12): 2317-2335.

Romero A, Aguado I, Yebra M. 2012. Estimation of dry matter content in leaves using normalized indexes and PROSPECT model inversion. International Journal of Remote Sensing, 33(2): 396-414.

Rondeaux G, Steven M, Baret F. 1996. Optimization of soil-adjusted vegetation indices. Remote Sensing of Environment, 55(2): 95-107.

Rounsevell M D A, Pedroli B, Erb K H, et al. 2012. Challenges for land system science. Land Use Policy, 29(4): 899-910.

Rouse J W, Haas R W, Schell J A, et al. 1974. Monitoring the vernal advancement and retrogradation (green wave effect) of natural vegetation. NASA/GSFC Type III, Final Report: 1-371.

Royo C, Aparicio N, Villegas D, et al. 2003. Usefulness of spectral reflectance indices as durum wheat yield predictors under contrasting Mediterranean conditions. International Journal of Remote Sensing, 24(22): 4403-4419.

Rufin P, Müller H, Pflugmacher D, et al. 2015. Land use intensity trajectories on Amazonian pastures derived from Landsat time series. International Journal of Applied Earth Observations and Geoinformation, 41: 1-10.

Sakamoto T, Van Nguyen N, Kotera A, et al. 2007. Detecting temporal changes in the extent of annual flooding within the Cambodia and the Vietnamese Mekong Delta from MODIS time-series imagery. Remote Sensing of Environment, 109(3): 295-313.

Sakamoto T, Vor Nguyen N V, Ohno H, et al. 2006. Spatio-temporal distribution of rice phenology and cropping systems in the Mekong Delta with special reference to the seasonal water flow of the Mekong and Bassac rivers. Remote Sensing of Environment, 100(1): 1-16.

Sakamoto T, Wardlow B D, Gitelson A A, et al. 2010. A two-step Filtering approach for detecting maize and soybean phenology with time-series MODIS data. Remote Sensing of Environment, 114(10): 2146-2159.

Sakamoto T, Yokozawa M, Toritani H, et al. 2005. A crop phenology detection method using time-series MODIS data. Remote Sensing of Environment, 96(3-4): 366-374.

Santana L S, Ferraz G A S, Santos L M D, et al. 2019. Vegetative vigor of maize crop obtained through vegetation indexes in orbital and aerial sensors images. Revista Brasileira de Engenharia de Biossistemas, 13(3): 195-206.

Santos F, Dubovyk O, Menz G. 2017. Monitoring forest dynamics in the Andean Amazon: the applicability of breakpoint detection methods using Landsat Time-Series and Genetic Algorithms. Remote Sensing, 9(1): 68.

Schmidt K S, Skidmore A K. 2004. Smoothing vegetation spectra with wavelets. International Journal of Remote Sensing, 25(6): 1167-1184.

Schmidt M, Lucas R, Bunting P, et al. 2015. Multi-resolution time series imagery for forest disturbance and regrowth monitoring in Queensland, Australia. Remote Sensing of Environment, 158: 156-168.

Schultz B, Immitzer M, Formaggio A R, et al. 2015. Self-guided segmentation and classification of multi-temporal Landsat 8 images for crop type mapping in southeastern Brazil. Remote Sensing, 7(11): 14482-14508.

Sebahattin A. 2008. Use of reflectance measurements for the detection of N, P, K, ADF and NDF contents in sainfoin pasture. Sensors (Basel, Switzerland), 8(11): 7275-7286.

Sen P K. 1968. Estimates of the regression coefficient based on Kendall's tau. Journal of the American Statistical Association, 63(324): 1379-1389.

Senf C, Leitão P J, Pflugmacher D, et al. 2015. Mapping land cover in complex Mediterranean landscapes using Landsat: improved classification accuracies from integrating multi-seasonal and synthetic imagery. Remote Sensing of Environment, 156: 527-536.

Serbin G, Hunt E R, Daughtry C S, et al. 2009. An improved ASTER index for remote sensing of crop residue. Remote Sensing, 1(4): 971-991.

Serrano L, Peñuelas J, Ustin S L. 2002. Remote sensing of nitrogen and lignin in Mediterranean vegetation from AVIRIS data. Remote sensing of Environment, 81(2-3): 355-364.

Sharifi A. 2020. Remotely sensed vegetation indices for crop nutrition mapping. Journal of the Science of Food and Agriculture, 100(14): 5191-5196.

Shih H, Stow D A, Weeks J R, et al. 2015. Determining the type and starting time of land cover and land use change in southern Ghana. IEEE Journal of Selected Topics on Applied Earth Observations and Remote Sensing, 9(5): 2064-2073.

Singh A, Dutta R, Stein A, et al. 2012. A wavelet-based approach for monitoring plantation crops (tea: *Camellia sinensis*) in North East India. International Journal of Remote Sensing, 33(16): 4982-5008.

Skakun S, Franch B, Vermote E, et al. 2017. Early season large-area winter crop mapping using MODIS NDVI data, growing degree days information and a Gaussian mixture model. Remote Sensing of Environment, 195: 244-258.

Solovchenko A, Dorokhov A, Shurygin B, et al. 2021. Linking tissue damage to hyperspectral reflectance for non-invasive monitoring of apple fruit in orchards. Plants, 10(2): 310.

Sonobe R, Yamaya Y, Tani H, et al. 2018. Crop classification from Sentinel-2-derived vegetation indices using ensemble learning. Journal of Applied Remote Sensing, 12(2): 026019.

Steele M R, Gitelson A A, Rundquist D C, et al. 2009. Nondestructive estimation of anthocyanin content in grapevine leaves. American Journal of Enology and Viticulture, 60(1): 87-92.

Sun H S, Huang J F, Huete A R, et al. 2009. Mapping paddy rice with multi-date moderate-resolution imaging spectroradiometer(MODIS) data in China. Journal of Zhejiang University-Science A(Applied Physics & Engineering), 10(10): 1509-1522.

Sun H, Xu A, Lin H, et al. 2012. Winter wheat mapping using temporal signatures of MODIS vegetation index data. International Journal of Remote Sensing, 33(16): 5026-5042.

Tan J, Yang P, Liu Z, et al. 2014. Spatio-temporal dynamics of maize cropping system in Northeast China between 1980 and 2010 by using spatial production allocation model. Journal of Geographical Sciences, 24(3): 397-410.

Tang K, Zhu W, Zhan P, et al. 2018. An identification method for spring maize in Northeast China based on spectral and phenological features. Remote Sensing, 10(2): 193.

Themistocleous K, Papoutsa C, Michaelides S, et al. 2020. Investigating detection of floating plastic litter from space using Sentinel-2 imagery. Remote Sensing, 12(16): 2648.

Thyagharajan K K, Vignesh T. 2017. Soft computing techniques for land use and land cover monitoring with multispectral remote sensing images: a review. Archives of Computational Methods in Engineering, 26(2): 275-301.

Tian F, Wu B, Zeng H, et al. 2019. Efficient identification of corn cultivation area with multitemporal synthetic aperture radar and optical images in the google earth engine cloud platform. Remote Sensing, 11(6): 629.

Tong X, Brandt M, Hiernaux P, et al. 2017. Revisiting the coupling between NDVI trends and cropland changes in the Sahel drylands: a case study in western Niger. Remote Sensing of Environment, 191: 286-296.

Tong X, Brandt M, Hiernaux P, et al. 2020. The forgotten land use class: mapping of fallow fields across the Sahel using Sentinel-2. Remote Sensing of Environment, 239: 111598.

Tornos L, Huesca M, Dominguez J A, et al. 2015. Assessment of MODIS spectral indices for determining rice paddy agricultural practices and hydroperiod. ISPRS Journal of Photogrammetry and Remote Sensing, 101: 110-124.

Van Tricht K, Gobin A, Gilliams S, et al. 2018. Synergistic use of radar Sentinel-1 and optical Sentinel-2 imagery for crop mapping: a case study for Belgium. Remote Sensing, 10(10): 1642.

Verbesselt J, Hyndman R, Newnham G, et al. 2010. Detecting trend and seasonal changes in satellite image time series. Remote Sensing of Environment, 114(1): 106-115.

Verburg P H, Neumann K, Nol L. 2011. Challenges in using land use and land cover data for global change studies. Global Change Biology, 17(2): 974-989.

Verger A, Baret F, Weiss M, et al. 2013. The CACAO method for smoothing gap filling and characterizing seasonal anomalies in satellite time series. IEEE Transactions on Geoscience and Remote Sensing, 51(4): 1963-1972.

Verstraete B. 1992. GEMI: a non-linear index to monitor global vegetation from satellites. Vegetatio, 101(1): 15-20.

Vincini M, Frazzi E, D'Alessio P. 2008. A broad-band leaf chlorophyll vegetation index at the canopy scale. Precision Agriculture, 9(5): 303-319.

Waha K, Dietrich J P, Portmann F T, et al. 2020. Multiple cropping systems of the world and the potential for increasing cropping intensity. Global Environmental Change, 64: 102131.

Waldner F, Canto G S, Defourny P. 2015. Automated annual cropland mapping using knowledge-based temporal features. ISPRS Journal of Photogrammetry and Remote Sensing, 110: 1-13.

Wang C, Chen J, Wu J, et al. 2017. A snow-free vegetation index for improved monitoring of vegetation spring green-up date in deciduous ecosystems. Remote Sensing of Environment, 196: 1-12.

Wang J F, Zhang T L, Fu B J. 2016a. A measure of spatial stratified heterogeneity. Ecological Indicators, 67: 250-256.

Wang J, Shi T, Liu H, et al. 2016b. Successive projections algorithm-based three-band vegetation index for foliar phosphorus estimation. Ecological Indicators, 67: 12-20.

Wang J, Xiao X, Liu L, et al. 2020. Mapping sugarcane plantation dynamics in Guangxi, China, by time series Sentinel-1, Sentinel-2 and Landsat images. Remote Sensing of Environment, 247: 111951.

Wang L, Qu J J. 2007. NMDI: a normalized multi-band drought index for monitoring soil and vegetation moisture with satellite remote sensing. Geophysical Research Letters, 34(20): 1-6.

Wang L, Qu J J, Hao X, et al. 2011. Estimating dry matter content from spectral reflectance for green leaves of different species. International Journal of Remote Sensing, 32(22): 7097-7109.

Wang N, Zhai Y, Zhang L. 2021. Automatic Cotton Mapping Using Time Series of Sentinel-2 Images. Remote Sensing, 13(7): 1355.

Wang Z, Schaaf C B, Sun Q, et al. 2018. Capturing rapid land surface dynamics with Collection V006 MODIS BRDF/NBAR/Albedo (MCD43) products. Remote Sensing of Environment, 207: 50-64.

Wardlow B D, Egbert S L. 2008. Large-area crop mapping using time-series MODIS 250 m NDVI data: an assessment for the US Central Great Plains. Remote Sensing of Environment, 112(3): 1096-1116.

Wardlow B D, Egbert S L, Kastens J H. 2007. Analysis of time-series MODIS 250 m vegetation index data for crop classification in the US Central Great Plains. Remote Sensing of Environment, 108(3): 290-310.

Wei P, Chai D, Lin T, et al. 2021. Large-scale rice mapping under different years based on time-series Sentinel-1 images using deep semantic segmentation model. ISPRS Journal of Photogrammetry and Remote Sensing, 174: 198-214.

Weiss M, Jacob F, Duveiller G. 2020. Remote sensing for agricultural applications: a meta-review. Remote Sensing of Environment, 236: 111402.

White M A, Beurs D, Kirsten M, et al. 2009. Intercomparison interpretation and assessment of spring phenology in North America estimated from remote sensing for 1982-2006. Global Change Biology, 15(10): 2335-2359.

Wilson N R, Norman L M. 2018. Analysis of vegetation recovery surrounding a restored wetland using the normalized difference infrared index (NDII) and normalized difference vegetation index (NDVI). International Journal of Remote Sensing, 39(10): 3243-3274.

Woebbecke D M, Meyer G E, Von Bargen K, et al. 1985. Shape features for identifying young weeds using image analysis. Transactions of the ASAE, 38(1): 271-281.

Wong C Y S, D'Odorico P, Arain M A, et al. 2020. Tracking the phenology of photosynthesis using carotenoid-sensitive and near-infrared reflectance vegetation indices in a temperate evergreen and mixed deciduous forest. New Phytologist, 226(6): 1682-1695.

Wong C Y S, D'Odorico P, Bhathena Y, et al. 2019. Carotenoid based vegetation indices for accurate monitoring of the phenology of photosynthesis at the leaf-scale in deciduous and evergreen trees. Remote Sensing of Environment, 233: 111407.

Woodcock C E, Loveland T R, Herold M, et al. 2020. Transitioning from change detection to monitoring with remote sensing: a paradigm shift. Remote Sensing of Environment, 238: 111558.

Wu B, Meng J, Li Q, et al. 2014a. Remote sensing-based global crop monitoring: experiences with China's CropWatch system. International Journal of Digital Earth, 7(2): 113-137.

Wu C, Gonsamo A, Gough C M, et al. 2014b. Modeling growing season phenology in North American forests using seasonal mean vegetation indices from MODIS. Remote Sensing of Environment, 147: 79-88.

Wu C, Niu Z, Tang Q, et al. 2008. Estimating chlorophyll content from hyperspectral vegetation indices: Modeling and validation. Agricultural and Forest Meteorology, 148(8-9): 1230-1241.

Wu W B, Yu Q Y, Peter V H, et al. 2014c. How could agricultural land systems contribute to raise food production under global change? Journal of Integrative Agriculture, 13(7): 1432-1442.

Xian G, Homer C, Fry J. 2009. Updating the 2001 National Land Cover Database land cover classification to 2006 by using Landsat imagery change detection methods. Remote Sensing of Environment, 113(6): 1133-1147.

Xiao D, Tao F, Liu Y, et al. 2013. Observed changes in winter wheat phenology in the North China Plain for 1981-2009. International Journal of Biometeorology, 57(2): 275-285.

Xiao X, Boles S, Frolking S, et al. 2002. Observation of flooding and rice transplanting of paddy rice fields at the site to landscape scales in China using VEGETATION sensor data. International Journal of Remote Sensing, 23(15): 3009-3022.

Xiao X, Boles S, Liu J, et al. 2005. Mapping paddy rice agriculture in southern China using multi-temporal MODIS images. Remote Sensing of Environment, 95(4): 480-492.

Xu H Q. 2006. Modification of normalized difference water index (NDWI) to enhance open water features in remotely sensed imagery. International Journal of Remote Sensing, 27(14): 3025-3033.

Xu H Q. 2010. Analysis of impervious surface and its impact on urban heat environment using the normalized difference impervious surface Index (NDISI). Photogrammetric Engineering & Remote Sensing, 76(5): 557-565.

Xu J, Yang J, Xiong X, et al. 2021. Towards interpreting multi-temporal deep learning models in crop mapping. Remote Sensing of Environment, 264: 112599.

Xue J, Su B. 2017. Significant remote sensing vegetation indices: a review of developments and applications. Journal of Sensors, 2017: 1353691.

Yan E, Wang G, Lin H, et al. 2015. Phenology-based classification of vegetation cover types in Northeast China using MODIS NDVI and EVI time series. International Journal of Remote Sensing, 36(2): 489-512.

Yan H, Liu F, Qin Y, et al. 2019a. Tracking the spatio-temporal change of cropping intensity in China during 2000-2015. Environmental Research Letters, 14(3): 035008.

Yan J, Wang L, Song W, et al. 2019b. A time-series classification approach based on change detection for rapid land cover mapping. ISPRS Journal of Photogrammetry and Remote Sensing, 158: 249-262.

Yan L, Roy D P. 2015. Improved time series land cover classification by missing-observation-adaptive nonlinear dimensionality reduction. Remote Sensing of Environment, 158: 478-491.

Yang D, Chen J, Zhou Y, et al. 2017. Mapping plastic greenhouse with medium spatial resolution satellite data: development of a new spectral index. ISPRS Journal of Photogrammetry and Remote Sensing, 128: 47-60.

Yang S, Zhao W, Liu Y, et al. 2020. Prioritizing sustainable development goals and linking them to ecosystem services: a global expert's knowledge evaluation. Geography and Sustainability, 1(4): 321-330.

Yang X, Tang J, Mustard J F. 2014. Beyond leaf color: Comparing camera-based phenological metrics with leaf biochemical, biophysical, and spectral properties throughout the growing season of a temperate deciduous forest. Journal of Geophysical Research: Biogeosciences, 119(3): 181-191.

Ye S, Rogan J, Zhu Z, et al. 2021. A near-real-time approach for monitoring forest disturbance using Landsat time series: stochastic continuous change detection. Remote Sensing of Environment, 252: 112167.

Yeom J M, Jeong S, Deo R C, et al. 2021. Mapping rice area and yield in northeastern asia by incorporating a crop model with dense vegetation index profiles from a geostationary satellite. GIScience & Remote Sensing, 58(1): 1-27.

Yin F, Sun Z, You L, et al. 2018a. Increasing concentration of major crops in China from 1980 to 2011. Journal of Land Use Science, 13(5): 480-493.

Yin H, Brandão A, Buchner J, et al. 2020. Monitoring cropland abandonment with Landsat time series. Remote Sensing of Environment, 246: 111873.

Yin H, Pflugmacher D, Li A, et al. 2018b. Land use and land cover change in Inner Mongolia-understanding the effects of China's re-vegetation programs. Remote Sensing of Environment, 204: 918-930.

Yin H, Prishchepov A V, Kuemmerle T, et al. 2018c. Mapping agricultural land abandonment from spatial and temporal segmentation of Landsat time series. Remote Sensing of Environment, 210: 12-24.

You L, Wood S, Wood-Sichra U, et al. 2014. Generating global crop distribution maps: from census to grid. Agricultural Systems, 127: 53-60.

You N, Dong J, Huang J, et al. 2021. The 10-m crop type maps in Northeast China during 2017-2019. Scientific Data, 8(1): 1-11.

Young A J. 1991. The photoprotective role of carotenoids in higher plants. Physiologia Plantarum, 83(4): 702-708.

Yu B, Shang S. 2017. Multi-Year mapping of maize and sunflower in Hetao irrigation district of China with high spatial and temporal resolution vegetation index series. Remote Sensing, 9(8): 855.

Zarco-Tejada P J, Hornero A, Hernández-Clemente R, et al. 2018. Understanding the temporal dimension of the red-edge spectral region for forest decline detection using high-resolution hyperspectral and Sentinel-2a imagery. ISPRS Journal of Photogrammetry and Remote Sensing, 137: 134-148.

Zhang C, Zhang H, Zhang L. 2021. Spatial domain bridge transfer: an automated paddy rice mapping method with no training data required and decreased image inputs for the large cloudy area. Computers and Electronics in Agriculture, 181: 105978.

Zhang G, Xiao X, Biradar C M, et al. 2017. Spatiotemporal patterns of paddy rice croplands in China and India from 2000 to 2015. Science of The Total Environment, 579: 82-92.

Zhang G, Xiao X, Dong J, et al. 2015. Mapping paddy rice planting areas through time series analysis of MODIS land surface temperature and vegetation index data. ISPRS Journal of Photogrammetry and Remote Sensing, 106: 157-171.

Zhang H, Kang J, Xu X, et al. 2020. Accessing the temporal and spectral features in crop type mapping using multi-temporal Sentinel-2 imagery: a case study of Yi'an County, Heilongjiang province, China. Computers and Electronics in Agriculture, 176: 105618.

Zhang J, Feng L, Yao F. 2014a. Improved maize cultivated area estimation over a large scale combining MODIS-EVI time series data and crop phenological information. ISPRS Journal of Photogrammetry and Remote Sensing, 94: 102-113.

Zhang J, Mishra A K, Hirsch S. 2021b. Market-oriented agriculture and farm performance: evidence from rural China. Food Policy, 100: 102023.

Zhang M Q, Guo H Q, Xie X, et al. 2013. Identification of land-cover characteristics using MODIS time series data: an application in the Yangtze river estuary. PLoS One, 8(7): e70079.

Zhang X. 2015. Reconstruction of a complete global time series of daily vegetation index trajectory from long-term AVHRR data. Remote Sensing of Environment, 156: 457-472.

Zhang X, Wu B, Ponce-Campos G, et al. 2018. Mapping up-to-date paddy rice extent at 10 m resolution in China through the integration of optical and synthetic aperture radar images. Remote Sensing, 10(8): 1200.

Zhang Z, Wang X, Zhao X, et al. 2014b. A 2010 update of National Land Use/Cover Database of China at 1: 100000 scale using medium spatial resolution satellite images. Remote Sensing of Environment, 149: 142-154.

Zhao R, Li Y, Ma M. 2021. Mapping paddy rice with satellite remote sensing: a review. Sustainability, 13(2): 503.

Zhao X, Xu P, Zhou T, et al. 2013. Distribution and variation of forests in China from 2001 to 2011: a study based on remotely sensed data. Forests, 4(3): 632-649.

Zheng Q, Huang W, Cui X, et al. 2018. New spectral index for detecting wheat yellow rust using Sentinel-2 multispectral imagery. Sensors, 18(3): 868.

Zhong L, Gong P, Biging G S. 2014. Efficient corn and soybean mapping with temporal extendability: a multi-year experiment using Landsat imagery. Remote Sensing of Environment, 140: 1-13.

Zhong L, Hu L, Yu L, et al. 2016. Automated mapping of soybean and corn using phenology. ISPRS Journal of Photogrammetry and Remote Sensing, 119: 151-164.

Zhong L, Hu L, Zhou H. 2019. Deep learning based multi-temporal crop classification. Remote Sensing of

Environment, 221: 430-443.

Zhou J, Jia L, Menenti M. 2015. Reconstruction of global MODIS NDVI time series: performance of harmonic analysis of time series (HANTS). Remote Sensing of Environment, 163: 217-228.

Zhou X, Huang W, Kong W, et al. 2017. Assessment of leaf carotenoids content with a new carotenoid index: development and validation on experimental and model data. International Journal of Applied Earth Observation and Geoinformation, 57: 24-35.

Zhou Y, Chen J, Chen X, et al. 2013. Two important indicators with potential to identify Caragana microphylla in xilin gol grassland from temporal MODIS data. Ecological Indicators, 34: 520-527.

Zhu X X, Tuia D, Mou L, et al. 2017. Deep learning in remote sensing: a comprehensive review and list of resources. IEEE Geoscience and Remote Sensing Magazine, 5(4): 8-36.

Zhu Z. 2017. Change detection using landsat time series: a review of frequencies, preprocessing, algorithms, and applications. ISPRS Journal of Photogrammetry and Remote Sensing, 130: 370-384.

Zhu Z, Woodcock C E. 2014. Continuous change detection and classification of land cover using all available Landsat data. Remote Sensing of Environment, 144(1): 152-171.

Zhu Z, Zhang J, Yang Z, et al. 2020. Continuous monitoring of land disturbance based on Landsat time series. Remote Sensing of Environment, 238: 111116.

附　表

附表 1　植被指数公式汇总列表

中英文全称	缩写	公式	出处
normalized difference vegetation index 归一化植被指数	NDVI	$$NDVI = \frac{\rho_{842} - \rho_{665}}{\rho_{842} + \rho_{665}}$$	Rouse et al.，1974
infrared percentage vegetation index 近红外百分比植被指数	IPVI	$$IPVI = \left(1 + \frac{\rho_{840} - \rho_{665}}{\rho_{840} + \rho_{665}}\right) \times \frac{\rho_{840} / (\rho_{840} + \rho_{665})}{2}$$	Crippen，1990
global environment monitoring index 全球环境监测指数	GEMI	$$GEMI = \eta(1 - 0.25\eta) - \frac{\rho_{665} - 0.125}{1 - \rho_{665}}$$ $$\eta = \frac{[2(\rho_{842}{}^2 - \rho_{665}{}^2) + 1.5\rho_{842} + 0.5\rho_{665}]}{\rho_{842} + \rho_{665} + 0.5}$$	Verstraete，1992
atmospherically resistant vegetation index 大气阻抗植被指数	ARVI	$$ARVI2 = -0.18 + 1.17 \times \frac{\rho_{842} + \rho_{665}}{\rho_{842} + \rho_{665}}$$	Kaufman and Tanre，1992
normalized difference red-edge 归一化红边指数	NDVIre	$$NDVIre = \frac{\rho_{750} - \rho_{705}}{\rho_{750} + \rho_{705}}$$	Gitelson and Merzlyak，1994
modified soil adjusted vegetation index 修正土壤调节植被指数	MSAVI	$$MSAVI = \frac{2\rho_{842} + 1 - \sqrt{2 \times (\rho_{842} + 1)^2 - 8 \times (\rho_{842} - \rho_{665})}}{2}$$	Qi et al.，1994
optimized of soil adjusted vegetation index 优化土壤调节植被指数	OSAVI	$$OSAVI = \frac{\rho_{842} - \rho_{665}}{\rho_{842} + \rho_{665} + 0.16}$$	Rondeaux et al.，1996
aerosol free vegetation index 去气溶胶植被指数	AFRI2.1	$$AFRI2.1 = \frac{\rho_{865} - 0.5\rho_{2130}}{\rho_{865} + 0.5\rho_{2130}}$$	Karnieli et al.，2001
vegetation index 植被指数	VI$_{700}$	$$VI_{700} = \frac{\rho_{700} - \rho_{665}}{\rho_{700} + \rho_{665}}$$	Gitelson et al.，2002a
enhanced vegetation index 增强型植被指数	EVI	$$EVI = 2.5 \times \frac{\rho_{842} - \rho_{665}}{\rho_{842} + 6\rho_{665} - 7.5\rho_{490} + 1}$$	Huete et al.，2002
photosynthetic vigour ratio 光合活力比	PVR	$$PVR = \frac{\rho_{550} - \rho_{650}}{\rho_{550} + \rho_{650}}$$	Metternicht，2003
wide dynamic range vegetation index 宽动态植被指数	WDRVI	$$WDRVI = \frac{0.2\rho_{842} - \rho_{665}}{0.2\rho_{842} + \rho_{665}}$$	Gitelson，2004
blue-normalized difference vegetation index 蓝光归一化植被指数	BNDVI	$$BNDVI = \frac{\rho_{842} - \rho_{490}}{\rho_{842} + \rho_{490}}$$	Hancock and Dougherty，2007

续表

中英文全称	缩写	公式	出处
2-band enhanced vegetation index 两波段的增强型植被指数	EVI2	$EVI2 = 2.5 \times \dfrac{\rho_{842} - \rho_{665}}{\rho_{842} + 2.4\rho_{665} + 1}$	Jiang et al.，2008
normalized difference phenology index 归一化物候指数	NDPI	$NDPI = \dfrac{[\rho_{842} - (0.74\rho_{665} + 0.26\rho_{1610})]}{[\rho_{842} + (0.74\rho_{665} + 0.26\rho_{1610})]}$	Wang et al.，2017
hyperspectral flower index 高光谱花卉指数	HFI	$HFI = 100 \times \dfrac{\rho_{600} - \rho_{v600}}{1 - L(\rho_{550} - \rho_{670})}$ ρ_{v600} 为纯绿色植被在 600 nm 处反射率，L 为调节参数，取值 4～8	Chen et al.，2009
visible atmospherically resistant index 可见光大气阻抗植被指数	VARI	$VARI = \dfrac{\rho_{560} - \rho_{665}}{\rho_{560} - \rho_{665} + \rho_{490}}$	Eng et al.，2019
visible atmospherically resistant indices green 可见光大气阻抗植被指数	VIgreen	$VIgreen = \dfrac{\rho_{555} - \rho_{645}}{\rho_{555} + \rho_{645}}$	Ahamed et al.，2011
transformed soil adjusted vegetation index 转换型土壤调整植被指数	TSAVI	$TSAVI = \dfrac{1.22 \times (\rho_{842} - 1.22\rho_{665} - 0.03)}{\rho_{842} + \rho_{665} + 0.162\,472}$	Baret et al.，1989
soil and atmosphere resistant vegetation index 土壤和大气抗性植被指数	SARVI2	$SARVI2 = \dfrac{2.5 \times (\rho_{842} - \rho_{665})}{1 + \rho_{842} + 6\rho_{665} - 7.5\rho_{490}}$	Huete et al.，1997
adjusted transformed soil-adjusted vegetation index 调整的转换型土壤调节植被指数	ATSAVI	$ATSAVI = \dfrac{1.22 \times (\rho_{800} - 1.22\rho_{670} - 0.03)}{1.22\rho_{800} + \rho_{670} - 1.22 \times 0.03 + 0.08 \times (1 + 1.22^2)}$	He et al.，2007
photochemical reflectance index 光化学植被指数	PRI	$PRI = \dfrac{\rho_{490} - \rho_{665}}{\rho_{490} + \rho_{665}}$	Gamon et al.，1997
normalized phaeophytinization index 归一化脱镁作用指数	NPQI	$NPQI = \dfrac{\rho_{415} - \rho_{435}}{\rho_{415} + \rho_{435}}$	Royo et al.，2003
vegetative index 植物指数	VEG	$VEG = \dfrac{\rho_{560}}{\rho_{665}^{0.677} \times \rho_{490}^{1-0.677}}$	Marchant and Onyango，2000
Excess Green 绝对绿度指数	ExG	$ExG = 2\rho_{560} - \rho_{665} - \rho_{490}$	Woebbecke et al.，1985
green chromatic coordinate 相对绿度指数	GCC	$GCC = \dfrac{\rho_{560}}{\rho_{665} + \rho_{560} + \rho_{490}}$	Yang et al.，2014

附表 2　叶面积指数公式汇总列表

中英文全称	缩写	公式	出处
green leaf index 绿叶植被指数	GLI	$GLI = \dfrac{2\rho_{560} - \rho_{665} - \rho_{490}}{2\rho_{560} + \rho_{665} + \rho_{490}}$	Gobron and Pinty，2000
specific leaf area vegetation index 有效叶面积植被指数	SLAVI	$SLAVI = \dfrac{\rho_{842}}{\rho_{665} + \rho_{2190}}$	Lymburner et al.，2000

续表

中英文全称	缩写	公式	出处
red-edge inflection point 红边拐点	REIP	$\text{REIP} = 700 + 40 \times \left[\dfrac{\left(\dfrac{\rho_{667}+\rho_{782}}{2}\right) - \rho_{702}}{\rho_{738} - \rho_{702}} \right]$	Herrmann et al.，2011
leaf area index of green vegetation 绿色植被叶面积指数	LAIgreen	$\text{LAIgreen} = -0.13 + 6.63 \times \dfrac{\rho_{705} - \rho_{665}}{\rho_{705} + \rho_{665}}$	Delegido et al.，2015
leaf area index of brown vegetation 棕色植被叶面积指数	LAIbrown	$\text{LAIbrown} = 16.44 \times \dfrac{\rho_{1610} - \rho_{2190}}{\rho_{1610} + \rho_{2190}}$	Delegido et al.，2015
renormalized difference vegetation index 再归一化植被指数	RDVI	$\text{RDVI} = \dfrac{\rho_{800} - \rho_{670}}{\sqrt{\rho_{800} + \rho_{670}}}$	Haboudane et al.，2004
modified simple ratio 改进的简单比值指数	MSR	$\text{MSR} = \left(\dfrac{\rho_{800}}{\rho_{670}} - 1\right) \Big/ \sqrt{\dfrac{\rho_{800}}{\rho_{670}} + 1}$	Haboudane et al.，2004

附表 3　叶绿素指数公式汇总列表

中英文全称	缩写	公式	出处
modified simple ratio 修正简单比值	MSRre	$\text{MSRre} = \left(\left(\dfrac{\rho_{750}}{\rho_{705}}\right) - 1\right) \Big/ \sqrt{\dfrac{\rho_{750}}{\rho_{705}} + 1}$	Wu et al.，2008
chlorophyll absorption ratio index 叶绿素吸收率指数	CARI	$\text{CARI} = \dfrac{\rho_{700}}{\rho_{670}} \times \text{CAR}$ $\text{CAR} = \dfrac{\sqrt{(a \times \rho_{670} + \rho_{670} + b)^2}}{(a^2 + 1)^{1/2}}$ $a = (\rho_{705} - \rho_{550})/150$ $b = \rho_{550} - \rho_{550} \times a$	Kim et al.，1994
green normalized difference vegetation index 归一化绿波段差值植被指数	GNDVI	$\text{GNDVI} = \dfrac{\rho_{842} - \rho_{560}}{\rho_{842} + \rho_{560}}$	Gitelson and Merzlyak，1996
leaf chlorophyll index 叶面叶绿素指数	LCI	$\text{LCI} = \dfrac{\rho_{850} - \rho_{710}}{\rho_{850} + \rho_{680}}$	Datt，1999
Eucalyptus pigment index for chlorophyll a/b/a+b 桉树叶绿素指数	EPIchla/b/a+b	$\text{EPIchla} = 0.0161 \times \left(\dfrac{\rho_{665}}{\rho_{560} \times \rho_{705}}\right)^{0.7784}$ $\text{EPIchlb} = 0.0337 \times \left(\dfrac{\rho_{665}}{\rho_{560}}\right)^{1.8695}$ $\text{EPIchla+b} = 0.0236 \times \left(\dfrac{\rho_{665}}{\rho_{560} + \rho_{705}}\right)^{0.7954}$	Datt，1998
pigment specific simple ratio 色素比值指数	PSSR	$\text{PSSRa} = \rho_{800}/\rho_{680}$ $\text{PSSRb} = \rho_{800}/\rho_{635}$	Blackburn，1998a
modified chlorophyll absorption in reflectance index 修正叶绿素吸收反射率指数	MCARI	$\text{MCARI} = \left[(\rho_{700} - \rho_{670}) - 0.2 \times (\rho_{700} - \rho_{550}) \times \dfrac{\rho_{700}}{\rho_{670}} \right]$	Daughtry et al.，2000

中英文全称	缩写	公式	出处
canopy chlorophyll content index 冠层叶绿素浓度指数	CCCI	$CCCI = \dfrac{NDRE - NDRE_{min}}{NDRE_{max} - NDRE_{min}}$ $NDRE = \dfrac{\rho_{790} - \rho_{720}}{\rho_{790} + \rho_{720}}$	Fitzgerald et al.，2010
normalized green-red difference index 归一化红绿差值指数	NGRDI	$NGRDI = \dfrac{\rho_{560} - \rho_{665}}{\rho_{560} + \rho_{665}}$	Raymond et al.，2011
transformed chlorophyll absorption in reflectance index 改正型叶绿素吸收比值指数	TCARI	$TCARI = 3 \times \left[(\rho_{700} - \rho_{670}) - 0.2 \times (\rho_{700} - \rho_{550}) \times \dfrac{\rho_{700}}{\rho_{670}} \right]$	Haboudane et al.，2002
transformed chlorophyll absorption in reflectance index/optimized soil-adjusted vegetation index 转换型叶绿素吸收反射率指数/优化土壤调整指数	TCARI/OSAVI	$\dfrac{TCARI}{OSAVI} = \dfrac{3 \times \left((\rho_{700} - \rho_{670}) - 0.2 \times (\rho_{700} - \rho_{550}) \times \dfrac{\rho_{700}}{\rho_{670}} \right)}{(1 + 0.16)(\rho_{800} - \rho_{670}) / (\rho_{800} + \rho_{670} + 0.16)}$	Haboudane et al.，2002
index for chlorophyll content estimation 叶绿素含量	CI	$CI = \dfrac{\rho_{750} - \rho_{800}}{\rho_{695} - \rho_{740}} - 1$	Gitelson et al.，2003
MERIS terrestrial chlorophyll index 地面叶绿素指数	MTCI	$MTCI = \dfrac{\rho_{753.75} - \rho_{708.75}}{\rho_{708.75} - \rho_{681.25}}$	Dash and Curran，2007
chlorophyll index red-edge 红边叶绿素指数	CIre	$CIre = \dfrac{\rho_{842}}{\rho_{705}} - 1$	Gitelson et al.，2005
normalized difference fraction index 归一化分数指数	NDFI	$NDFI_{685} = \dfrac{\rho_{600} - \rho_{685}}{\rho_{600} + \rho_{685}}$ $NDFI_{760} = \dfrac{\rho_{800} - \rho_{760}}{\rho_{800} + \rho_{760}}$	Dobrowski et al.，2005
chlorophyll vegetation index 叶绿素植被指数	CVI	$CVI = \dfrac{\rho_{842} \times \rho_{665}}{\rho_{560}^{2}}$	Vincini et al.，2008
inverted red-edge chlorophyll index 倒红边叶绿素指数	IRECI	$IRECI = \dfrac{\rho_{842} - \rho_{665}}{\rho_{705} / \rho_{740}}$	Frampton et al.，2013
Sentinel-2 red-edge position 哨兵 2 号红边位置指数	S2REP	$S2REP = 705 + 35 \times \dfrac{0.5 \times (\rho_{783} + \rho_{665}) - \rho_{705}}{\rho_{740} - \rho_{705}}$	Frampton et al.，2013

附表 4 类胡萝卜素指数公式汇总列表

中英文全称	缩写	公式	出处
ratio analysis of reflectance spectra 反射光谱比值指数	RARSc	$RARSc = \dfrac{\rho_{760}}{\rho_{500}}$	Chappelle et al.，1992
pigment specific simple ratio 色素比值指数	PSSRc	$PSSRc = \dfrac{\rho_{800}}{\rho_{470}}$	Blackburn，1998a

中英文全称	缩写	公式	出处
pigment specific normalized difference 归一化色素差值指数	PSNDc	$PSNDc = \dfrac{\rho_{800} - \rho_{470}}{\rho_{800} + \rho_{470}}$	Blackburn，1998b
reflectance band ratio index 反射率波段比值指数	RBRI	$RBRI = \dfrac{\rho_{860}}{\rho_{550} \times \rho_{708}}$	Datt，1998
carotenoid reflectance index 类胡萝卜素反射指数	CRI$_{550}$	$CRI_{550} = \dfrac{1}{\rho_{510}} - \dfrac{1}{\rho_{550}}$	Gitelson et al.，2002b
carotenoid reflectance index 类胡萝卜素反射指数	CRI$_{550}$	$CRI_{550} = \dfrac{1}{\rho_{510}} - \dfrac{1}{\rho_{700}}$	Gitelson et al.，2002b
red edge carotenoid index 红边类胡萝卜素指数	CAR$_{rededge}$	$CAR_{rededge} = \left(\dfrac{1}{\rho_{510}} - \dfrac{1}{\rho_{700}} \right) \times \rho_{770}$	Gitelson et al.，2006
green carotenoid index 绿色类胡萝卜素指数	CAR$_{green}$	$CAR_{green} = \left(\dfrac{1}{\rho_{510}} - \dfrac{1}{\rho_{550}} \right) \times \rho_{770}$	Gitelson et al.，2006
carotenoid simple ratio index 类胡萝卜素简单比值指数	SR	$SR = \dfrac{\rho_{512}}{\rho_{570}}$	Hernández-Clemente et al.，2012
carotenoid index 类胡萝卜素含量反演植被指数	CARI	$CARI = \dfrac{\rho_{720}}{\rho_{521}} - 1$	Zhou et al.，2017

附表 5　类胡萝卜素与叶绿素比值指数公式汇总列表

中英文全称	缩写	公式	出处
structure insensitive pigment index 结构不敏感色素指数	SIPI	$SIPI = \dfrac{\rho_{800} - \rho_{445}}{\rho_{800} - \rho_{680}}$	Penuelas et al.，1995
plant senescence reflectance index 植被衰老反射率指数	PSRI	$PSRI = \dfrac{\rho_{678} - \rho_{500}}{\rho_{750}}$	Merzlyak et al.，1999
modified photochemical reflectance index 修正光化学反射指数	PRIm	$PRIm = \dfrac{\rho_{512} - \rho_{531}}{\rho_{512} + \rho_{531}}$	Hernández-Clemente et al.，2011
normalized total pigment to chlorophyll index 归一化色素叶绿素指数	NPCI	$NPCI = \dfrac{\rho_{680} - \rho_{430}}{\rho_{680} + \rho_{430}}$	Peñuelas et al.，1994

附表 6　花青素指数公式汇总列表

中英文全称	缩写	公式	出处
anthocyanin reflectance index 花青素反射指数	ARI	$ARI = \dfrac{1}{\rho_{550}} - \dfrac{1}{\rho_{700}}$	Gitelson et al.，2001
modified anthocyanin reflectance index 改良花青素光谱反射指数	mARI	$mARI = \left[\dfrac{1}{(\rho_{530} - \rho_{570})} - \dfrac{1}{(\rho_{690} - \rho_{570})} \right] \times \rho_{842}$	Gitelson et al.，2006
modified anthocyanin content index 改良花青素含量指数	mACI	$mACI = \rho_{842} / \rho_{560}$	Steele et al.，2009

附表 7　营养物质指数公式汇总列表

类型	中英文全称	缩写	公式	出处
氮	normalized difference nitrogen index 归一化氮指数	NDNI	$\text{NDNI} = \dfrac{\log(\rho_{1510}^{-1}) - \log(\rho_{1680}^{-1})}{\log(\rho_{1510}^{-1}) + \log(\rho_{1680}^{-1})}$	Serrano et al.，2002
	normalized ratio index 归一化比率指数	NRI$_{1510}$	$\text{NRI}_{1510} = \dfrac{\rho_{1510} - \rho_{660}}{\rho_{1510} + \rho_{660}}$	Ferwerda et al.，2005
	double-peak canopy nitrogen index 双峰冠层氮指数	DCNI	$\text{DCNI} = \dfrac{\rho_{720} - \rho_{700}}{(\rho_{700} - \rho_{670})(\rho_{700} - \rho_{670} + 0.03)}$	Chen et al.，2010
	nitrogen planar domain index 氮平面域指数	NPDI	$\text{NPDI} = \dfrac{(\rho_{842}/\rho_{705} - 1) - (\rho_{842}/\rho_{705} - 1)_{\min}}{(\rho_{842}/\rho_{705} - 1)_{\max} - (\rho_{842}/\rho_{705} - 1)_{\min}}$	Li et al.，2012
	water resistance nitrogen index 水抗性氮指数	WRNI	$\text{WRNI} = \dfrac{(\rho_{735} - \rho_{720}) \times \rho_{900}}{\rho_{\min(930-980)} \times (\rho_{735} + \rho_{720})}$	Feng et al.，2016b
磷	P_1080_1460 磷营养指数	P_1080_1460	$\text{P\_1080\_1460} = \dfrac{\rho_{1080} - \rho_{1460}}{\rho_{1080} + \rho_{1460}}$	Pimstein et al.，2011
	three-band vegetation index 三波段植被指数	TBVI	$\text{TBVI} = \dfrac{\rho_{760} - \rho_{2387}}{\rho_{723} + \rho_{2387}}$	Wang et al.，2016b
	P_670_1260 P_1092_1260 P_1260_1460 磷营养指数	P_670_1260 P_1092_1260 P_1260_1460	$\text{P\_670\_1260} = \dfrac{\rho_{1260} - \rho_{670}}{\rho_{1260} + \rho_{670}}$ $\text{P\_1092\_1260} = \dfrac{\rho_{1092} - \rho_{1260}}{\rho_{1092} + \rho_{1260}}$ $\text{P\_1260\_1460} = \dfrac{\rho_{1260} - \rho_{1460}}{\rho_{1260} + \rho_{1460}}$	Mahajan et al.，2016
	P_1645_1715 磷营养指数	N_1645_1715	$\text{N\_1645\_1715} = \dfrac{\rho_{1645} - \rho_{1715}}{\rho_{1645} + \rho_{1715}}$	Pimstein et al.，2011
钾	narrow-band normalized difference spectral index 窄波段归一化光谱指数	NDSI (R_{906}, R_{905})	$\text{NDSI}_{(906,\,905)} = \dfrac{\rho_{906} - \rho_{905}}{\rho_{906} + \rho_{905}}$	Bd et al.，2019
	normalized difference vegetation index 归一化植被指数	NDVI (R_{780}, R_{670})	$\text{NDVI}_{(780,\,670)} = \dfrac{\rho_{780} - \rho_{670}}{\rho_{780} + \rho_{670}}$	Gómez-Casero et al.，2007
	narrow-band normalized difference spectral index 窄波段归一化光谱指数	NDSI (R_{1705}, R_{1385})	$\text{NDSI}_{(1705,\,1385)} = \dfrac{\rho_{1705} - \rho_{1385}}{\rho_{1705} + \rho_{1385} - 2\rho_{704}}$	Lu et al.，2019
	ratio spectral index 比值光谱指数	RSI (R_{1385}, R_{1705})	$\text{RSI}_{(1385,\,1705)} = \rho_{1385}/\rho_{1705}$	Lu et al.，2019
	difference spectral index 差值光谱指数	DSI (R_{1705}, R_{1385})	$\text{DSI}_{(1705,\,1385)} = \rho_{1705} - \rho_{1385}$	Lu et al.，2019
	narrow-band normalized difference spectral index 窄波段归一化光谱指数	NDSI (R_{523}, R_{583})	$\text{NDSI}_{(523,\,583)} = \dfrac{\rho_{523} - \rho_{583}}{\rho_{523} + \rho_{583}}$	Kawamura et al.，2011
	ratio spectral index 比值光谱指数	RSI (R_{780}, R_{650})	$\text{RSI}_{(780,\,650)} = \rho_{780}/\rho_{650}$	Sebahattin，2008

类型	中英文全称	缩写	公式	出处
钾	N_870_1450 钾营养指数	N_870_1450	$N\_870\_1450 = \dfrac{\rho_{870} - \rho_{1450}}{\rho_{870} + \rho_{1450}}$	Pimstein et al.，2011
钙	narrow-band normalized difference spectral index 窄波段归一化光谱指数	NDSI (R_{408}, R_{369})	$NDSI_{(408, 369)} = \dfrac{\rho_{408} - \rho_{369}}{\rho_{408} + \rho_{369}}$	Bd et al.，2019
镁	narrow-band normalized difference spectral index 窄波段归一化光谱指数	NDSI (R_{964}, R_{962})	$NDSI_{(964, 962)} = (\rho_{964} - \rho_{962})/(\rho_{964} + \rho_{962})$	Bd et al.，2019
硫	S_1260_660 硫营养指数	S_1260_660	$NDSI_{(1260, 660)} = \dfrac{\rho_{1260} - \rho_{660}}{\rho_{1260} + \rho_{660}}$	Mahajan et al.，2014
	S_1080_660 硫营养指数	S_1080_660	$NDSI_{(1080, 660)} = \dfrac{\rho_{1080} - \rho_{660}}{\rho_{1080} + \rho_{660}}$	Mahajan et al.，2014

附表 8　干物质指数公式汇总列表

中英文全称	缩写	公式	出处
shortwave angle normalized index 短波角归一化指数	SANI	$SANI = \rho_{1640} \times \dfrac{\rho_{2130} - \rho_{860}}{\rho_{2130} + \rho_{860}}$	Palacios-Orueta et al.，2005
shortwave angle slope index 短波角度斜率指数	SASI	$SASI = \beta_{1640} \times Slope\ radian$ $\beta_{1640} = \cos^{-1}\left[\dfrac{a^2 + b^2 - c^2}{2 \times a \times b}\right] radian$ $Slope = \rho_{2130} - \rho_{860}$ a、b、c 是顶点之间的欧氏距离， radian 为弧度	Khanna et al.，2007
The Angle at NIR 近红外角度指数	ANIR	$ANIR(a_{NIR}) = \cos^{-1}\left[\dfrac{a^2 + b^2 + c^2}{2 \times a \times b}\right] radian$ a、b、c 是顶点之间的欧氏距离， radian 为弧度	Khanna et al.，2007
hyperspectral shortwave infrared normalized difference residue index 短波红外归一化秸秆指数	hSINDRI	$hSINDRI = (\rho_{2210} - \rho_{2260})/(\rho_{2210} + \rho_{2260})$	Serbin et al.，2009
dry matter content index 干物质含量指数	DMCI	$DMCI = (\rho_{2305} - \rho_{1495})/(\rho_{2305} + \rho_{1495})$	Romero et al.，2012
normalized dry matter index 标准化干物质指数	NDMI	$NDMI = (\rho_{1649} - \rho_{1722})/(\rho_{1649} + \rho_{1722})$	Wang et al.，2011

附表 9　结构物质指数公式汇总列表

类型	中英文全称	缩写	公式	出处
木质素指数	normalized difference lignin index 归一化木质素指数	NDLI	$NDLI = \dfrac{\lg(\rho_{1754}^{-1}) - \lg(\rho_{1680}^{-1})}{\lg(\rho_{1754}^{-1}) + \lg(\rho_{1680}^{-1})}$	Serrano et al.，2002
纤维素指数	cellulose absorption index 纤维素吸收指数	CAI	$CAI = 0.5(\rho_{2015} + \rho_{2106}) - \rho_{2195}$	Daughtry et al.，2004
	ligno-cellulose absorption index 木质纤维素吸收指数	LCA	$LCA = 2\rho_{2210} - (\rho_{2100} + \rho_{2330})$	Hively et al.，2021
蜡质层指数	单波/差值指数		$\rho_{500}/(\rho_{500} - \rho_{675})$	高扬等，2014

附表 10　作物残留物指数公式汇总列表

中英文全称	缩写	公式	出处
normalized difference index 归一化差异指数	NDI5/NDI7	$NDI5 = (\rho_{835} - \rho_{1650})/(\rho_{835} - \rho_{1650})$ $NDI7 = (\rho_{835} - \rho_{2220})/(\rho_{835} - \rho_{2220})$	McNairn and Protz，1993
simple tillage index 简单耕作指数	STI	$STI = \rho_{1650}/\rho_{2220}$	Deventer et al.，1997
normalized difference tillage index 归一化耕作指数	NDTI	$NDTI = (\rho_{1650} - \rho_{2220})/(\rho_{1650} + \rho_{2220})$	Deventer et al.，1997
normalized difference senescent vegetation index 归一化衰败植被指数	NDSVI	$NDSVI = (\rho_{2200} - \rho_{655})/(\rho_{2200} + \rho_{655})$	Qi et al.，2002
normalized difference residue index 归一化秸秆指数	NDRI	$NDRI = (\rho_{660} - \rho_{2220})/(\rho_{660} + \rho_{2220})$	Gelder et al.，2009
soil adjusted crop residue index 土壤调整作物残留指数	SACRI	$SACRI = \alpha(\rho_{835} - \rho_{1650} - \beta)/(\alpha\rho_{835} + \rho_{1650} - \alpha\beta)$ α 和 β 表示土壤光谱回归线的斜率与截距	Biard et al.，1995

附表 11　水体指数公式汇总列表

中英文全称	缩写	公式	出处
normalized difference water index 归一化水体指数	NDWI	$NDWI = (\rho_{560} - \rho_{865})/(\rho_{560} + \rho_{865})$	McFeeters，1996
normalized difference moisture index 归一化湿度指数	NDMI	$NDMI = (\rho_{835} - \rho_{1650})/(\rho_{1650} + \rho_{835})$	Jin and Sader，2005
normalized difference infrared index 归一化红外指数	NDII	$NDII = \dfrac{\rho_{840} - \rho_{1676}}{\rho_{840} + \rho_{1676}}$	Wilson and Norman，2018
land surface water index 地表水分指数	LSWI	$LSWI = \dfrac{\rho_{858} - \rho_{1640}}{\rho_{858} + \rho_{1640}}$	Xiao et al.，2005
shortwave infrared water stress index 短波红外水分胁迫指数	SIWSI	$SIWSI = \dfrac{\rho_{1640} - \rho_{858}}{\rho_{1640} + \rho_{858}}$	Fensholt and Sandholt，2003
modified normalized difference water index 改进的归一化水体指数	MNDWI	$MNDWI = \dfrac{\rho_{560} - \rho_{1650}}{\rho_{560} + \rho_{1650}}$	Xu，2006
normalized multi-band drought index 归一化多波段干旱指数	NMDI	$NMDI = \dfrac{\rho_{860} - (\rho_{1640} - \rho_{2130})}{\rho_{860} + (\rho_{1640} - \rho_{2130})}$	Wang and Qu，2007
global vegetation moisture index 全球植被水分指数	GVMI	$GVMI = \dfrac{(\rho_{860} + 0.1) - (\rho_{1640} + 0.02)}{(\rho_{860} + 0.1) + (\rho_{1640} + 0.02)}$	Ceccato et al.，2002
water band index 水波段指数	WBI	$WBI = \dfrac{\rho_{900}}{\rho_{970}}$	Claudio et al.，2006

附表 12　土壤指数公式汇总列表

中英文全称	缩写	公式	出处
normalized difference soil index 归一化土壤指数	NDSI	$NDSI = (\rho_{1650} - \rho_{835})/(\rho_{1650} + \rho_{835})$	Rogers and Kearney，2004
barren index 裸土指数	BI	$BI = \rho_{660} + \rho_{650} - \rho_{835}$	Lin et al.，2005
enhanced built-up and bareness index 增强型建筑和裸土指数	EBBI	$EBBI = \dfrac{\rho_{1650} - \rho_{830}}{10 \times \sqrt{\rho_{1650} + \rho_{11450}}}$	As-Syakur et al.，2012
ratio normalized difference soil index 比率归一化土壤指数	RNDSI	$RNDSI = \dfrac{NNDSI}{NTCI}$ $NNDSI = \dfrac{NDSI - NDSI_{min}}{NDSI_{max} - NDSI_{min}}$ $NDSI = \dfrac{\rho_{2130} - \rho_{560}}{\rho_{2130} + \rho_{560}}$ $NTC1 = \dfrac{TC1 - TC1_{min}}{TC1_{max} - TC1_{min}}$	Deng et al.，2015
bare soil index 裸土指数	BSI	$BSI = \dfrac{(\rho_{2130} + \rho_{650}) - (\rho_{860} + \rho_{470})}{(\rho_{2130} + \rho_{650}) - (\rho_{860} + \rho_{470})}$	Diek et al.，2017
ratio index for bright soil 亮土比值指数	RIBS	$RIBS = \dfrac{NNDSI}{NTC1}$ $NNDSI = \dfrac{NDSI - NDSI_{min}}{NDSI_{max} - NDSI_{min}}$ $NDSI = \dfrac{\rho_{560} - \rho_{1640}}{\rho_{560} - \rho_{1640}}$ $NTC1 = \dfrac{TC1 - TC1_{min}}{TC1_{max} - TC1_{min}}$ TC1: 第一穗帽变换	Qiu et al.，2017
dry bare-soil index 干裸土指数	DBSI	$DBSI = \dfrac{\rho_{1640} - \rho_{560}}{\rho_{1640} + \rho_{560}} - \dfrac{\rho_{860} - \rho_{650}}{\rho_{860} + \rho_{650}}$	Rasul et al.，2018
modified normalized difference soil index 修正归一化土壤指数	MNDSI	$MNDSI = (\rho_{2215} - \rho_{590})/(\rho_{2215} + \rho_{590})$	Piyoosh and Ghosh，2018

附表 13　大棚指数公式汇总列表

中英文全称	缩写	公式	出处
plastic greenhouse index 温室大棚指数	PGI	$PGI = 100 \times \dfrac{\rho_{470} \times (\rho_{860} - \rho_{650})}{1 - mean(\rho_{470} + \rho_{560} + \rho_{860})}$	Yang et al.，2017
"blue steel tile"-roofed buildings index "蓝钢瓦"屋顶建筑指数	BSTBI	$BSTBI = (W_1\rho_{480} + W_2\rho_{865} - \rho_{560}) \times \rho_{2200}$ $W_1 = (\rho_{560} - \rho_{480})/(\rho_{865} - \rho_{480})$ $W_2 = (\rho_{865} - \rho_{560})/(\rho_{865} - \rho_{480})$	Guo et al.，2018
normalized difference plastic index 归一化塑性指数	NDPI	$NDPI = \dfrac{\rho_{1570} + \rho_{2165} - \rho_{1730} - \rho_{2330}}{\rho_{1570} + \rho_{2165} + \rho_{1730} + \rho_{2330}}$	Guo and Li，2020
plastic index 塑性指数	PI	$PI = \dfrac{\rho_{842}}{\rho_{842} + \rho_{665}}$	Themistocleous et al.，2020
plastic-mulched larndcover index 塑料薄膜覆盖指数	PMLI	$PMLI = \dfrac{\rho_{1650} - \rho_{660}}{\rho_{1650} + \rho_{660}}$	Lu et al.，2014

附表 14　其他光谱指数公式汇总列表

类型	中英文全称	缩写	公式	出处
褐变指数	browning reflectance index 褐变反射指数	BRI	$\mathrm{BRI}=\dfrac{\rho_{550}^{-1}-\rho_{700}^{-1}}{\rho_{840}}$	Merzlyak et al.，2003
	flavonol reflectance index 黄酮醇反射指数	FRI	$\mathrm{FRI}=(\dfrac{1}{\rho_{410}}+\dfrac{1}{\rho_{460}})\times\rho_{800}$	Merzlyak et al.，2005
	modified browning reflectance index 改良褐变反射指数	mBRI	$\mathrm{mBRI}=(\dfrac{1}{\rho_{640}}+\dfrac{1}{\rho_{800}})-\dfrac{1}{\rho_{678}}$	Solovchenko et al.，2021
健康指数	health index 健康指数	HI	$\mathrm{HI}=\dfrac{\rho_{739}-\rho_{402}}{\rho_{739}+\rho_{402}}-0.5\rho_{403}$	Huang et al.，2014
病虫害指数	powdery mildew index 白粉病指数	PMI	$\mathrm{PMI}=\dfrac{\rho_{515}-\rho_{698}}{\rho_{515}+\rho_{698}}-0.5\rho_{738}$	Feng et al.，2016
	yellow rust index 黄锈病指数	YRI	$\mathrm{YRI}=\dfrac{\rho_{730}-\rho_{419}}{\rho_{730}+\rho_{419}}+0.5\rho_{736}$	Huang et al.，2014
	aphids index 蚜虫指数	AI	$\mathrm{AI}=\dfrac{\rho_{400}-\rho_{735}}{\rho_{400}+\rho_{735}}+0.5\rho_{403}$	Huang et al.，2014
	red edge disease stress index 红边病害胁迫指数	REDSI	$\mathrm{REDSI}=\dfrac{(705-665)\times(\rho_{783}-\rho_{665})-(783-665)\times(\rho_{705}-\rho_{665})}{2\rho_{665}}$	Zheng et al.，2018
	wheat scab index 赤霉病指数	WSI	$\mathrm{WSI}=\dfrac{\mathrm{SD}_{450-488}-\mathrm{SD}_{500-540}}{\mathrm{SD}_{450-488}+\mathrm{SD}_{500-540}}$ SD 为一阶光谱微分和	Huang et al.，2019

附　　图

a

b

附图 1　水稻点位照片（拍摄者：陈功、甘聪聪）

a. 安徽省宣州区（30°46′50.02″N，118°19′22.79″E），2017/09/07；b. 江西省抚州市（28°05′0.60″N，116°17′53.84″E），2021/09/11

a

b

附图 2　冬小麦点位照片（拍摄者：张珂、封敏）
a. 湖北省天门市（30°38′57.86″N，112°57′25.20″E），2018/03/23；b. 内蒙古呼和浩特市（41°08′50.00″N，111°05′00.00″E），
2019/08/11

a

b

附图 3　玉米点位照片（拍摄者：燕雄飞、杨鑫）

a. 黑龙江省绥化市（46°45′53.26″N，127°11′40.95″E），2018/08/03；b. 内蒙古呼和浩特市（40°33′04.22″N，111°33′16.69″E）
2019/08/12

a

b

附图 4　花生和土豆点位照片（拍摄者：曾灿英、李宇）

a. 河南省开封市（35°30′51.90″N，115°20′40.80″E），2012/08/05；b. 黑龙江省绥化市（46°46′15.46″N，127°10′46.95″E），
2018/08/03

a

b

附图 5　大豆点位照片（拍摄者：李海文、陈芳鑫）

a. 黑龙江省佳木斯市（46°45′34.14″N，130°40′53.08″E），2018/08/01；b. 安徽省淮北市（33°50′33.71″N，116°43′39.71″E），
2019/09/04

a

b

附图 6 高粱和油菜点位照片（拍摄者：王壮壮、邹凤丽）
a. 黑龙江省大庆市（47°44′14.93″N，125°02′27.96″E），2016/08/21；b. 湖南省岳阳市（29°30′11.46″N，112°36′53.45″E），
2018/03/21

a

b

附图 7　烟叶点位照片（拍摄者：蒋范晨、陈芳鑫）

a. 福建省武夷山市（27°44′12.40″N，117°58′55.77″E），2020/04/27；b. 福建省三明市（26°22′32.39″N，117°53′11.90″E），
2021/05/22

附图 8　向日葵点位照片（拍摄者：杨鑫、陈芳鑫）

a. 内蒙古巴彦淖尔市（41°03′08.00″N，107°30′14.00″E），2019/08/08；b. 内蒙古巴彦淖尔市（40°57′17.00″N，108°09′02.00″E），
2019/08/09；

a

b

附图 9　小农种植区点位照片（拍摄者：段茗洁、蒋范晨）

a. 水稻-玉米镶嵌，位于湖南省武冈市（26°44′21.67″N，110°33′51.89″E），2021/07/12；b. 玉米-烟叶-芋头镶嵌，位于福建省建瓯市（27°09′16.96″N，118°45′55.56″E），2021/05/18

a

b

附图 10　耕地撂荒点位照片（拍摄者：闫超、苏中豪）

a. 江西省南昌市（28°34′10.33″N，115°44′23.09″E），2021/09/08；b. 江西省南昌市（28°32′55.68″N，115°43′01.49″E），2021/09/08

a

b

附图 11　生态评估点位照片（拍摄者：封敏、卢迪菲）

a. 山西省离石区（37°28′23.55″N，111°19′42.41″E），2015/08/03；b. 陕西省榆林市（38°25′03.28″N，109°41′13.56″E），2016/08/15

a. 记录农作物生长状况

b. 作物光谱测量

c. 咨询农作物种植情况

d. 无人机测量

附图 12　农作物野外实地考察照片